下一代商业、军事、空间应用电池和燃料电池

Next-Generation Batteries and Fuel Cells for Commercial, Military, and Space Applications

[美] A. R. JHA 著
毛仙鹤 赵维霞 陶钧 译

著作权合同登记　图字: 军 – 2012 – 234 号

图书在版编目（CIP）数据

下一代商业、军事、空间应用电池和燃料电池/（美）杰哈（Jha, A. R.）著;
毛仙鹤, 赵维霞, 陶钧译. -- 北京: 国防工业出版社, 2015. 3
（国防科技著作精品译丛）
书名原文：Next–Generation batteries and fuel cells for commercial, military,
and space applications
ISBN 978–7–118–10085–3

Ⅰ. ①下… Ⅱ. ①杰… ②毛… ③赵… ④陶… Ⅲ. ①电池–研究 Ⅳ. ①TM911

中国版本图书馆 CIP 数据核字（2015）第 050368 号

下一代商业、军事、空间应用电池和燃料电池
【美】　A. R. JHA　著
毛仙鹤　赵维霞　陶钧　译

出版发行　国防工业出版社
地址邮编　北京市海淀区紫竹院南路 23 号　100048
经　　售　新华书店
印　　刷　北京嘉恒彩色印刷有限责任公司
开　　本　700 × 1000　1/16
印　　张　21¼
字　　数　360 千字
版 印 次　2015 年 3 月第 1 版第 1 次印刷
印　　数　1—2500 册
定　　价　98.00 元

(本书如有印装错误，我社负责调换)
国防书店: (010) 88540777　发行邮购: (010) 88540776
发行传真: (010) 88540755　发行业务: (010) 88540717

译者序

电池如今已是现代生活不可或缺的一部分, 几乎每个人每时每刻都使用着至少一块电池, 这并不夸张, 看看身边的手机、笔记本电脑、电动车、太阳能热水器 …… 即使这些也只是电池家族的一小部分。本书的作者 A. R. Jlla 博士, 会引领广大读者进入电池的一方更广阔的世界: 上至浩茫无穷的宇宙太空, 下至广袤无垠的陆地海洋; 小到人们的日常工作娱乐、旅游出行、医疗保障, 大到风云诡谲的战场上各式尖端的武器装备, 保障生命安全的探测装置, 甚至浩渺宇宙中的各种飞行器和科学测量设备 …… 电池的应用领域遍布人类智慧能够触及的每一个角落, 给人类的生存和发展带来了无限的可能。

在翻译这本书的过程中, 译者一直感慨于原作者 A. R. Jlla 博士卓越、广博的专业知识。他丰富的研究和从业经历, 使他能够将复杂的理论物理概念融合到现代工业实际应用的技术框架当中。这本书几乎涵盖了蓄电池和燃料电池技术的每一方面, 包括使用的材料、特殊技术、性能参数、应用领域、研发现状、成本效益等, 特别强调了电池技术与其他技术领域的关键的相互依存关系。因此这本书不仅是机械和材料工程领域的专业书籍, 对于航空航天、生命研究、临床医学等领域的工程设计者来说, 也具有极大的参考价值。

因为译者专业知识和能力有限, 译文中不免有错漏之处, 恳请大家在阅读中提出宝贵意见。

序言

目前全世界对石油的需求量越来越大, 而可以预见在不久的将来石油资源会出现严重短缺。为了减少对外国石油的依赖, 消除与石油相关的温室效应, 一些汽车制造公司一直在从事电动汽车 (EV)、混合动力电动汽车 (HEV) 和插入式混合动力汽车 (PHEV) 的大规模开发和生产。为了满足当前的需求, 本书作者 A. R. Jha 对尖端电池技术给予了高度重视。先进材料技术是研发电动汽车和混合动力电动汽车使用的下一代蓄电池和燃料电池所必须考虑的一个方面。此外, Jha 还确定和描述了能够完成隐蔽通信、监视和侦察任务的各种商业、军事、航天器和卫星使用的下一代一次和二次 (可充电) 电池。他重点强调了工作在严酷的热和机械环境下的下一代高容量电池的成本、可靠性、寿命和安全性。

本书几乎考虑了蓄电池和燃料电池技术的每一个方面, 包括最适合于特定组件以及可能应用在电动汽车、混合动力电动汽车和插入式混合动力汽车上的稀土材料。使用某些稀土材料能够显著改善电池的电气性能, 并减小在车辆内部占用额外空间的交流电流感应电动机和发电机的尺寸。Jha 建议在进行最适合植入式医疗设备和诊断应用的低功率电池的设计和开发时, 采用超高纯金属纳米技术 PVD 薄膜。这种特殊技术在不久的将来可用于非侵入式的医疗诊断设备的研发, 如磁共振成像和计算机断层扫描。

本书贯穿了 Jha 杰出的叙述方式, 将复杂的理论物理概念浓缩到一个可扩展到现代工业广泛实用和容易理解的技术框架中。他采用叙述方法, 兼顾基础科学的同时, 又让人觉得耳目一新。这会帮助当今的学生, 包括本科生和研究生, 以充分的信心掌握这些复杂的科学概念, 并将其应用于商业工程, 使世界各地的新兴经济体受益。

本书具有良好的组织结构, 并提供了数学公式来估算充电电池的关键性能参数。Jha 涵盖了充电电池的全部重要设计方面和潜在的应用, 强调了电池的便携性、可靠性、寿命和成本效益等。本书还对电池组中单电池的基本热力学进行了论述。Jha 指出单电池的有害热效应会影响电池组的可靠性和电气性能。值得注意的是, 对集成电池组的热力学评价至关重要, 因为它可能会影响电池组的可靠性、安全性和寿命。Jha 的工作经历, 使他能够提出众多新兴应用对小体积、轻质、高可靠性的充电电池的需求, 特别是对便携式和植入式医疗设备和诊断胶囊的要求。Jha 总结了用于低功率医疗设备的全固态锂离子电池的优点, 如心脏起搏器、心律转变器和植入型心律转复除颤器使用的电池。

本书明确了充电电池的关键性能参数和局限性, 如充电状态、放电深度、循环寿命、放电速率和开路电压。同时也确定了各种电池的老化效应。并总结了电动汽车、混合动力电动汽车、插入式混合动力汽车对充电电池的要求, 强调了电池的可靠性、安全性和寿命。本书还详细讨论了电压下降所产生的记忆效应。由于聚合物电解质可能增加室温离子导电性, 作者还简要提及了固体聚合物电解质技术的优点。这种离子导电性的增加使电池的性能在中到高的温度范围即 60 ~ 125°C 得到了改进。

本书总结了长寿命、低成本的充电电池的性能, 包括银锌电池和其他电池。这些电池最适合航空航天和国防应用。还确定了用于无人水下航行器、无人驾驶飞机、反简易爆炸装置、执行监视侦察和跟踪星载目标任务的卫星或航天器的电池, 重点强调了可靠性、寿命、安全性、重量和尺寸。本书还概括了多种充电电池的正极、负极和电解质材料。

Jha 专门用一章的篇幅来介绍燃料电池, 描述了三种不同类型的实用燃料电池, 即采用水电解质、熔融电解质和固体电解质的燃料电池。燃料电池是一种结合氧化反应和还原反应的发电系统。在燃料电池中, 燃料和氧化剂都从外部源添加, 在两个独立的电极反应; 而在蓄电池中, 两个独立的电极是燃料和氧化剂。因此, 在燃料电池的能量转换装置中, 化学能等温转换成直流电。这些装置比较笨重, 主要在高温下 (500 ~ 850°C) 工作。氢 – 氧燃料电池能以最廉价的成本产生高功率, 最适合交通巴士使用。电极动力学在研究如何实现燃料电池高效工作中发挥了关键作用。Jha 指出了电化学动力学的基本规律, 并说明优良的养分 —— 电解质媒介是生化燃料电池产生更高的电能所必需的。

不同行业的读者, 特别是从事机械和材料工程专业, 希望在下一代蓄电池和燃料电池的设计领域有所建树的高年级本科生和研究生都会从本书中获益。并且, 由于电池技术与其他技术领域密切相关、相互依存, 这本书也是医疗设备、国防电子、安全和空间等行业, 及其他即将建立的学科领域的, 广大工程专业的学生和工程师的兴趣所在。这本书特别适用于参与研究设计最适合医疗、军事和航空航天系统的便携式设备的科学家和工程师们。技术经理也会发现这本书对未来应用的潜在价值。我强烈推荐这本书给广大读者, 包括沉浸在设计和开发适合工业、商业、军事和空间应用的, 结构紧凑、轻质的电池工作中的学生、项目经理、航空航天工程师、生命科学家、临床科学家和项目工程师们。

A. K. Sinha 博士
美国加利福尼亚州圣克拉拉市
应用材料公司高级副总裁

前言

当前发达国家与石油生产国由于政治分歧等因素, 矛盾纷争不断, 可能会使石油供应中断, 在面临这一威胁的时期, 笔者出版了这本书。西方和其他发达国家正在寻找替代能源, 以避免对成本高昂的石油资源的依赖, 以及减少温室气体的排放。本书简要总结了现有的一次和二次 (充电) 电池的性能和局限性。笔者陈述了影响商业军事和航空航天应用的下一代蓄电池和燃料电池性能的重大关键问题, 并提出了最适用于全电动和混合动力电动汽车 (HEV) 的尖端电池技术, 以尽力帮助消除对不可预知的外国石油资源和供应的依赖。

笔者也确定了最具有成本效益的下一代充电电池中电解质、阴极、阳极所使用的独特材料, 它们在重量、尺寸、效率、可靠性、安全性和寿命方面有了显著的改善。同样, 笔者确定了对植入式医疗设备、无人驾驶飞行器 (UAV) 和空间系统应用最理想的, 最小重量、尺寸和形状因子的充电电池。并且确定了采用微机电系统 (MEMS) 和纳米技术的电池的设计方面, 这些电池设计最适合重量、尺寸、可靠性和寿命至关重要的应用。这些技术的整合将显著改善电池的重量、尺寸和形状因子, 而不损害它们的电性能和可靠性。

笔者阐述了最适合基于汽车、飞机和卫星的系统应用的高功率电池技术, 强调了它们的长期可靠性、安全性和电气稳定性。在这类应用中, 笔者推荐了独特的电池技术, 可提供超过 500 W · h/kg 的非常高的能量密度。笔者还介绍了下一代充电密封镍镉电池和密封铅酸蓄电池的性能, 它们是卫星通信、天基侦察和监视系统、无人地面战车 (UGCV)、无人机和其他战场应用最理想的选择, 在这些应用场合中, 高能量密度、最小的重量和尺寸、在恶劣条件下的可靠性是主要的电池性能要求。

本书总结了为各种商业、军事和空间应用开发的充电电池的关键性能参数, 这些数据来自于可靠的实验室实际参数测量值。本书组织良好, 数据可靠, 涵盖广泛应用的充电电池的性能特点, 包括了商业、军事和航空航天学科应用的电池。本书讨论了尖端的电池设计技术, 并尽可能由数学公式和推导来支持。本书提供了能够预测不同温度下关键性能参数的数学分析。它特别为设计工程师准备, 希望能够拓展他们在新一代电池领域的认识。

笔者已经尽一切努力提供组织良好的素材, 为了方便理解, 使用传统的命名法、固定的符号系统和易于理解的单位。本书提供了某些电池的最新性能参数, 这些数据来自于可信赖的作者和组织。本书包括 8 章, 每一章致力于描述一种特定的应用。

第 1 章描述了各种不同应用的一次/二次 (充电) 电池和燃料电池的现状。为读者和设计工程师总结了蓄电池和燃料电池的性能和局限性。目前的电源受到重量、尺寸、效率、放电速率、报废和充电容量等问题的困扰, 因此它们不适合医疗、战场和航空航天等应用。通用汽车公司和西门子公司已经投入了大量资金, 来研究和发展可能应用在电动汽车 (EV) 和混合动力电动汽车上的锂基充电电池。目前的燃料电池通过电化学转化技术产生电能, 存在严重的缺陷。笔者讨论了未来可能应用的直接甲醇燃料电池 (DMFC), 它将会被认为是最理想的高能、便携式电源。DMFC 技术改进了可靠性, 外形紧凑, 并显著减少了重量和尺寸。笔者确定了适当的阳极、阴极和膜电极的集成配置, 这种配置将以最小的成本和复杂性, 在长时间范围内表现出显著改善的电气性能。

第 2 章简要描述了目前应用于各种场合的充电电池的性能和局限性。确定了下一代一次和二次电池的性能需求和展望, 重点是成本、可靠性、充电速率、安全性和寿命。笔者讨论了最适合需要高能量和功率密度应用的, 下一代高功率充电锂基电池和密封镍镉及铅酸电池的性能要求。确定了一些特定应用程序的电池的结构设计, 特别强调其安全性、可靠性、寿命和便携性。

在第 3 章, 笔者讨论了最适合电力需求在几千瓦 (kW) 到几兆瓦 (MW) 的应用的燃料电池。燃料电池通过电化学转换技术产生电能。早期的燃料电池采用这种技术, 使得设备重量和尺寸过大, 可靠性也存在问题。在过去的研究中, 笔者已发现, 在以紧凑的外形因子、增强的可靠性、显著减少的重量和尺寸为燃料电池的主要设计要求的应用中,DMFC 技术提供了最有前途的燃料电池设计配置。DMFC 是一个以最方便的方式结合氧化反应和还原反应的, 以最小的成本和复杂性来产生电力的系统。这样的燃料电池, 预计将来会被广泛使用。由 C. H. J. Broers 和 J. A. A. Ketelaar(1963 年 5 月 IEEE) 进行的研究表明, 早在 1990 年之前就采用高温和半固体电解质开发了燃料电池。甚至更早研发的燃料电池, 如 Bacon HYDROXZ 燃料电池, 可在中等温度和较高压力下工作。据 C. G. Peattie 报道 (IEEE 论文,1963 年 5 月), 这种燃料电池难以持续工作, 需要不断监测以确保其可靠性。笔者讨论了能够长时间以高效率和高输出功率水平工作的下一代燃料电池的设计结构。

第 4 章介绍了电动汽车和混合动力汽车当前使用的高功率电池。对这些电池的性能评估表明, 充电电池存在效率低下, 重量和尺寸过大, 以及工作成本过高等问题。笔者描述了最适合全电动汽车、电动汽车、混合动力电动汽车的各种下一代充电电池。某些下一代电池可能采用稀土材料,来提高电池在恶劣的工作环境下的电性能和可靠性。笔者建议了能够在放电深度、充电状态、工作时间和寿命方面得到显著改善的充电电池的结构设计。

第 5 章重点论述最适合商业、工业和医疗应用的紧凑的低功率电池的配置。笔者阐述了最适合检测、传感和监控设备的微型电池和纳米电池的设计和性能特点。这些电池重量和尺寸小, 寿命长, 非常适合周边安全设备、温度和湿度传感器、健康监测及诊断医疗系统等应用。笔者确定了可在低至 −40°C 的温度下工作的紧急无线电通信和安全监测设备中应用的, 采用独特的封装技术, 结构紧凑、低功率的电池。大多数电池都不能在这样的超低温下工作。

第 6 章介绍了军事和战场上应用的充电电池, 可持续性、可靠性、安全性和便携性是它们主要的工作要求。在包含严酷的热和结构参数的战场环境中要认真考虑充电电池的持续的电气性能、可靠性、安全性和寿命。笔者强调了能够在军事和战场系统, 如坦克、无人机、UGCV 和机器人战场战斗系统运行的电池的可靠电气性能、安全、寿命、紧凑包装、先进材料以及便携性。

第 7 章专门介绍了可能应用在航空航天设备和对天基目标进行监视、侦察和跟踪的天基系统上的充电电池。定义了部署在商用飞机和军用飞机, 包括战斗机、直升机、执行进攻性和防御性任务的无人机、电子攻击无人机和机载干扰设备上的充电电池的严格性能要求, 它们要确保可持续的电能和显著提高的可靠性、安全性和寿命, 这是任务成功进行必不可少的。笔者提出在严重振动、冲击和热环境中, 必须达到严格的安全性和可靠性要求。提出了通信卫星应用的采用碱性电解质的铝 — 空气电池的改进的设计概念, 高能量密度 (> 500 W · h/kg)、超高的可靠性和高便携性是其主要性能指标。定义了密封镍镉和铅酸电池的可靠的建模和严格的测试要求, 因为这些电池是新一代通信卫星、超音速战斗机和进行精密监视、侦察和跟踪任务的天基系统的理想选择。

第 8 章论述了广泛用于在纳瓦到微瓦电力下工作的各种商业、工业、医疗设备的低功率电池。低功率电池被广泛应用于消费类电子产品, 如红外摄像机、烟雾探测器、手机、医疗设备、微型计算机、平板电脑、iPhone 手机、iPad 和许多电子元件。这些低功率的电池必须符合最低重量、尺寸和成本的要求, 除此之外还要非常安全和持久。在过去的研究中, 笔者曾表明, 材料和包装技术的进步对现有电池的性能改进会起到显著作用, 如镍镉电池、碱锰、锂基电池。笔者简要总结了本章中的低功率电池的性能特点。

笔者衷心感谢 Ed Curtis(项目编辑) 和 Marc Johnston(高级项目经理), 他们提供了有益的建议, 帮助进行了文本的最后修改, 他们的热情、高效和坚持到底的精神使此书能够按时完成。

最后, 特别地, 笔者要感谢妻子 Urmila D. Jha, 女儿 Sarita Jha 和 Vineeta Mangalani, 儿子美国陆军上校 Sanjay Jha, 尽管成书计划很紧迫, 但他们的支持激励本人按时完成了这本书。

A.R. JHA

作者

A. R.Jha 于 1954 年获得阿里格尔穆斯林 (Aligarh Muslim) 大学 (电气) 工程的学士学位, 获得约翰斯 · 霍普金斯 (Johns Hopkins) 大学的电气和机械硕士学位, 获得美国里海大学 (Lehigh University) 的博士学位。

Jha 博士撰写了 10 本高技术书籍, 并发表了超过 75 篇的技术论文。曾任职通用电气 (General Electric) 公司、雷神 (Raytheon) 公司和诺斯罗普 · 格鲁门 (Northrop Grumman) 公司, 对用于商业军事和空间应用的雷达、高功率激光器、电子战系统、微波、各种应用的毫米波天线、基于纳米技术的传感器和器件、光子器件和其他电子元件等领域有广泛和全面的研究、开发和设计经验。Jha 博士拥有卫星通信方面的毫米波天线专利。

目录

第 1 章

充电电池和燃料电池的研究现状

1.1 充电电池

为了消除对昂贵的国外石油的依赖, 减少有害气体对健康的不利影响, 能源专家迫切地探索可能用于电动汽车 (EV) 和混合动力电动汽车 (HEV) 运输的备用电池技术。能源专家和交通顾问建议电动车和混合动力车使用高容量锂离子充电电池。电池的设计师指出, 日产汽车公司和索尼公司已经在自己的电动车和混合动力车上部署充电锂电池组。通用汽车公司和西门子公司大量投资研究和发展最适合用于卡车和公共汽车的燃料电池。零排放车辆 (ZEV) 电池的要求将更加严格。密封镍镉电池 (Ni-Cd) 目前用于商业 (MD-80, DC-9, 波音 777) 和军用飞机 (F-16, F-18, E-8)。为了满足长寿命和可靠性的要求, 以前各种商用和军用飞机使用的排气式镍镉电池应更换为高性能、免维护的密封镍镉充电电池。密封铅酸 (Pb-acid) 和排气式镍镉充电电池被广泛运用到商用和军用飞机上, 以满足提高效率、可靠性、寿命和输出功率的要求。

对新一代电池的需求将集中在低成本、轻质、包装紧凑、便携和使用期限超过 15 年上。充电电池将非常适用于战场武器、通信卫星、空间侦察和监视系统、水下跟踪传感器等许多应用程序。注意大容量电池特别适合用于商用和军用飞机、直升机、无人机、混合动力汽车、空间传感器和战场武器, 而低功率的充电电池则广泛应用于手机、笔记本电脑、医疗设备、计算机, 以及其他许多电子和数字设备。在设计和开发下一代充电电池时, 将认真考虑包含微机电系统 (MEMS) 和纳米技术的微型化技术的集成, 以满足严格的性能规范, 包括可靠性、便携性、寿命以及压缩包装。

为了改进镍锌 (Ni-Zn) 充电电池的设计, 当前进行了积极的研究和开发活动, 其中有一个关键要求就是提供最低的运输成本, (0.03 ~ 0.44) 美元/km。设计和开发活动必须集中在关键的电气参数上, 例如荷电状态 (SOC)、热击穿、充电和放电率、放电截止检测, 以及荷电状态和开路电压 (OCV) 的相关性。对于战场充电电池, 重量、尺寸、成本、可靠性和寿命是最重要的设计要求。

1.2 充电电池基础

一种电池包括一个或多个伏打电池。每个伏打电池包含两个半电池。带负电荷的阴离子迁移到一个半电池的阳极 (负电极), 而带正电的阳离子迁移到另一个半电池的阴极 (正电极)。电极被电解质介质分隔开, 电解质电离产生阴离子和阳离子, 这些离子可以运动。

在某些电池的设计中, 半电池有不同的电解质。在这种情况下, 分隔板可以防止电解质混合, 而离子可以通过许多类型的电池, 如碳锌 (C-Zn)、镍镉 (Ni-Cd) 和锂 (Li) 电池等都采用了这种设计。各种充电电池的最关键的性能参数, 即质量能量密度 (用瓦特 · 小时/千克, 或 W · h/kg 表示) 和容积能量密度 (用瓦特 · 小时/升, 或 W · h/L 表示), 如图 1.1 所示。电解质介质仅在离子在电极之间流动时起缓冲作用。然而, 在广泛应用于汽车的铅酸蓄电池中, 电解质是电化学反应的一部分。

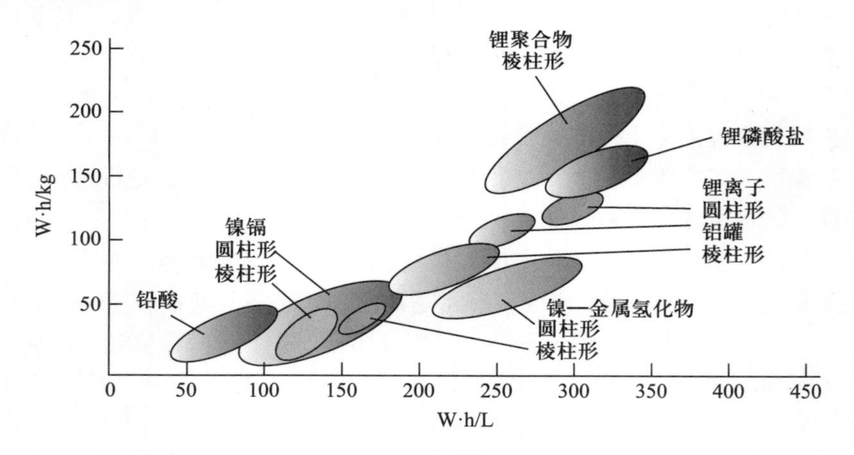

图 1.1 不同充电电池的质量能量密度和容积能量密度

一个带电电池的开路电压是电池的电动势 (EMF), 来自于半电池中的化学反应的还原电势之差。在放电阶段, 电池将正极和负极端子之间的化学反应过程中释放的热能转换成电能。

实际使用过程中电池相当于一个等效串联电阻 (ESR), 当电池用于一个外部电路或负载时, 开路电压会下降一些。随着电池的放电或为外部负载提供电能, 等效串联电阻 ESR 会增加, 在负载条件下电池的路端电压将下降。图 1.2 显示了典型的薄膜电池的充放电特性。此外, 电池往往在休

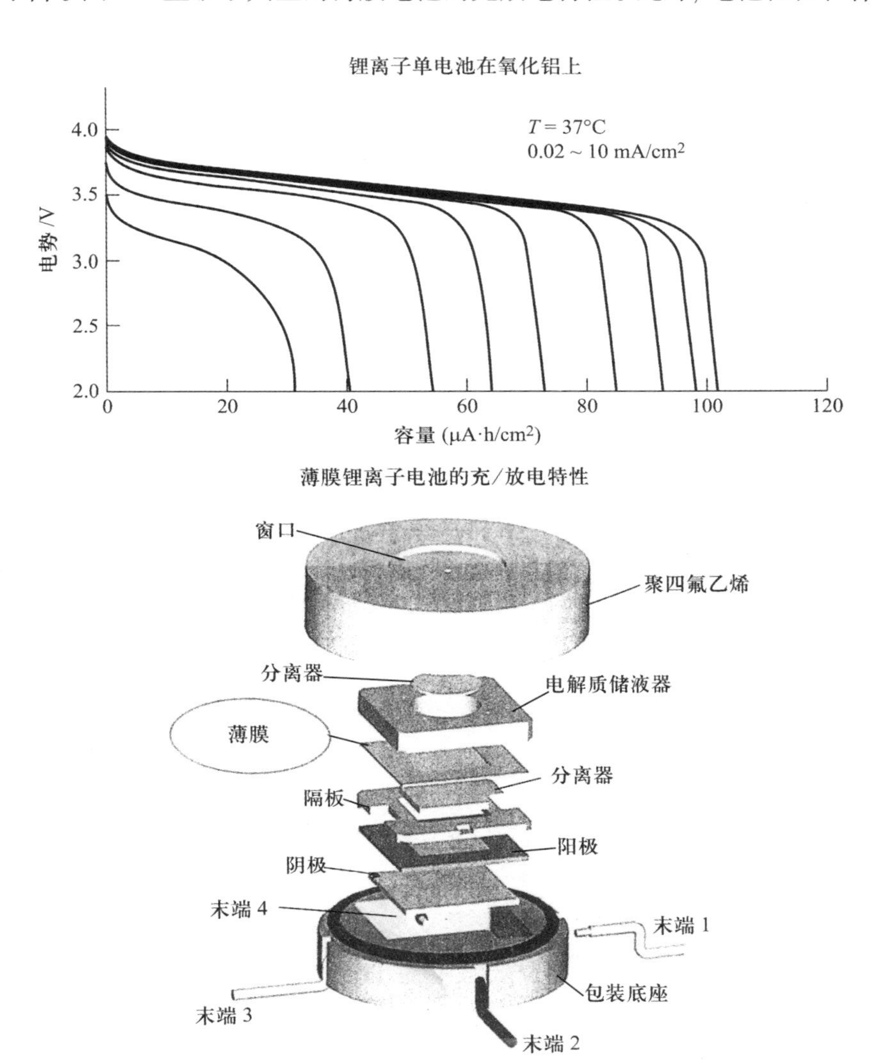

图 1.2 一个由纳米管制成的 TF 超疏水性纳米结构表面的构造及充/放电特性

眠期间放电。视其类型, 有些电池与其他电池相比会放电更多。笔者所进行的研究表明, 镍镉和镍金属氢化物 (Ni-MH)[2] 电池会以大约每月 20% 的速度放电, 相比之下, 锂电池每月放电 5% ~ 10%, 铅酸蓄电池每月放电 3% ~ 4%, 碱性电池每月放电小于 0.3%。这清楚地表明, 碱性电池在休眠期间自放电率较低。

充电电池可充电是通过放电过程中的可逆化学反应实现的。充电是一个典型的氧化还原化学过程。负极材料被还原, 消耗电子, 正极材料被氧化并产生电子。无论电池的类型如何, 输出的能量水平和功率密度都是关键的电池特性, 两者分别用每单位容积和每单位质量来表示。

1.2.1 充电电池的关键性能特征

充电电池的两个最重要的性能特征是容积能量密度 (W · h/L) 和质量能量密度 (W · h/kg)。从这些参数中, 人们可以估算可从 1 kg 燃料和 1 L 燃料获得的能量。笔者研究了目前市场上几种类型的充电电池, 可根据其具体应用, 选择一种合适的电池[3]。各种充电电池的质量能量密度和容积能量密度曲线示于图 1.1。各种充电电池的性能评估总结于表 1.1。

表 1.1 不同充电电池的性能特征

电池类型和分类	质量能量密度/(W · h/kg)	容积能量密度/(W · h/L)
铅酸	25	70
棱柱形电池		
Type 1	25	125
Type 2	40	160
Type	72	215
镍镉	35	240
镍金属氢	62	260
锂离子	120	300
锂磷酸盐	160	290
锂聚合物 (棱柱形)	188	294

这些是五年前开发的电池的评估值, 精确到 ±5%。同样的电池现在提高了 5% ~ 10%。这些电池的可靠性、效率和寿命, 将在以后的章节中详细叙述。

1.2.2 商业应用中广泛使用的充电电池的性能

在选择商用充电动力电池时, 质量能量密度 (W · h/kg), 容积能量密度 (W · h/L), 寿命 (工作时间), 自放电率 (%/月) 和比功率 (W/kg) 需慎重考虑。商用电池的性能特征总结于表 1.2。

为了更透彻地分析充电电池也列出了流行的金霸王碱性电池的数据。循环使用寿命严格依赖于如何处理或使用电池。如锂电池, 阳极电压从 4 V ~ 3 V 线性下降。由东芝公司商业化生产的镍金属氢化物 (Ni-MH) 电池可能有记忆损失。锌空气电池最初安装在电动汽车和混合动力电动汽车上作为电池原型。表 1.2 总结的性能数据不是所有电池在相同的工作条件下获得的。

表 1.2 广泛使用的商用电池的性能

电池类型	额定电压/V	质量能量密度/(W · h/kg)	容积能量密度/(W · h/L)	自放电/(%/月)	循环寿命/h
碱性	1.5	150	375	0.3	1
铅酸	2.0	35	75	4 ~ 6	250 ~ 500
锂离子	3.6	115	260	5 ~ 10	500 ~ 1000
锂聚合物	3.0	100 ~ 200	150 ~ 350	0 ~ 1	200 ~ 1000
镍镉	1.2	4 ~ 60	60 ~ 100	10 ~ 20	300 ~ 700
镍金属氢	1.2	60	220	30	300 ~ 600
锌空气	1.2	146	204	0 ~ 5	0 ~ 200

1.2.3 电池的回收利用

电池的使用寿命结束时, 为了保护环境免受废旧电池的毒性影响, 其处置成为一个关键问题。为了环境安全, 必须消除电池中铅和锂的有害影响。在回收工厂中, 当用过的电池被倾倒到传送带上, 熔融的铅被转换成 "锭", 称为 "金属块 (锭) pigs" 和 "hogs", 操作者将回收的铅块放置到一个单独的容器中。如果是用过的锂电池, 则被处理和存储在可以埋在地下避免锂毒性泄漏的容器中。

电力的便携性已经成为日常生活的一部分。电池在便携式电气和电子设备中广泛使用, 如电话、计算机、收音机、光盘、磁带录音机、无绳工具, 甚至电动汽车。但是当达到使用寿命时, 这些电池又反过来困扰我们。手电筒使用的原电池 (一次电池、干电池) 的使用时间为一次性的, 而充电电池可以充电循环数千次。从保护环境的观点出发, 被归类为二次电池的充电电池, 在节省材料方面优于一次电池。因此, 一个充电电池相当于几十个原电池, 并节省了数百个原电池的回收成本[4] 。此外, 寿命周期成本也是用户的关注点之一。

在世界范围内, 每年都在生产和使用含有大量的有毒有害物质的、数亿的大型电池和数百万的小型电池。一直到最近, 大部分电池都是被简单地丢弃。但由于最新的环保法规, 为了回收其中的有毒有害物质, 铅酸和工业镍镉电池被系统地收集。电池回收的要求因国家而异, 而有一个明显的趋势是对要求和处置选择的控制都将越来越严格。美国、德国、法国和其他欧洲国家正在积极考虑更彻底的法规。在几十年以前, 欧盟起草了一份文件, 要求所有的工业和汽车的充电电池至少回收 80%。回收要求是根据充电电池制造过程中所使用的材料来制定。只有一小部分的电池材料可以回收再利用, 这依赖于三个不同的因素:

- 返回的电池的比率;
- 各电池可收回的材料的比率;
- 实际收回的可再生材料的比率。

铅酸电池的回收率超过 95%, 电池中可回收的铅的质量约 60%, 二次冶炼的效率大约 95%。考虑到所有这些因素, 电池材料中可回收部分的质量约 54%。

1.2.3.1 充电电池制造中使用的有毒材料

充电电池设计和开发中使用的一些有毒材料决定了回收和储存的要求。铅 (Pb)、镉 (Cd)、锂 (Li)、钒 (V)、镨 (Pr)、钴 (Co) 和锰 (Mn) 是二次电池和原电池的制造中广泛使用的材料。由于诸如镧 (La)、钕 (Nd)、镨 (Pr) 和铈 (Ce) 等的稀土类元素的混合, 产生了混合稀土金属。在一些合金中配置稀土类元素, 改进了电池的电极特性, 即加宽了温度范围, 提高了比功率和能量密度, 延长了循环寿命, 显著改善了电化学活性。充电电池中广泛使用的各种稀土类元素和其他元素的特性总结在表 1.3 中。

消费型电池一般都比较小, 与其他物品一起被丢弃在都市固体废物中。当废物到达一个垃圾填埋场, 从用过的和破碎的电池中先浸出水, 然后是镍、镉和汞。高浓度的金属从垃圾填埋场清理出来。当废物进入焚烧炉, 在烟囱排放物和灰分中, 电池产生了高浓度的金属烟雾, 提高了环境控制的成本。电池生产商声称, 废旧电池占了接近 1.5×10^6 t 的市政固体废物。然而, 这个量小于产生的都市固体废物总量的 1%。该固体废物含有约

表 1.3 用于电池合金的不同稀土及其他元素的价态特征

合金中使用的元素	符号	价态
镉	Cd	2
铈 (RE)	Ce	3, 4
钴	Co	2, 3
镧 (RE)	La	3
锂	Li	1
锰	Mn	2, 3, 4, 6, 7
钕 (RE)	Nd	3
镍	Ni	2, 3
镨 (RE)	Pr	3
硫	S	2, 4, 6
钒	V	3, 5
锆	Zr	4
注: RE 为稀土元素		

67% 的铅、90% 的汞和超过 50% 的镉。在有些国家, 县市监管部门批准从城市固体废物焚烧炉和垃圾填埋场中清除铅酸电池, 需要废旧电池安全处置的资格认证。

1.2.3.2 工人的安全毒性限制

在许多工业发达的国家, 对工人处理各种有毒有害物质的毒性限制, 广泛用于电池制造业。此外, 饮用水和环境空气标准也设置了毒性限度。在一般情况下, 在 8 h 工作时间工人的最大允许吸入该物质的量, 以毫克每立方米 (mg/m^3) 测量。镍是 1 mg/m^3, 铅是 0.15 mg/m^3, 镉是 0.005 mg/m^3。

一些先进的工业国家为供水设施建立了严格的指导方针, 以保护其公民免受毒性和有害物质的不利影响。一些国家建立了污染物最高水平 (MCL), 超出该水平的饮用水被认为是不健康的。美国的 MCL 标准铅为 0.05 mg/L, 镉为 0.01 mg/L。美国的 MCL 没有规定镍的含量。铅、镉、汞、镍和它们的化合物的详细的不利影响在美国环境保护署的列表上可查。此列表中包含化学品的有毒物质排放清单 (TRI), 该列表每五年更新一次。

1.2.4 充电电池的三个主要特征

无论其应用领域, 二级或充电电池都具有以下三个鲜明的特性:

- 能量性能;
- 电源性能;
- 寿命 (实际时间和充电 — 放电循环)。

这些特性有着千丝万缕的联系。换言之, 提高一项, 另外一项或两项必须减小。例如提高电池中集电器的大小来增大质量能量密度, 将减少活性电极材料的空间, 这会降低容积能量密度。质量能量密度和容积能量密度对于安装在电动和混合电动汽车上的充电电池都是至关重要的。目前, 还没有电动车可以在不加油的情况下行驶。为了解决这个重要的问题, 在电动汽车和混合动力电动汽车的充电电池的设计和开发中, 最新技术必不可少。

无论其应用领域, 下列术语被用来定义电池的性能:

- 阳极电解液: 液体阳极。
- 阴极电解液: 液体阴极。
- DOD: 放电深度。
- 电解液: 离子迁移促成电子流动的介质。
- 容积能量密度: 在一个特定的放电率下每单位体积的电池存储的电能。也称为体积比能量, 表示为 W · h/L。
- 容积功率密度: 在一个特定的充电状态下, 通常为 20%, 每单位体积的电池可以传送的功率。也称为体积比功率, 表示为 W/L。
- 质量能量密度: 在特定的充电状态下, 每单位质量的电池能够存储的电能量。也称为质量比能量, 表示为 W · h/kg。
- 比功率: 在特定的充电状态下, 通常是 20%, 每单位质量的电池可传送的功率。也称为质量功率密度, 表示为瓦特/千克 (W/kg)。
- SOC: 这表示存储在电池中的总的安培 · 小时容量的百分比, 称为荷电状态。

1.2.5 在特定的应用中使用充电电池的成本效益

对充电电池的一个简短的市场调查, 可为特定的应用领域提供无限制的电池选择。然而, 具有成本效益和特定用途的充电电池的选择需要权衡研究成本、能量密度、功率密度、充放电速率以及寿命周期。

许多类型的电池比铅酸电池具有更高的质量能量密度水平。但是耗费更多, 许多性能较差, 而且有些会导致更高的安全和环境风险。例如, 对"理想的" 电动汽车或混合动力汽车电池的搜索是一个最优化的问题: 什么样的电池技术能够提供性能、可靠性、寿命、足够的安全性和最低环境风险成本的最佳组合。

1.2.4 节中明确说明的充电电池的三个不同的特征有着不可分割的联系, 因此, 改进任何一个特性会牺牲其他一个或两个特性。不同的应用领域对电池的特殊限制不同。例如, 混合动力汽车与全电动汽车相比有不同的特定限制, 后者需要高功率密度和较低的能量密度, 以满足最佳的车辆性能水平。

需要强调的是, 目前任何一种新的燃料技术在一定程度上都正遭遇同样的困境。例如, 目前在美国, 至少, 汽油这么便宜而且燃料基础设施这么完善, 没有别的能从经济上与之抗衡, 除非做出巨大的投资。此外, 在不久的将来社会很可能会对新技术比对现有技术实施更严格的安全和环境控制。这意味着在新技术推出之前, 必须证明有确凿的经济优势, 以及能摆脱对外国石油的依赖。

1.2.5.1 在重量和成本方面提高电池性能的技术

为了在给定的应用条件下以最小的成本实现最佳的性能, 有必要对关键的电池参数进行权衡研究。此外, 电池的性能不能以任何单一的设计参数表示, 关键性能参数往往是相互关联的。例如, 提高电池的功率性能的具有成本效益的方式是使用更薄的电极, 这将降低容积能量密度和寿命。这意味着较薄的电极不适合用于以容积能量密度和寿命作为主要性能要求的充电电池, 如空间系统和混合动力汽车。例如, 在轿车中一个标准的液化气罐可容纳约 60 L 或 15 gal (1 gal=4.54609 L) 的燃料, 重约 50 kg 或 33 lb (1 lb=0.435 592 kg)。如果采用大到足以提供相同行驶里程或距离的铅酸电池组, 这种电池的重量将超过汽车本身 (2 t 以上), 占用空间将相当于乘客舱。如果电动车选择锂电池组, 该电池组将需要至少 144 个最小重量和尺寸的电池。如果汽车发生追尾事故, 替换锂电池组将花费超过 8000 美元。总之, 建造一辆实用的电动汽车, 能源存储需求、电池组的大小和成本必须针对可能的因素认真权衡可取的设计。电池和整车的设计程序和参数是相互依存的。电动汽车定义了一个可用的电池的性能包络线, 而在任何时间点内能实现的电池性能范围, 限制了电动车辆的里程和在不给电池充电的情况下行驶的千米数。

这种相互依存关系有一个坏的副作用, 即电池的性能目标经常改变。

因为完美的电池在实际实践中是不可能实现的, 电动车的设计过程趋向于随着电池的性能预测而变化。表 1.4 中很宽的数据范围模糊了电动和混合动力汽车所用的铅酸电池的要求之间的实际差别。在一般情况下, 混合动力汽车电池的能量容量比电动车小, 但它们每单位质量或体积将需要产生更多的电力, 如表 1.4 所列。注意混合动力汽车的电池可以从车载电源或交流电源充电, 在数千次循环中常常只占用其容量的一小部分运行。

表 1.4 电动和混合动力电动汽车的性能目标

性能参数	电池		典型的铅酸电池
	电动汽车	混合动力电动汽车	
质量能量密度/(W · h/kg)	85 ~ 200	8 ~ 80	25 ~ 40
容积能量密度/(W · h/L)	130 ~ 300	10 ~ 100	30 ~ 70
比功率/(W/kg)	80 ~ 200	600 ~ 1600	80 ~ 100
平均寿命/(周期/年)	600 ~ 1000/5 ~ 10	100 ~ 105/5 ~ 1	200 ~ 400/2 ~ 5
成本/($/(W · h))	100 ~ 150	175 ~ 1000	60 ~ 100

表 1.4 中所给出的数据是各类参数的估计值, 误差在 ±10%。铅酸电池的制造技术已高度优化, 关键电化学成分铅和硫酸较廉价, 而非铅酸型电池因为材料技术和材料成本的改变而持续进行设计上的变化。

1.2.5.1.1 电池寿命的预测

电池寿命的预测不仅困难而且价格昂贵。此外, 电池的寿命取决于充电和放电循环次数、所用材料和操作类型 (间歇或恒定)。启动、照明和点火 (SLI) 应用的铅酸电池的寿命预测相对简单, 因为铅酸电池的设计已完全成熟, 材料成本和维护程序完全已知。对于使用固体电极和特殊的全固态材料的电池, 其寿命预测更为复杂。如前所述, 寿命预测严格依赖于阴极和阳极所用的材料、材料的特性以及使用的维护程序和计划表。

笔者对电动汽车和混合动力汽车使用的充电电池的研究表明, 电池系统的寿命或可靠性的预测, 既昂贵又异常困难。值得注意的是, 为了合理的精确度, 它需要测试一个已知的全尺寸的电池系统或电池组过去几年在各种气候和驱动条件下的运行情况。高度的不确定性源于电动车电池的结构, 它通常需要 100 个或更多串联的电化学电池。此外, 随着电池之间制造工艺的变化及在使用过程中电池和电池之间的温度变化, 在电池的使用寿命内保持这么多电池的电气性能平衡是极度困难的。

不同程度的系统控制和维护计划需要达到一个平衡点, 也许还包括热管理系统、定期过充电和活跃的电子系统的一些结合, 以维持其预期的工作范围内的电池的荷电状态。简言之, 这样的变化的实际效果意味着, 这样的充电电池系统的寿命也是高度可变和不可预测的。

1.2.5.1.2 充电电池的可靠性和失效机理

任何设备或系统的可靠性, 如充电电池, 严格依赖于一段时间内的零故障可靠性的概率及所包含的相关组件的故障率。在这种情况下, 阳极和电极是主要组成部分, 因为经过一个长时间持续的电化学过程, 阳极和电极的表面会分解。确定充电电池的失效机制非常必要, 尤其是许多充电电池是应用在军事和卫星方面。在商业应用中, 失效机制容易确定, 不需要中断任何设备或系统的操作就可以采取纠正步骤。元件可靠性的测定包含在指定的时间间隔内工作条件下的故障率计算, 以及进行故障模式分析。因为电池由两个基本组成部分串联, 这两个组件的可靠性方面都必须加以考虑。一个组件或设备的可靠性, 可以用可靠性的数学理论估计。在这一理论的基础上, 电池的可靠性可用指数故障率 (λ) 来计算, 有

$$R(t) = [\mathrm{e}^{-\lambda t}] \tag{1.1}$$

式中: $R(t)$ 是在时间 t 内零故障的可靠性; λ 是阳极 (A) 和电极 (C) 的故障率之和, 它可以表示为

$$\lambda = [\lambda_{\mathrm{A}} + \lambda_{\mathrm{C}}] \tag{1.2}$$

式中: λ_{A} 是阳极的故障率; λ_{C} 是电极的故障率。

一些关键的应用, 如侦察卫星或隐蔽通信, 必须考虑卫星冗余。这需要一个系统组件, 如被认为是最小单位的电池充电控制器, 来提供必要的冗余功能, 实现卫星上的连续操作。

一个阳极和电极组成的一个简单的电池的可靠性, 可以表示为

$$R_{\mathrm{B}}(t) = [R_{\mathrm{A}}(t) R_{\mathrm{C}}(t)] \tag{1.3}$$

式中: R_{A} 是在时间 t 内的阳极可靠性; R_{C} 是在时间 t 内电极的可靠性。

1.2.5.2 为什么汽车要使用铅酸蓄电池

笔者对铅酸电池进行的研究表明, 早在 1912 年这些电池就应用于汽车。进一步的研究表明, 美国 90% 以上的全电动车都装有铅酸蓄电池作为它们的车载储能装置。铅酸蓄电池的技术完全成熟, 并且在其设计中, 已经实现了所有可能的改进。简单地说, 不受限制的广泛可用性和低采购成

本是这种电池的主要优势。此外, 铅酸蓄电池以目前的形式生产制造了几十年, 它们已被证明从 1924 年以来在汽车上的应用是可靠和廉价的 [3]。

1.2.5.3 液流电池的说明

如果我们采用由风能和太阳能发电系统提供的需反复开启和关闭的电源来运行高压输电线路网, 就需要高度可靠和精心设计的电池。液流电池作为拥有 30 年历史的电池技术, 最适合这样的应用。换句话说, 液流电池使用两种液体电解质, 当它们被泵送通过原电池堆时发生反应, 可以取代目前在常规电池中使用的固态电极。从本质上讲, 电池可分解成原电池堆和两个大的液体电解质池。当电解质流过每个电池的多孔膜, 离子和电子来回流动时, 电池中产生充电和放电循环。充电需要加入新鲜的液体电解质, 以增加能量存储容量。因此, 为了改善充电时间和充电效率可能需要稍大的罐子。这样的电池已经用于工厂和移动电话发射塔的备用电源。

现在, 制造商正在寻找风险投资, 来设计和开发应用于电网系统的电池, 该电网系统将最适合与风力涡轮机和太阳能发电系统配合使用。美国能源署 (DOE) 已拨出 3100 万美元的复苏法案资金, 来启动 5 项实用级项目。(输电线路) 系统网络存储应用的成本至关重要, 这就是能以最低的成本和复杂性完成工作的液流电池的优点所在。笔者对能源存储技术的研究表明, 锌溴电池目前在工作中可以储存的电能每千瓦小时 (kW · h) 低于 $450, 是锂电池的 1/3, 钠硫电池的 3/4。

因为其流动的固有结构, 这些电池相对更加安全和具有成本效益。此外, 采用液流电池, 在电解质罐中可以存储一个兆瓦时 (MW · h) 的电能。IEEE Spectrum 最近发表的一篇文章中透露, 一个拖车可运输的锌溴电池 (ZBB) 已经证明了存储容量接近 2.8 MW · h。这样的电池, 当连接到公用电网时, 最适合减少峰值负载。液流电池技术完全成熟, 但它在适应公用事业规模和做完整的系统集成方面仍然面临挑战, 后者包括了高效率的电力电子技术和快速响应控制。

1.3 不考虑功率能力的充电电池

不同类型的充电电池可有不同的应用。在过去的 10 年左右, 充电电池在成本、体积、能量和功率密度、使用寿命、可靠性、便携性和安全性方面逐步改善。根据市场调查, 大多数充电电池应用于便携式电子设备和数字传感器。高容量电池部署在电动汽车和混合动力电动汽车、商业运输和军用飞机、边远电力设施、通信卫星和其他商业应用上。

1.3.1 低中等功率应用的充电电池

两种充电电池, 即铅酸和镍镉电池, 有悠久的历史。铅酸电池首次制造早在 1860 年, 而镍镉电池首次制造在 1910 年左右。其他的充电电池, 如锌二氧化锰 (Zn-MnO_2)、镍金属氢化物 (Ni-MH) 和锂电池都产生较晚, 但它们被便携设备和传感器广泛使用。锂和镍金属氢化物 (Ni-MH) 电池最适合用于便携式电子元器件, 其可靠性、寿命和不间断的电源是这种应用的主要要求。表 1.5 描述了广泛应用于便携式电子设备和传感器的充电电池的性能和重要特性。

表 1.5 充电电池的性能和关键设计特征

性能能力	铅酸	镍镉	镍金属氢化物	锂 (BP)
功率密度	良好	优秀	平均	优秀
质量能量密度/(W · h/kg)	35 ~ 55	45 ~ 65	60 ~ 95	160 ~ 195
容积能量密度/(W · h/L)	80 ~ 95	150 ~ 200	310 ~ 360	350 ~ 480
循环寿命 (到容量的 80%)	200 ~ 325	1100 ~ 1500	600 ~ 1100	700 ~ 1250
20℃ 下每月的自放电/%	< 5	< 20	< 25	< 3.5
快速充电时间/h	8 ~ 16	1	1	2 ~ 3
额定电压/V	2.0	1.20	1.20	3.6
工作温度范围/℃	−20 ~ 60	−20 ~ 60	−20 ~ 60	−20 ~ 65
峰值负载电流温度/℃	10	20	5	< 2
连续电流温度/℃	1	1	< 0.5	< 0.8
采购成本/($/(W · h))	0.5	0.5	0.5	0.75
过充电能力	高	中	低	非常低
注: 本表中为估计数值, 误差 ±5%				

另外, 这些数据属于在 2000 年之前设计、开发和测试的市售的充电电池。显然, 人们会发现, 由于 2005 年后镍金属氢化物电池和锂电池设计和开发的快速发展, 充电电池的特点和性能得到了进一步的改善。人们会发现显著的性能改进, 特别是锂电池, 有四个不同的类别: (单极) 锂、(双极性) 锂、(聚合物) 锂和 (用聚合物电解质) 锂。

此表中总结的充电电池, 其关键性能参数各不相同。对于一次性电池, 用户可以选择根据成本、充电设施、连续的或间歇性的使用, 以及低温或高温的应用要求来选择。

1.4 充电电池的商业和军事应用[5]

特定的商业和军事应用对电池的要求很严格。在商用飞机、直升机、通信卫星、军用喷气式战斗机和轰炸机中，密封铅酸和排气式镍镉充电电池，在苛刻的温度和机械环境下完全可以满足系统的可靠性和关键性能要求。充电电池的性能改进严格依赖于电化学技术。

1.4.1 高功率电池的商业应用

电池设计者们将研发重点放在密封的、排气式、免维护的充电电池上，特别是那些用于商业运输和其他商业应用的电池。各种充电电池的保质期和容量损失随工作温度的变化如图 1.3 所示。图 1.3 中锌空气电池和锂基电池的容量损失最低。有趣的是，对于中等功率的军事应用来说，先进的密封免维护镍镉电池更具吸引力。研究和开发工作主要是针对发展不需维护的，可实现高功率输出和高可靠性的密封镍镉充电电池。据国防部官员称，先进的飞机电池发展的主要推力是密封镍镉充电电池。充电电池的能量密度严格依赖于工作温度。(1 in=2.54 cm) 如果工作温度保持在 60°F ~ 80°F 的范围内，大部分电池可以实现最佳的能量密度，如图 1.4 所示。

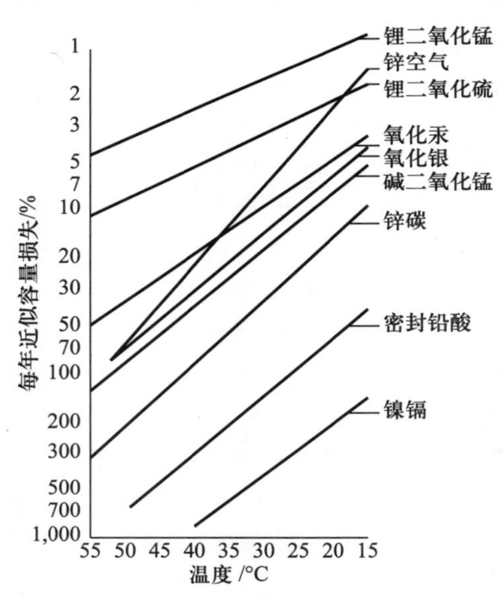

图 1.3 各种充电电池在不同环境温度下的保质期

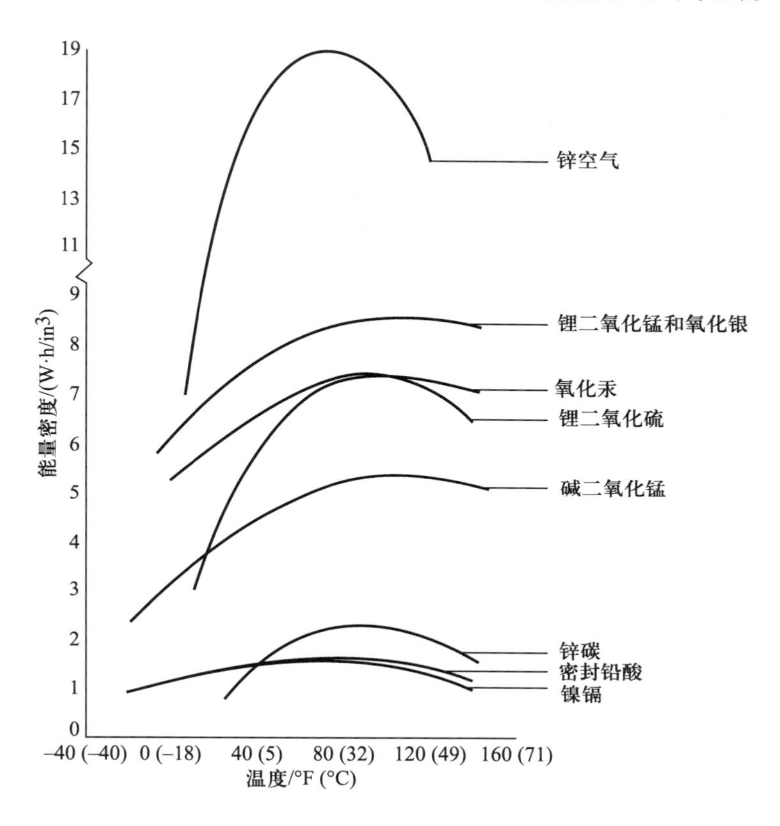

图 1.4 各种电池在不同温度下的容积能量密度

1.4.2 镍镉充电电池在军用飞机上的关键作用

犹他州尖端电子 (Acme Electronic) 研究与发展公司、Eagle Pitcher 工业和其他几家公司, 正在生产密封镍镉充电电池。尖端电子开发的密封镍镉电池, 目前应用在一些商业飞行器的飞行上, 包括 MD-80、MD-90、DC-9、波音 777 的商业运输。此外, 一些 F-16 战斗机和阿帕奇直升机也使用这些充电电池。免维护密封镍镉电池已经被批准为 F-16、F-18、B-52、E-8 先进的机载预警和控制系统 (AWACS) 使用。锂、镍金属氢化物电池和镍镉电池的典型能量比较图如图 1.5 所示。这些图表在选择合适的电池以满足质量能量密度 (W · h/kg) 和功率密度 (W/L) 的特定要求时非常有用。

市场研究表明, 没有谁能与排气式镍镉充电电池的高功率密度相比, 它能够在 -45℃ 的温度下启动飞机发动机。有理由认为, 在未来 $10 \sim 15$

年, 无论是商用还是军用飞机仍将依赖高功率密封铅酸和密封镍镉充电电池。

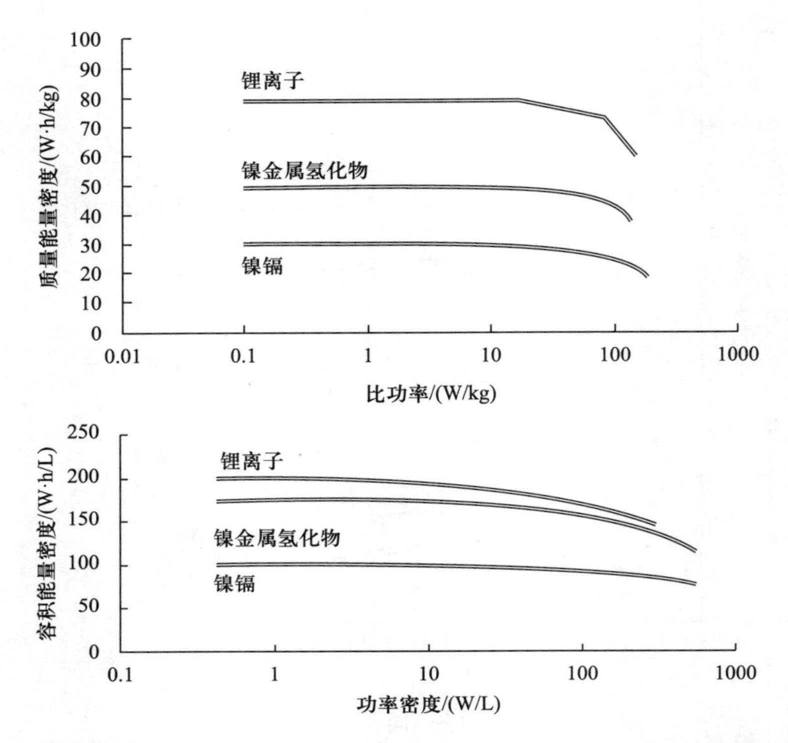

图 1.5 广泛应用于汽车的各种充电电池质量能量密度和容积能量密度的典型能量比较图

1.4.3 用于军用飞机的镍金属氢化物充电电池的优点

笔者对充电电池进行的研究表明, 因为独特的电化学技术和棱形双极设计, 镍金属氢化物 (Ni-MH) 电池可能获得更高的性能。据电能源公司 (Electro Energy Corp) 的发展部副总裁表示, 这个特殊的电池设计可改进约 20% 的电池性能, 减少 25% 的生产成本。

镍金属氢化物 (Ni-MH) 电池, 可以在正电极和负电极上进行一定的过充电和过放电反应。电池容量受正电极限制, 负到正的比例为 1.5 ~ 2.0。过充电时, 在正电极形成氧扩散到负电极, 生成水 (H_2O)。过放电期间, 在正电极形成氢, 并在负极再次产生水。氢和氧再结合以形成水, 从而确保

镍金属氢化物 (Ni-MH) 电池的密封操作。有趣的是, 在充放电过程中氢离子在两个电极之间来回移动。

材料科学家发现, 适当用含稀土材料的合金, 如镧镍 ($LaNi_5$) 合金、锆钒 (ZrV_2) 将显著提高镍金属氢化物 (Ni-MH) 电池的性能, 如加宽温度范围、延长循环寿命、提高功率和能量容量、增强电化学活性、提高氢的扩散速度、成本低、环境友好型操作。一个密封镍金属氢化物 (Ni-MH) 电池的负电极的储氢合金 ($LaNi_5$) 的逐步优化步骤如图 1.6 所示。目前使用的成分, 即混合稀土 (Mm), 镍 — 钴 — 锰 — 铝 (Ni-Co-Mn-Al), 它提供的放电容量为 330 mA · h/g, 比 $LaNi_5$ 高 10%。这种特殊的合金在低温、高温和要求的放电率下比 ZrV_2 合金工作效果更好。此外, 这种合金更便宜, 工作性更好。因此, $LaNi_5$ 合金适用于镍金属氢化物 (Ni-MH) 充电电池。

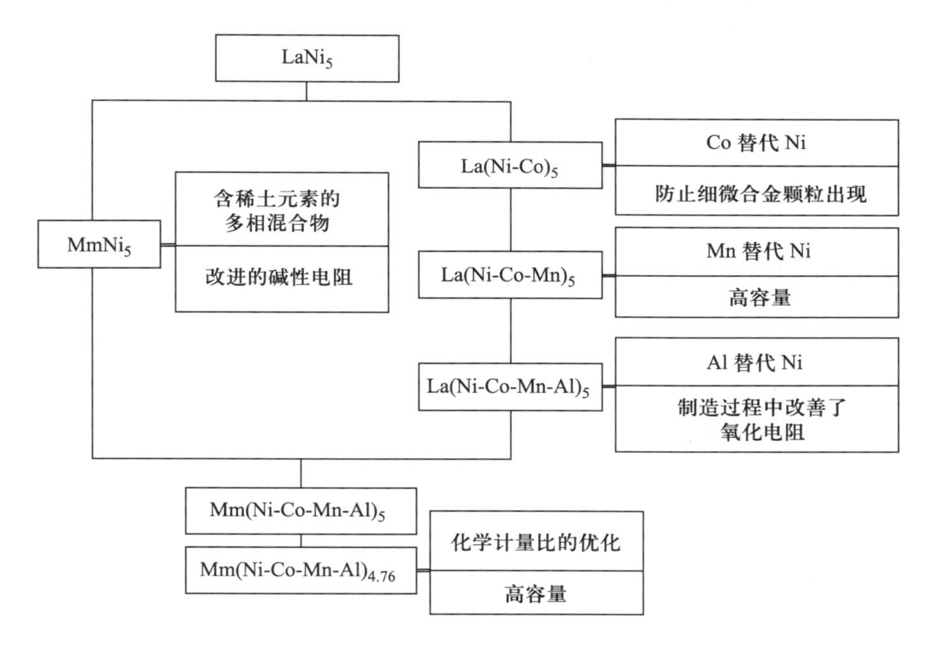

图 1.6 $LaNi_5$ 合金基密封镍金属氢化物充电电池的渐进优化步骤 (Mm: 混合稀土)

镍金属氢化物 (Ni-MH) 电池的性能也取决于阴极配方和分隔器的特性。采用高性能稀土元素可能达到更高的容量 700 ~ 1000 A · h/kg。对各种稀土材料的初步研究表明, 一个被称为 V_3Ti 由钒 $V_{3,4,5}$ 和钛 $Ti_{2,3,4}$ 组成的合金的容量是 $LaNi_5$ 合金的两倍。材料科学家们相信, 在阴极添加氢

氧化钴 [$Co(OH)_2$] 比氢氧化镍 (Ni-OOH) 会产生更高导电性的钴氧化物。正电极上的过充电产生的任何氧都可能氧化分隔器的表面，而且，为避免形成这种氧化物，必需化学分离器如磺化聚丙烯。

1.4.3.1 镍金属氢化物电池的电极材料的成本及特性

电极材料的成本和特性会影响电池的价格和寿命。材料的用量严格依赖于应用程序及其功率容量的要求。高功率和高能量密度镍金属氢化物电池最适合重型车辆，如公共汽车和卡车。大约 10 年前，能源转换设备公司 (Energy Conversion Devices Inc.) 制造了电动汽车和混合动力汽车使用的镍金属氢化物电池。电池的重量和尺寸取决于原电池的数目、所用材料的密度以及电池的功率输出能力。与其它电池技术相比，镍金属氢化物电池显著降低了重量和尺寸。由于镍金属氢化物电池比镍镉和铅酸电池具有更高的能量密度，它增加了巴士和汽车的乘客量，扩大了卡车的有效载荷，提供了军事电动车更高的隐身性和进攻能力[5]。此外，高可靠性、免维护操作、接受峰值再生电流的能力，使镍金属氢化物电池成为重型商用和军用车辆的理想解决方案。

关于阴极材料的成本，精确的报价比较困难。每磅或每千克材料的价格取决于材料的纯度、要购买的材料的量以及事务处理时间。表 1.6 在对各种阴极材料的初步价格调查的基础上，总结了报价。

表 1.6 各种阴极材料的近似价格报价

基本元素	价格 $/lb ($/kg)	阴极材料	价格 $/lb ($/kg)
钴 (Co)	18 (40)	$LiCoO_2$	30 (60)
镍 (Ni)	3.6 (8)	$LiNi_{0.8}Co_{0.2}O_2$	35 (77)
锰 (Mn)	0.3 (0.66)	$LiMn_2O_4$	30 (66)

这些价格都是基于小批量价格。锰的价格是基于未经提炼的矿石。锰的价格将根据提纯的百分比而增加。同样，精炼的镍和钴的价格也会更高。

1.4.3.2 温度对镍金属氢化物电池放电容量的影响

镍金属氢化物电池的设计师建议，在 0 ~ 40℃ 的温度范围之外使用这些电池不能获得最佳性能。在此温度范围内，可以实现优于 90% 的放电容量。常温下储存这种电池不会产生永久的容量损失。供货商所进行的实验表明，连续暴露于 45℃ 下，可使电池的循环寿命减少约 60%。虽然镍金属氢化物电池能够维持高放电电流，但在高电流水平下反复充放电会缩短电池的寿命。当温度变化率在 0.2 ~ 0.5℃ 时能实现寿命周期内的最佳性能。

1.4.3.3 镍金属氢化物电池的充电过程

电池设计师指出, 由于镍金属氢化物电池对充电条件的敏感性, 充电是确定镍金属氢化物电池电气性能和整体寿命最关键的一步。因此, 必须对充电率、温度范围和指示充电结束的有效技术给予极大的关注。镍金属氢化物电池必须在恒定电流下充电, 以提高电池性能和延长循环寿命。约 10 年多前设计的电池都存在记忆损失。但最新的镍金属氢化物电池不存在记忆损失。必须限制充电的电流水平, 以避免过热和不完全的氧复合。这两个条件显著影响电池的性能和寿命。电池测试表明, 镍金属氢化物电池的充电过程是放热 (由于放热而形成), 而镍镉电池是吸热 (由于吸收的热量而形成)。

1.4.3.4 镍金属氢化物电池性能的退化因素

- 灵敏度: 电池的灵敏度依赖于储存温度。在较高温度和较长的储存期限电池剩余容量的损失速度较快。经过 30 天的储存后容量下降到 20%。
- 电压降: 低温下电压降速率较高。
- 电压平台: 只适用于低速率的充电。
- 温度截止: 当温度达到预设的限制显示过充电时, 这种方法停止充电。
- 升温速率: 根据时间测量温度上升的速率, 当达到预定值 1℃/min 时停止充电。这是阻止高速充电的首选方法, 因为它确保电池使用寿命或延长电池的循环寿命。如果反复过充电, 镍金属氢化物电池会受到损坏。

1.4.4 用于航空航天和国防的热电池

由热电池组成的分布式电池系统, 在飞行器的电刹车控制制动器的使用中起着至关重要的作用。飞机采用更多电动技术将需要加强后备电源系统。这个备份的电源系统由热电池构成。热电池设计的最新进展, 揭示了在性能、保质期以及高能量的应急备用电源能力方面的显著提升。

由 Eagle Pitcher 开发的热电池表现出了不受限的保质期及可靠性, 连续运行超过两小时无故障。这些热电池最适合飞机、浮标、巡航导弹以及其他主要要求长时间可靠运行的应用程序。

上一代热电池的工作寿命为 10 min 左右。在 1995 年开发的这样的电池已经显示了超过两小时的运行寿命。2005 年后设计和开发的热电池，已经显示了近 5 年的运行寿命。使用改进的热绝缘的壳体，并结合电池中的一个低功率加热器，将进一步改善热电池的运行寿命。能够在很宽的温度范围内运行并保持长期活性的改进的电解质和阴极材料将显著提高热电池的整体性能。在导弹、飞机和卫星应用的情况下，电池的重量、大小和寿命是最严苛的需求。

航天器和通信卫星的电能系统一般包括结合能量存储装置的能量转换器，如电池和功率调节组件。此外，与传统的电压调节器相比，脉宽调制调节器更小、更轻、更便宜。高系统可靠性要求电力系统中有一定量的冗余。如前所述，航天器电力系统包含三个不同的组件，电池是其中之一。每个组件采用了增加冗余组件的技术，以满足特定的可靠性目标，这可能会增加系统的成本和重量。然而，与其他组件相比，电池的冗余只是稍微增加了成本和重量。

至于电池的空间应用方面，通信卫星和轨道航天器广泛部署镍镉电池作为储能装置。这些电池和其他电池已使用了近 30 年。自 2000 年以来，在某些情况下，更高效、更可靠的电池已在空间系统使用。无论使用的电池类型如何，如果基于卫星的太阳能电池经历一个黑暗时期，机载电池必须满足机载电子传感器和电子设备的功耗要求。低地球轨道 (LEO) 和地球同步轨道 (GEO) 卫星需要不同的电池电性能规格。第 7 章将讨论各种轨道卫星的电池类型和性能要求，这些电池专门用于通信和监视卫星。笔者进行的研究表明，镍镉和镍氢充电电池 (Ni-H_2) 最适合于轨道卫星。目前，大多数地球同步轨道 (GEO) 卫星部署镍氢 (Ni-H_2) 电池。镍基电极带来循环寿命的改善和可靠性的提高。已发表的文献表明，镍氢 (Ni-H_2) 充电电池已在几个行星任务中使用。在地面应用中，由于这些电池的初始成本高和一些缺点，例如即使在 +10℃ 的快速放电以及 3 天后 10% 的容量损失，使得紧急或偏远地点的备用电源应用受到限制。此外，这种电池典型但不严重的缺点是，低容积能量、高数据速率下的高散热和安全风险。这些薄弱环节和其他缺点，可以被密封和免维护镍镉电池消除。

1.4.5 商业应用的充电电池

充电电池被部署在多种商业应用中，如汽车、电话、手机、iPad、医疗设备、相机、钟表等。除了电动汽车和混合动力电动汽车的电池外，这些应用的电池供电要求非常低。电动车电池的两个重要的电性能参数是质量能量密度和容积能量密度。广泛用于商业应用的低功率充电电池的性能规格要求不是很严格。在 EV 和 HEV 应用的情况下，电池重量、尺寸、寿命和成本非常重要。对于医疗设备，电池尺寸、电气噪声、电压漂移、电压波动是主要的考虑因素。

水溶液二次电池或充电电池被广泛地用于商业和低功率的传感器和设备。Ni-MH 电池、Ni-H_2、Ni-Zn 电池最近已归入二次电池这一类型。各种水溶液二次电池的典型特性总结于表 1.7 中。

表 1.7 不同水溶液充电电池的特性

电池类型	电压范围/V	温度范围/℃	循环寿命/h	质量能量密度/(W · h/kg)	容积能量密度/(W · h/L)	自放电/(%/月)
Ni-MH	1.4 ~ 1.2	−30 ~ 65	900 ~ 1200	65 ~ 85	200 ~ 850	15 ~ 20
Ni-H_2	1.5 ~ 1.2	−10 ~ 30	> 2200	45 ~ 60	68 ~ 84	40 ~ 60
Ni-Zn	1.9 ~ 1.5	−20 ~ 50	326 ~ 650	55 ~ 65	100 ~ 140	14 ~ 18
Zn-空气	1.2 ~ 1.0	0 ~ 45	20 ~ 30	150 ~ 220	160 ~ 240	5 ~ 10
Zn-AgO	1.8 ~ 1.5	−20 ~ 60	50 ~ 85	80 ~ 100	175 ~ 185	4 ~ 6

早在 1992 年，镍金属氢化物电池就在市场上推出。从那时起，其特性、重量、大小和成本已有显著改善。这些电池已取代了早先在多个应用中，包括便携式商用设备和传感器上使用的镍镉电池。

锌氧化银 (Zn-AgO) 电池被广泛地用于商业应用。这些电池提供高质量能量密度和容积能量密度，具有久经考验的可靠性、增强的安全性和每单位重量和体积的最高输出功率。这些电池即使在 −20℃ 也可以放电。然而，循环寿命低、采购成本居高不下、低温性能不佳都是锌氧化银电池的缺点。

由于其出色的电性能，锌氧化银电池被广泛部署在空间应用中。因为它们的高能量容量和便携性，这些电池被航天员用于出舱活动中的一些任务。这些电池可用于便携式应用中，如电视摄像机、医疗设备、通信设备、照明系统等。

在市场份额方面，铅酸电池已经并将继续保持主导地位。然而，在便携式应用的情况下，铅酸电池处于边缘位置。到目前为止，只有 3 种电化学电池，即镍镉、镍金属氢化物、锂电池，由于其便携性、高可靠性、每单位重量和体积的高能量以及免维护操作，近年来在出售中。

自 2001 年以来，镍镉和镍金属氢化物充电电池的市场份额几乎保持不变。但自 2005 年以来，在非水溶液电池中，锂基电池一直最受关注。特别是层状锂电池的商业应用需求量很大, 并越来越多地在市场上出售。最适合商业应用的一些非水溶液电池的特性列于表 1.8 中。

表 1.8 非水溶液充电电池的特性

电池类型	电压范围/V	工作温度范围/℃	生命周期(循环数)	质量能量密度/(W · h/kg)	容积能量密度/(W · h/L)
Li-Al/FeS	1.7 ~ 1.2	375 ~ 500	1000	140	225
Li-Al/FeS_2	2.0 ~ 1.5	375 ~ 500	1000	185	375
Li-金属	3.0 ~ 2.0	40 ~ 60	800	140	175
Li-聚合物	3.2 ~ 2.0	60 ~ 80	600	120	160

镍铁 (Ni-Fe) 电池属于水溶液充电电池系列。根据已发表的报告, 这些电池在 20 世纪开始研发, 以铁 (Fe) 作为负极, NiOOH 作为正极。电池电压是 1.37 V, 即使在恶劣的操作条件下, 如冲击和振动、过充电或过放电、存储在一个完全充电或放电的状态, Ni-Fe 电池也能经受超过 3000 次的深放电循环且寿命超过 22 年。这种特殊的电池与铅酸电池相比, 自放电高、效率低、能量和功率密度差、低温性能不确定、采购成本较高。由于电池极端坚固耐用, 能够在严峻的工作环境保持充电, 循环寿命长, 电池的设计者和材料科学家正在寻找能够在能量和功率特性上产生显著改善的高级配置。其潜在的应用包括军用车辆、材料处理和其他工业操作。

目前, 有几家公司正在积极从事研究和开发活动, 以提高锂聚合物充电电池的电性能, 因为在不久的将来, 各种应用对这种电池的需求将会很大。

商用镍锌电池。由笔者进行的充电电池的简单研究表明, 镍锌电池在商业应用方面具有几个优点。在过去的十年中, 电池的设计师已开始提升电池性能并降低采购成本的研发活动。这些新设计的充电镍锌电池将对消费型和移动应用最为理想, 如电动自行车、小型摩托车 (或滑板车)、中等功率的电动汽车和混合动力电动汽车。通过研发溶解度降低的锌电极, 结合密封电池的专利设计和改进的电池寿命, 这些电池的电气性能已明显改善。材料科学家和电池的设计者声称, 在许多商业应用中, 镍锌电池可以替代铅酸、镍镉和镍金属氢化物电池。除了显著的性能提升, 升级后的镍锌电池, 采购成本也大幅降低。总结所有电池的改进, Ni-Zn 充电电池为碱性充电系统提供最低的成本和最高的能量密度。最近开发的独特的专利技术提供了更多的降低大批量生产成本的机会。石墨基复合镍电极专利技术提供最低的成本, 从而比传统的镍电极节省大量的成本。任何潜在的阳极材料中，锌提供最高的质量能量密度、最低的材料成本和最小的环境影响。

新的专利技术提供的质量能量密度为 60 W · h/kg，这足以提供车辆行驶超过 200 km 的距离范围。最新设计的电池可提供一个总能量成本低于每公里 0.04 美元的 25 kW · h 电池。一个容量为 25 kW · h 的镍锌充电电池在大批量生产时，花费约 6000 美元或更少。这些电池被制造的额定容量为 12.5 kW · h、25 kW · h 和 50 kW · h，以满足各种电动汽车和混合动力电动汽车的驱动要求。对于电动自行车和小型摩托车，Ni-Zn 电池的额定容量和采购成本显著降低。Ni-Zn 电池在设计方面的最显著改进是，这个特殊的电池能够提供持续的高功率，同时保持高的额定质量能量密度，这对镍金属氢化物电池来说是不可能的。

1.4.6 电动和混合动力电动汽车对充电电池的要求

笔者对电动汽车和混合动力电动汽车的电池的研究表明，质量能量密度和容积能量密度的性能参数至关重要。除了这两个电性能参数，排在第二的是充电电池的成本、大小、重量和寿命。铅酸电池的这两个性能参数非常差。银锌电池 (Ag-Zn) 具有最高的容积能量密度和质量能量密度，如表 1.9 所列。在银锌电池之后，银金属氢化物 (Ag-MH) 电池的电气性能参数排在第二。各种商用电池的电气性能参数，即质量能量密度和容积能量密度，总结于表 1.9 中。

表 1.9 商用电池的电性能参数

电池类型	质量能量密度/(W · h/kg)	容积能量密度/(W · h/L)
铅酸 (Pb-acid)	25	85
镍铁 (Ni-Fe)	46	125
镍镉 (Ni-Cd)	48	122
镍锌 (Ni-Zn)	75	170
镍金属氢化物 (Ni-MH)	52	175
镍氢 ($Ni-H_2$)	65	118
银锌 (Ag-Zn)	163	308
银金属氢 (Ag-MH)	105	242

总结于表 1.9 的电参数值对于在 1990年 — 1995 年期间设计、开发和测试的充电电池是有效的。另外，参数误差在 ±5% 之内。在过去 15 年左右的时间，这些电池的电气参数有显著改善。

目前, 各汽车制造商正专注于电动汽车和混合动力电动汽车。全电动汽车的电池的要求不同于混合动力电动汽车。为了更具成本效益, 充电电池每单位质量或体积必须产生更多电力。混合动力汽车的电池从车载电源充电或从一个由交流发电机和逆变器组成的充电装置充电, 将交流电 (AC) 转换成直流 (DC) 电。混合动力运行通常只占电池数千循环周期的一小部分。

在一些混合动力汽车中, 电池的容量只够车辆一次循环操作, 之后电池需要充电。另一方面, 全电动车的电池通过车载电源充电, 完全放电时间从几小时到几天不等, 然后才需要再次充电。这是全电动汽车和混合动力汽车充电需求的一个根本区别。

1.4.6.1 电动和混合动力汽车所需充电电池的测试要求

由于电动车辆的特殊需求, 为其它类型的电池进行的测试不能用来预测电动汽车的充电电池。测试通常在实际或虚拟驾驶行为的基础上进行; 不过, 电动和混合动力汽车电池的测试结果已被接受。在美国, 电池测试程序已开发并得到联合政府和行业主管部门的批准。宾夕法尼亚州沃伦代尔的美国汽车工程师协会 (ASAE) 已将测试标准化为 "推荐做法"。日本、欧洲和韩国的汽车制造商已经开发了类似的测试程序, 测试结果已经由各自的政府和行业主管部门批准。近日, 国际标准化的测试已经获得批准。如果电动或混合动力汽车的性能要求被明确规定, 标准化测试可以合理地预测该特定车辆的充电电池的性能。此外, 必须慎重确定对电池的要求, 以满足紧凑型、中型或全尺寸的电动或混合动力汽车的性能要求。电池测试结果可并入到充电电池的模型中, 该模型基于电池设计采用的特定技术, 来预测电动汽车或混合动力电动汽车的性能。

1.4.6.2 电动和混合动力汽车的电池寿命预测

正如所讨论的, 如果可能的话, 充电电池的寿命预测是困难和昂贵的。不确定程度源于设计该特定电池的配置和所使用的技术。一种电动车辆的电池组通常需要 100 个或更多的电化学电池串联。由于电池之间的制造差异和在汽车运行时电池与电池间的温度变化, 要这么多电池保持平衡极其困难。

根据充电电池的不同类型, 为实现完美的平衡需要各种控制机制和维护程序。在某些情况下, 需要热管理系统、定期过充以及主动电子系统在其预期的操作范围内维持电池的充电状态。在这些复杂的要求下, 电池的寿命是高度变化的, 因此不可预测。

1.4.6.3 目前用于电动和混合动力汽车的电池的性能

高功率和高能量密度的 Ni-MH 电池正被重型车辆广泛使用，如公共汽车。这些充电电池表现出显著的电气性能和经济优势。Ovonic 电池公司已被认定为设计、开发和商业化的领导者。

1.4.6.3.1 电动和混合动力电动汽车使用的镍金属氢化物电池组

根据已发表的汽车文章，镍金属氢化物电池技术已被几乎所有主要的汽车制造商认定是电动汽车和混合动力电动汽车具有的最高性能、最可靠和成本效益的能源储存技术。据 Ovonic 电池公司称，镍金属氢化物电池技术具有高可靠性、免维护和成本效益，并有能力接受峰值再生制动电流，是重型车辆的理想解决方案。正在开发更多的项目，以实现重量、尺寸和制造成本的显著降低。这些降低一旦实现，镍金属氢化物电池将被确认为电动汽车和混合动力电动汽车的唯一电池供应。Ovonic 汽车应用制造的镍金属氢化物电池的性能总结在表 1.10 中。

表 1.10 最适合电动、混合动力、混合动力电动汽车的典型的镍金属氢化物电池性能特征

电池特性	Ni-MH 电池分类		
	A	B	C
电流容量/(A · h)	85	235	345
电池电压/V	12	12	3.6
质量能量密度/(W · h/kg)	70	80	62
容积能量密度/(W · h/L)	171	245	155
比功率/(W/kg)	240	200	165
功率密度/(W/L)	605	600	410
重量/kg	17.4	34	19.7
最大尺寸/in	15.3 × 4.0 × 6.9	20.47 × 4.0 × 8.4	17.5 × 4.0 × 6.9

表 1.10 中所示的尺寸是近似尺寸。Ovonic 公司已设计和开发了镍金属氢化物电池组，以满足通用汽车公司和其他汽车公司的电动汽车和混合动力电动汽车的性能需求。此外，Ovonic 正在开发先进的镍金属氢化物电池，额定功率接近 550 W/kg，最适合混合动力电动公交车和卡车。使用模拟校车进行的模块级别的初步寿命周期测试，已经证明一个模块的循环寿

命超过 1,000 次, 这相当于超过 100 000 mile (1 mile=1.609 344 km) 或三年巴士的运行。测试数据表明, 一个由镍金属氢化物电池组成的 108 kW · h 的电池组每充一次电能够提供 100 多mile 的巴士服务, 这证明比铅酸电池提高超过 25%。注意两个、四个或更多的电池可以串联以满足一个给定应用对电压和功率容量要求。

1.4.6.3.2 电动和混合动力电动汽车使用的锂电池组和电池系统

在近 10 年中, 材料科学家和电池设计者都在关注锂基电池技术。材料科学家声称, 几种锂离子电池表现出的高质量能量密度超过 400 W · h/kg, 如表 1.11 所列。显示的质量能量密度值足够满足小型电动车和混合动力电动汽车。

表 1.11 锂离子充电电池的理论质量能量密度

电池系统	符号	质量能量密度/(W · h/kg)
锂硫氧化物	$LiSO_2$	1175
锂氯化铜	$Li\text{-}CuCl_2$	1135
锂钒氧化物	$Li\text{-}V_6O_{13}$	870
锂硫化钛	$Li\text{-}TiS_2$	562
锂锰氧化物	$Li\text{-}MnO_2$	432

还有其它锂基电池, 但其能量密度不适合当前的电动汽车和混合动力汽车。如果继续积极开展其它边缘电池的研发活动, 这种电池在不久的将来将会加入锂基电池行列。

1.4.6.3.3 充电锂基热电池

锂基热电池具有在高于室温的温度下工作性能优异的熔融盐电解质。除锂金属聚合物以外, 这些电池使用锂或钠基负极。正电极一般是将硫化铁 (FeS) 和电解质的混合物装到集电器中或将材料装填到蜂窝状基体中制成。石墨、钴硫化物和镍硫化物有时被用在基体结构中以增强性能。电池设计者对锂铝铁的硫化物 (Li-Al/FeS 和 $Li\text{-}Al/FeS_2$) 热电池的道路交通应用进行了研究。虽然 $Li\text{-}Al/FeS_2$ 提供更高的电池电压和改进的电子传导性, 但它存在腐蚀的问题。使用较厚的电极可以解决腐蚀问题, 但稍微增加了制造成本。在双极型电池的配置中, 正电极和负电极通过 Mg-O 分离器或导电通道背对背电接触。这些电池能满足范围为 (80~100)W · h/kg

到 200 W · h/kg 的质量能量密度需求。日本已经为固定的储能应用设计和开发大容量的钠硫 (Na-S) 电池。这些电池最适合固定的能源。对牵引装置应用的研发目前正谨慎开展。可能应用在电动汽车和混合动力电动汽车上的聚合物电解质, 目前正在研究中。

电动汽车使用的钠氯化镍即 ZEBRA 电池。这个特定电池的负电极和电解质与 Na-S 电池所使用的类似, 但使用金属氯化物如氯化镍 $NiCl_2$ 代替硫作为正极。这种特殊的 ZEBRA (零排放电池的研究活动) 是由南非电池设计者为电动汽车的应用而研发的。这种电池提供更高的电池电压 2.58 V。它对过充和过放电的耐受性显著。电池结构允许几个单元串联连接, 没有并行连接, 因为电池失衡被电池内的电化学反应拉平。这种电池系统提供了很宽的工作温度范围、安全性增强、设计灵活性卓越、循环寿命高和腐蚀低。根据其特别针对电动汽车和混合动力汽车的设计和开发活动, ZEBRA 电池是电动汽车最具成本效益的理想的选择。

材料科学家描述了聚合物电解质在三个不同阶段的演变:

- 第一代电解质基于高分子量的聚环氧乙烷 (PEO) 聚合物基质材料和锂盐的结合;
- 第二代电解质基于改性 PEO 结构与锂盐的结合;
- 第三代电解质通过在高分子量物质的有机溶剂中捕获一种低分子量的锂盐溶液而形成。

电解液可制作成固体薄膜的形式, 从而消除了对隔板元件的需求。非常薄的电解质结合薄电极结构, 可允许电极的高速性能, 并改进锂的永恒形态。更大的内在安全性结合改进的速率能力的这种可能性, 使得聚合物电解质电池系统成为高性能电池的一个可行选择。聚合物电解质电池的主要优点可以总结如下。

- 稳定的电解质材料提供不挥发的、固体材料。
- 宽广的电化学窗口, 允许高能量容量的阴极。
- 低电极负载产生更好的锂循环寿命。
- 灵活的形状因素, 提供高效、紧凑的包装, 它为重量和体积是最关键要求的应用提供了理想选择。

1.4.6.3.4 聚合物电解质电池独特的设计特点

聚合物电解质电池的设计基于薄膜技术组件, 它包含非常大面积的电解质层和电极层, 厚度范围从 20 ~ 200 μm。这项技术最小化了电解质的阻抗, 从而提高了电极动力。此外, 全固态结构允许最紧凑的尺寸, 可能产生最有效率的电化学性能。固态设计展示了高能量效率和即使在 100℃ 下小型电池超过 100 次的循环使用寿命。锂基系统的高能量密度是由于锂元素的原子质量低, 与大多数的正极材料的反应活性高。材料科学家声称, 锂基电池的能量密度相对于铅酸蓄电池要高出 2 ~ 10 倍。然而, 这些电池也有充电和性能退化的问题。第一代电池的比功率水平在 100 ~ 200 W/kg, 已被提高到 400 W/kg。根据电池的设计参数的能量和功率容量的模拟研究和实验验证, 对于展现聚合物电池的性能是必须的。由于一些安全问题甚至在 2005 年之后充电锂聚合物电解质电池仍没有商业化。需要研究改善电解质、界面行为、电极结构以及多节电池和单个电池循环的时间依赖性效应。

1.4.6.3.5 电动汽车应用的锂金属聚合物电池

最初开发这种特殊的电池是作为备用电源使用。最新的研究和开发活动似乎表明, 可以修改电池的设计结构以满足电动汽车和混合动力电动汽车的应用需求。电池使用锂作为负极, 氧化钒作为正极, 聚合物溶液作为电解质。电解质的电导率在温度大于 40℃ 时小于 0.0001/(Ω· cm), 作为通信应用的备份电源提供了最满意的电池性能。该电池可连接到总线, 提供的电压为 24 V 或 48 V, 这是通信应用最为理想的电压。电池容量每年只有 1% 的损耗, 即使在环境或存储温度高达 60℃, 电池寿命也在 10 年以上。电池测试表明, 该电池在浮动期和后备使用期至少可以可靠运行 12 年。

1.4.6.3.6 环境温度对充电电池容量的影响

当考虑给电池充电时, 时间是极端重要的。如果等到电池完全放电, 在某些情况下, 给电池充电达到最大容量可能需要几个小时。此外, 电池容量的减少严格依赖于环境温度。但是, 减少速率完全基于电解质的密度。从表 1.12 中所列的数据可以明显看出, 电池容量随环境温度的百分比变化。

表 1.12 电池的容量随环境温度的百分比变化

温度/°F	电池容量/%
−10 (结冰)	9
23	57
35	70
50	82
60	88
70	96
77	100

表 1.12 中所给出的数据显示, 当温度接近冰点时, 电池的容量以更快的速度下降。

1.5 低功率电池的应用

如所讨论的, 充电电池可用于商业、医疗、空间和军事应用。但是, 不同的应用对性能要求会有所不同。医疗和便携式诊断设备, 主要的设计要求是最小的包装、超低功耗、低失调漂移和卓越的噪声性能。电动汽车和混合动力电动汽车基本要求是高功率密度、高能量密度、寿命超过 10 年以及成本。对于空间应用, 充电电池必须满足严格的性能要求, 如重量轻、抗辐射、包装紧凑、效率高、较长的寿命周期和超高的可靠性。战场应用中, 电池必须符合严格的性能要求, 即重量轻、效率高、超高的可靠性、连续作业至任务目标完成[5]。以下各段更详细地描述目前用于各种商业应用的电池的性能要求。

低功率的电池被广泛应用于电子电路、数字传感器和电气设备, 如玩具、电子钟、手表、收音机、计算机、医疗设备、电动牙刷、烟雾探测器、参数安全设备和许多其他商业应用。旧的电化学体系, 如碳锌、锌空气 (Zn-air)、镍镉、铅酸继续在性能、成本和尺寸方面得以改进。它们是中等功率应用的较理想选择。大多数的低功率商用电池被称为原电池。被称为 D 电池 (或干电池) 的原电池被广泛应用于手电筒、烟雾探测器、玩具、电子钟、收音机和其他娱乐设备。在过去的 10 年左右, 锂锰氧化物 (L-Mn-O) 电池占商业市场的主导地位。原电池的尺寸在增长, 因为新的电气和电子设备围绕其较高电压、较高的能量容量以及优异的使用寿命来进行设计。

环境法规继续影响电池的使用和处置。因此, 在丢弃前可以多次重复使用的二次电池或充电电池引起了更多的兴趣。使用可充电的二次电池提供了最具成本效益的电池使用。将在能量容量、保质期、寿命、一次性采购成本、放电速率、占空比、工作电压及其他相关的特征方面对现有的和新兴的电池系统展开讨论。电池技术的进步已主要链接到电子装置和传感器的应用上。材料科学、设计配置和封装技术的进步在改善能量密度、寿命、可靠性、尺寸和重量方面起到了关键的作用。

1.5.1 使用薄膜和纳米技术的电池[6]

材料科学家和电池设计者已经确认了包含薄膜 (TF) 和纳米技术的有

趣的进展。能量和功率密度, 与其大小相比, 使其在能量收集方面最具吸引力。快速充电能力和低 ESR(等效串联电阻) 是这种电池最显著的特征。此外, 这些电池不会自放电, 可使它们保持正常使用 10 年或更长的时间。换言之, 这些电池即使经过很长时间的存储也不需要充电。当加上超级电容器, 这些电池充实了许多网状网络应用的能量储存图片。材料科学家声称, 可以用 TF 电池集成光伏 (PV) 电池以保持自充电能力, 当充电设施不能立即使用时, 就提供了另外一个选择。

TF 电池最初由橡树岭国家实验室 (ORNL) 设计和开发。TF 电池可以直接沉积到薄塑料片或芯片上制造。不同于传统的电池, TF 电池在薄塑料片上制造时能提供最大弯曲能力, 可以成形为特定应用需要的任何形状。这些 TF 电池的尺寸和几何形状也很好扩展。对各种用户进行的操作测试表明, 这些电池在宽的温度范围 $-30 \sim 140$℃ 操作时, 没有表现出性能劣化。此外, 在加热温度为 280℃ 的自动回流焊下, 电池的性能不受影响。

在制造过程中, 不同层次可通过溅射或蒸发技术沉积而成。从集电器到阳极的堆栈通常小于 5 μm。TF 电池设计人员估计, 总的电池厚度无论何处都会达到 $0.35 \sim 0.62$ mm。薄膜锂离子电池的充电和放电特性如图 1.1 所示。在这个特殊的电池设计中, 电压开始于 4.0 V, 因为锂电池比锂阳极电池的工作电压更低。

柔性 TF 电池最严重的缺点是电流的限制。因此, 要实现高电流密度, 在高于 700℃ 的温度下加热处理阴极是必要的。这个缺点使得在某些特定的应用中不能使用柔性聚合物基板作为阴极膜。此类电池的内部电阻取决于聚酰亚胺片的厚度和退火温度, 它必须不超过 400℃。如果电池是在一个刚性的陶瓷基板上制成, 且阴极厚度可比, 则退火温度可以达到 750℃。

1.5.2 TF 微型电池

笔者所进行的研究, 是关于以超紧凑的尺寸、便携性、微型电源、空间限制和低重量为主要要求的应用的最理想电池。简单地说, 最尖端的、灵活的、基于纳米技术的 TF 电池最适合于射频识别 (RFID) 标签、智能卡、便携式传感器和医疗嵌入式设备。据电池的设计者称, 这些 TF 电池包括包装可做到 0.002 in 薄。

这些 TF 电池采用由橡树岭国家实验室研发的锂磷氧氮化物 (LiPON) 陶瓷电解质。电池阴极由锂钴氧化物 ($LiCoO_2$) 制成, 阳极是锂。阴极和阳极都不含液体或对环境有害的材料。尽管锂材料有轻微毒性, 如果真空密封被打破, 微型电池中的少量锂也不会引起火灾。因此, 该电池在其使用中提供了最佳的可靠性和最安全的操作性。

1.5.3 低功率电池的充放电循环次数和充电时间

充电时间严格依赖于电池的容量。电池设计者声称, 0.25 mA · h 的 TF 电池可以在不到 2 min 的时间内充电到额定容量的 70%, 在 4 min 内充满。每个电池的放电率可超过 10 C, 好的电池可在 100% 深度放电下进行超过 1000 次充放电循环。这种电池的自放电量每年小于 5%。在放电过程中, 电池经历了容量损失。各种充电电池每年的容量损失如图 1.3 所示。这些电池可以被定制以满足特定的尺寸要求。0.1 mA · h 容量的电池可以被电池设计工程师设计为物理尺寸不超过 20 mm × 25 mm × 0.3 mm。电池可存储在 −40 ~ +85℃ 的环境温度中, 没有任何结构上的损坏或性能退化。另外, 电池的设计就是使工作温度不显著影响性能。在高温下, 这些电池可以以更高的速率和更高的容量进行充电和放电。然而在达到 +170℃ 的高温时, 在循环过程中电池的容量会以更快的速率下降。在温度下降到 −40℃ 的寒冷的环境中, 可以预料充电和放电速率的降低。各种充电电池的容积能量密度随着工作温度的下降趋势如图 1.4 所示。从该图中可明显看出, 电池的容积能量密度在较低的工作温度下以更快的速率下降。尤其是密封铅酸和镍镉电池在较宽的温度范围内能量下降最低。

这些电池的充电需要一个恒定的电压 4.2 V。此外, 根据电池设计者要求, 这些纳米能源电池不能过度充电。当电池在 4.2 V 充电并以 1 mA 放电到 3.0 V 时, 电池经过 1,000 次充放电循环会失去大约 10% 的容量。充电达到额定容量的 95% 所需的时间, 在第一次循环低于 4 min, 在 1,000 个循环后增加到 6 min。至于这些电池的电气性能, 一个微型版本的商业电池将提供每个放电循环约 80 mA · h, 容积能量密度超过 400 W · h/L。

低功率电池由其额定功率来标识, 覆盖的容量范围从几毫瓦的手表到 10 ~ 20 W 的笔记本电脑。每单位体积的能量水平和输出功率是许多便携式设备的最关键要求。由一个特定的电池提供的能量取决于电能被消耗或取回的速率。能量密度和功率容量受电池的结构尺寸、电池大小和使用的占空比的严格限制。通常选择放电率、频率和截止电压, 来满足特定的应用程序的电力需求, 例如烟雾检测器或照相机。原电池的额定电流是 1/1000 的电池容量, 而二次电池或充电电池的额定电流为 $C/20$, 其中 C

表示电池的全部容量额定值。

1.5.4 低功率电池的结构配置

大多数使用水溶液电解质的原电池或干电池采用单一的、厚的电极平行排列或同心布局。典型的电池结构被归类为“筒状”、“筒管”、“纽扣”,或“硬币电池”。一些原电池制成棱柱形、薄、扁平的结构, 以达到体积最小化。这些形状因素产生了低劣的能量密度和功率容量水平。

1.5.5 用于低功率电池的最流行的材料

在全球范围内碳锌电池继续占据低功率家用电池的主导地位。这些电池从 1920 年 — 1990 年被广泛使用, 并在电气性能、生命周期或寿命和渗漏上表现出显著的改善。这种电池有两个不同的型号。A “优质” 版, 它使用二氧化锰 (MnO_2) 电解质和氯化锌 (Zn-Cl) 电解质, 它提供了更好的电气性能和在较长的持续时间内更高的可靠性。大部分标准尺寸的电池都是 D、C、AA, 或其他配置和 Zn-Cl 电解质。根据市场调查, 碱性 Zn-Cl 电池到碳锌电池的单位销售比是 1, 而在美国使用二氧化锰电解质的碱性电池, 其比例是 3.5 : 1。据国际市场调查显示, 中国每年生产大约 600 万的碳锌电池。中国电池的质量稍差, 但电池的成本更低。简单地说, 使用无汞二氧化锰的碱性干电池是最风靡全球的选项, 因为回收过程容易并且环境友好。

1.5.5.1 低功率标准电池

标准电池使用二氧化锰作为阴极, 用氯化铵作为电解质, 该电池被称为 Zn-Cl 或碱性电池。碳锌电池不能满足电气设备, 如磁带录像机和光盘播放机、高分辨率自动相机、闪光灯和某些玩具的使用要求, 因为它们不能为满意和可靠的操作提供所需的电能。由于碳锌电池的功率限制, 碱性电池被广泛应用于低功率设备。典型的碳锌和碱性电池的特性总结在表 1.13 中。

表 1.13 碳锌和碱性电池的特性

电池种类	每单位体积的能量/(W · h/L)	每单位质量的能量/(W · h/kg)	保质期/年
碱性	270	115	3 ∼ 6
碳锌	155	90	3 ∼ 4

中高功率碱性电池的保质期根据额定功率大约 3 ~ 6 年。碱性电池提供了非常长的寿命, 并在较长的时间保持电池电量。另外, 碱性电池提供了更高的可靠性和较低的生产成本。这就是碱性充电电池在美国被广泛使用的原因。

1.5.5.2 微型原电池

微型电池用于功率消耗是几十到几百微瓦的应用。这些电池最适合手表、烟雾报警器、温度监测传感器和其他低功率电子元件。此类电池的典型的电气性能参数总结在表 1.14 中。

表 1.14 微型电池的性能参数

电池系统	开路电压/V	工作电压/V	容量/(mA · h)	电压对时间的响应
Zn-空气	1.4	1.3 ~ 1.2	550	缓坡
Zn-HgO	1.4	1.3 ~ 1.2	220 ~ 280	接近水平
Zn-Ag_2O	1.6	1.55	180	非常平
Zn-Mn_2O	1.5	1.25	150	S 形

在商业市场中, "纽扣" 结构电池大量销售。市场调查显示, 锌空气和氧化银、氧化汞、二氧化锰纽扣电池是最流行的。由于担心汞含量, 汞电池在工业国家被禁止销售。锌空气电池适用于助听器设备, 而锌二氧化锰电池被广泛地应用于钟表。除锌空气电池外, 微型电池提供优异的保质期和可靠的使用寿命。大多数手表电池在 37℃ 的环境温度下提供高可靠性和长寿命。手表电池的使用寿命为 5 ~ 7 年。据微型电池的供应商称, 由于在锂纽扣电池周围设计了新的装置, 锌阳极微型电池的单位体积将减小。不计这些缺点的话, 锌空气电池具有最高的能量密度水平。

微型锂电池。在过去的 20 年间, 由于其最佳的工作寿命和超高的可靠性, 微型锂离子电池的需求量很大。锂电池表现出了非常高的能量密度水平, 但功率低。锂碘电池被广泛地用于起搏器。锂碘是低导电性的固态电解质, 它限制输出电流为几微安。电池材料和定速器技术的最新进展允许最可靠的电池工作 10 ~ 12 年。使用锂银钒氧化物 (Li-AgV) 的高功率植入电池正在作为心脏起搏器以及便携式自动除颤设备的电源使用。1 g 锂等于 3.86 A · h 存储能量。大量的锂电池的处理会造成严重的环境问题, 并产生有害废物, 这些物质必须在严格的环境准则下处理或存储。尽管存在这些问题, 在手机、ipad、手提电脑、摄像机和娱乐设备的用户激增的推动下, 锂基充电电池正经历着高达 25% 的增长速率。

1.5.6 采用纳米技术的低功率电池

智能电池采用纳米技术开发。智能电池包含一个 “超疏水纳米结构表面” 的碳纳米管, 如图 1.2 所示。此电池技术使电解质与阳极和阴极电极分离。在电场的作用下, 电解质经历 “电润湿” 的过程。这引入了表面张力的变化, 允许它通过阻挡流, 从而在电池的电极间产生电压。这种类型的电池的额定功率不大, 但它显示了尺寸、重量和效能方面的显著进步。智能或纳米电池的典型的应用可包括一个关键任务型的手机。正如传统的手机电池即将耗尽电能, 例如, 备用电池可驱动提供 10 min 的通话时间, 这可能是至关重要的。

1.5.7 使用纳米技术的纸电池[7]

加利福尼亚州斯坦福大学的科学家们和博士后研究员们正在努力开发使用普通纸和可沉积碳纳米管 (CNT) 和银纳米线的墨水的纸电池。科学家们认为, 当纸被注入纳米材料的油墨覆盖, 纸变得具有高导电性, 可用于生产超低价、灵活、重量轻的微型电池和超级电容器。

这些纳米材料[7] 是具有非常小的直径的一维结构, 这有助于注入的油墨强有力地黏附于纤维纸, 从而使电池和超级电容器更加耐用和具有成本效益。斯坦福大学的科学家声称, 纳米材料是最为理想的导体, 因为与普通导体相比它们可以更有效地传导电力。把油墨覆盖的纸进行烘烤, 然后折成一个电力产生源来建立一个电池源。这种纸电池的潜在的应用, 包括小型电动和混合动力汽车, 严格取决于电能的快速传输。可以使用塑料薄片做出这样的电池。但是由于纸的多孔纹理, 油墨会更强力地附着到纸张表面。

这种纸可以揉成一团、折叠, 甚至浸泡在酸中, 电池的性能没有明显的下降。科学家的研究工作也适合较低成本和复杂性的能源存储设备。科学家们正对这些纸电池进行更多的测试。

1.6 燃料电池

在过去的几年里, 对长时间运行的便携式电源的需求增长迅速。军事系统和快速应用的消费电子设备使用的电子器件的增加, 如笔记本电脑、手机、摄像机, 需要立即充电的移动电源解决方案。锂电池被广泛用于电力电子设备和传感器,但是它众所周知的缺点,即放电率、补给能力、安全问题和处置问题,迫使电力系统的设计者考察燃料电池潜在的应用。充电电池的制造商越来越多地使用燃料电池取代锂电池。燃料电池通过可以立即补充燃料的电化学转换产生电力。对于便携式电源部分,直接甲醇燃料电池 (DMFC) 提供了最有前途的解决方案。

1.6.1 最热门的燃料电池类型和它们的配置说明

金属燃料电池 (MFC) 可以用一个可靠和具有成本效益的方式提供电力。笔者所进行的初步研究表明,锌空气燃料电池可以产生超过 4kW · h/kg 的电能,是铅酸电池的约 1000 倍,是汽油提供能量的 3 倍。

泰国已认真考虑用 DMFC 燃料电池以最低的成本和复杂性助力摩托车。在运输领域,对于设计和开发低成本的燃料电池方面有极大的兴趣,以用来提供清洁、可靠、安全的备用电源。这些低成本、低功率的燃料电池可以设计 1 ~ 10 kW · h 的容量,以满足能量需求。

1.6.2 燃料电池的类型

燃料电池按模块所使用的电解质分类。以下四种不同的类型的燃料电池作为动力源,获得了应用者的极大兴趣:

- 低温磷酸燃料电池 (PAFC);
- 质子交换膜 (PEM) 燃料电池;
- 高温熔融碳酸盐燃料电池 (MCFC);
- 固体氧化物燃料电池 (SOFC)。

各种燃料电池公司进行的研究和开发活动表明,质子交换膜燃料电池提供了简单的设计,提高了可靠性,减少了采购,运行成本低,占地面积小。Dow 化学公司和 Ballard 动力系统股份有限公司致力于质子交换膜燃料电池在分布式发电市场的商业化。无论生产厂家是谁,燃料电池都具有以下独特的特点:

- 燃料电池可以在各种配置中层叠,以适应相同的电池设计中不同的容量要求。
- 燃料电池具有相对与尺寸无关的相当高的效率。燃料电池很容易设置,因为环境干扰极低。
- 燃料电池可以使用提供的快速变化的多种燃料。
- 燃料电池提供操作优势,例如电能控制、快速上升的速度、远程和无人操作、因为固有的冗余功能带来的高可靠性。

由于其超高的可靠性，早在 1960 年，燃料电池就为载人航天器提供机载电源，为宇航员取出生产的安全的饮用水。在过去的几年里，美军已经为可能应用在战场上的燃料电池提供了大量的研究和发展支持。第 3 章提供了各种类型的燃料电池的详细的设计概念和材料要求。

1.7 结论

本章简要介绍了原电池和二次电池 (充电电池)。对充电电池的性能和局限性进行了讨论，特别是可靠性和寿命。电动汽车和混合动力电动汽车的电池要求根据每千米行驶的成本确定。对特定应用的比能量密度和安全的功率水平进行了估计。阐述了高、中、低充电电池的应用，重点是成本和寿命。总结了广泛用于充电电池结构中的合金和稀土类元素的重要性质。为了用户的安全，突出强调了各种电池材料的毒性方面。详细讨论了用于改善电池性能的技术。说明了充电电池的失效机理。对空间、商业和军事应用的电池的需求进行了总结，特别强调了可靠性、成本、重量和大小。阐述了战场应用的充电电池的性能要求，强调了重量、可靠性、充放电率。对铅酸、镍镉、镍金属氢化物电池、充电锂电池的关键的性能进行了说明。列出了最适合制造电极的材料，强调其电化学过程。为了用户的利益，提到了各种充电电池的电池容量随环境温度的减少率。总结了 TF 电池、纸电池、微型电池和锂基电池的性能和局限性，重点强调成本和可靠性。列出了手表、心率电子脉冲调节器和助听器的微型电池的性能参数。详细说明了锂基和其他充电电池的充电和放电速率。对各种类型的燃料电池的性能参数和它们的设计配置进行了总结。提出了各种商业、飞行器、战场、无人机和其他重要的军事应用的燃料电池的优点，并特别强调其在战场上使简易爆炸装置失效的潜在应用。

参考文献

[1] Courtney E. Howard, “Electronics miniaturization,” Military and Aerospace Electronics (June 2009), p. 32.

[2] Robert C. Stempel, S. R. Ovshinsky et al., “Nickel-metal hydride: Ready to serve,” IEEE Spectrum (November 1998), pp. 29-30.

[3] Gary Hunt, "The great battery search, "IEEE Spectrum (November 1998), p. 21.

[4] F. C. McMichael and C. Henderson et al., "Recycling batteries," IEEE Spectrum (February 1998), pp. 35-37.

[5] Editor-in-Chief, "Military leads in battlefield development," Military and Aerospace Electronics (February 1994), p. 27.

[6] A. R. Jha, MEMS and Nanotechnology-Based Sensors and Devices for Communications, Space, and Military Applications, Boca Raton, FL: CRC Press (2008), p. 344.

[7] Christina Dairo and E. Padro, "Nanotechnology enables paper batteries," Electronics Products (January 2010), p. 13.

第 2 章

航空航天和通信卫星所用的电池

2.1 简介

航天器和通信卫星对充电电池的要求非常严格。可靠性、重量、尺寸和寿命是部署在航天器和通信卫星上的充电电池必需的性能要求。此外,冗余可能是另一重要的性能要求。低地球轨道 (LEO) 卫星的性能要求严格, 同步轨道卫星的要求将更加严格。由于发射成本和系统的复杂性, 对电池寿命的需求将超过 10 ~ 15 年。空间电池必须能够为灯光、旋转控制稳定传感器、空间监测系统、空调系统、饮用水产品, 以及一系列其他提供航天员的舒适性和安全性的关键设备提供电能。

通信卫星、隐蔽侦察监视卫星和航天员进行科研活动的航天器的电气系统包括能源转换设备、(太阳能电池) 结合能量储存装置 (蓄电池) 和功率调节组件 (PC), 即脉冲持续时间稳压器 (PVR)。PVR 在脉冲周期保持恒定的电压, 为达到最佳的性能发挥了关键作用。PVR 和其他调节器的具体细节和性能将在第 2.2.1 节提到。重量、尺寸和功耗所有这些部分必须保持在最低限度, 以使卫星和航天器的发射成本最小化。

镍镉 (Ni-Cd) 电池 1960 年 — 1995 年被早期的通信卫星和航天器广泛使用。当 2000 年初镍氢 (Ni-H_2) 电池的先进设计可用时, 大多数卫星和航天器优先使用 Ni-H_2 电池。将对这些电池的可靠性和改进的电性能进行详细说明。对于短期任务卫星和低轨通信卫星, 镍镉 Ni-Cd 和镍氢 Ni-H_2 电池仍在使用。

在卫星经历的黑暗期, 机载电池必须满足卫星或航天器上所有运转的电子传感器和电气设备的电力消耗需求。在黑暗期电子和电气元件都不能从星基太阳能电池获得任何电能。一旦黑暗期结束, 机载电子传感器和电气元件将从连接到卫星或航天器的太阳能电池阵列接收电能。正如所提到的, 太阳能电池阵列和电池由调节器总线互连, 如图 2.1 所示。

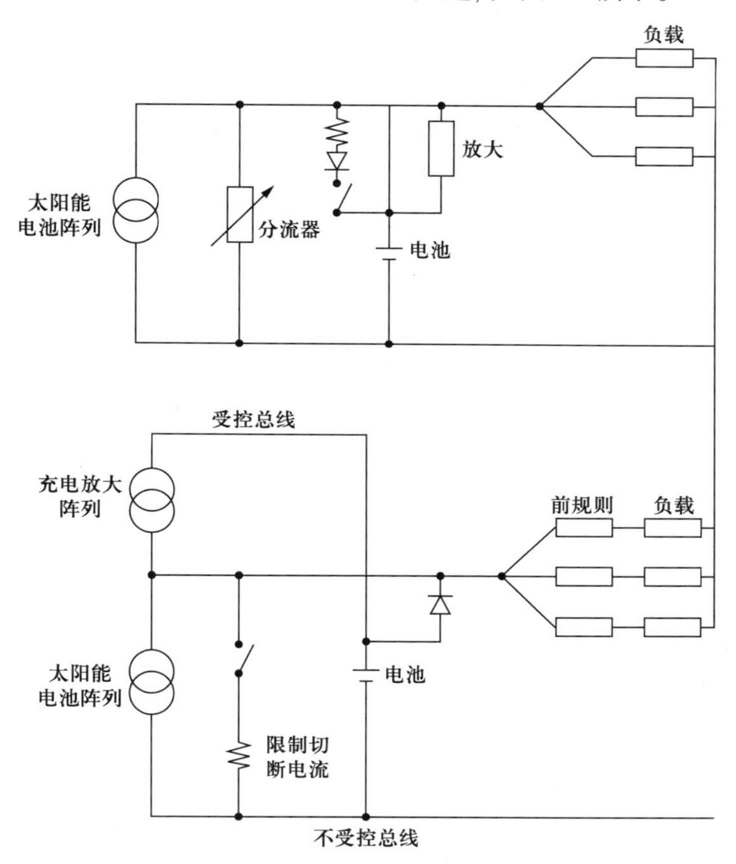

图 2.1 卫星电源系统等潜在应用的受控和不受控的电源总线的概念
(改编自: Jha, A.R., 太阳能电池的技术与应用, CRC 出版社, 博卡拉顿, 佛罗里达州, 2010)

卫星所经历黑暗期被称为 "卫星蚀", 在此期间, 为了从卫星接收音频、视频信号必须认真考虑本地时间。当春秋分卫星在地球的阴影, 最大星蚀持续时间, 通常是 72 min, 它的峰值在视太阳午夜通过, 角度与卫星经度相同。

峰值在约 36 min 之前开始, 由于表观和平均太阳时之间的差异, 有一个 8 min 的修正。这使得在卫星投影点的电视报道星蚀出现在约 11 : 15 P.M.。由于卫星投影点覆盖区域向东或向西移动, 星蚀开始的时间比本地时间早或晚 2 h。这对航天器设计的影响不容小觑。在星蚀期间高功率电视转发器需要大量的电池来运行, 电池必须能够在星蚀或黑暗期提供所有的电力需求。这是卫星电池最重要的设计要求。

2.2 机载电力系统

机载电力系统[1] 有三个不同的组件, 即电池、太阳能电池阵列和电压调节电路。这三个组成部分中使用的关键装置和电路, 清楚地显示在图 2.1 中。

2.2.1 电源总线设计配置

电源总线配置有两种类型, 即一个受控电源总线配置和一个不受控的电源总线配置。在受控总线的情况下, 一个助推器元件和一个开关控制二极管提供电压调节。在一个不受控总线配置的情况下, 安装了预调节的电负载, 从而避免需要一个单独的调控元件。在复杂的隐蔽侦察和监视卫星应用的情况下, 如果超高的可靠性和超过 10 年的较长的卫星工作寿命是设计要求, 则必需冗余电源系统。

2.2.2 太阳能阵列板

太阳能电池和太阳能电池阵列的要求严格依赖于连续的电力消耗; 根据卫星的工作寿命, 需要一个额外的 30% ~ 40% 以上的电力, 以满足功耗要求。天基卫星中典型的太阳能电池阵列的功率变化总结在表 2.1 中。

表 2.1 典型的卫星太阳能电池阵列的输出功率的变化

工作寿命/年	功率输出/W	降低的功率水平/%
0 (发射后)	650	100
1	583	93.5
2	558	90.2
3	543	87.6
4	517	83.4
5	500	80.6
6	455	73.4
7	389	62.7
8	342	55.2

在空间和卫星为基础的系统中，电池一般随着寿命经历功率变化和退化。一个典型的天基电池，8 年后电池的输出功率降低到原始值的 55.2%，如图 2.2 所示。这是精心设计和密封的天基免维护蓄电池的性能下降。一些电池可能会持续稍长一些或稍短一些时间，取决于电化学反应的效率和工作空间环境。如果电池是在卫星结构内部，空间辐射对电池功率性能的影响可以忽略不计。

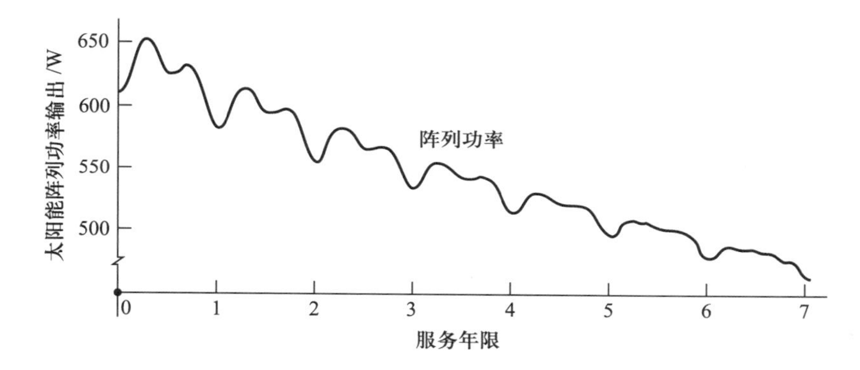

图 2.2 基于卫星的太阳能阵列板的功率随服务持续时间的变化

给天基电池充电的太阳能电池阵列的性能要求。安装太阳能电池阵列是给机载电池充电必需的，后者为各种电子设备、稳定和姿态控制传感器、空间参数监测仪、照明和其他许多对维护在预定任务期限的卫星或飞船所需的性能至关重要的电气系统提供电力。

轨道特征和太阳能电池阵列在旋转的卫星上的位置示意图如图 2.3 所示。通信卫星或一个监视侦察卫星上的电池的充电频率严格依赖于电线的要求。通信卫星的电气负载的重要性与监视侦察卫星相比适中。侦察监视卫星有几个微波、光电、光学、红外感应器，如高清晰度的侧视雷达、精确的激光跟踪传感器 [2]、高分辨率红外相机、带超高计算能力的高速数字电脑和其他气候参数监测仪器。此外，侦察监视卫星将带有大量的太阳能电池阵列，以满足主要传感器的高电力负荷需求和电源冗余系统供电需求以满足可靠性和预期的任务目标要求。

2.3 电池的电源要求和相关的关键组件

对于在不同轨道上运行的卫星的电池要求，将重点论述需要可靠性和持久电气性能的相关组件。低地球轨道和同步地球轨道 (GEO) 卫星的电池的性能规范有很大不同。第一代旋转卫星的典型轨道参数, 如图 2.3 所示。机载电池设计是为了满足任务参数监测仪的电力负荷需求, 以及为卫星设计工程师选择的冗余系统提供电力。无论是基于卫星的太阳能电池阵列还是机载电池都必须满足电子传感器、稳定元件和控制机械装置的

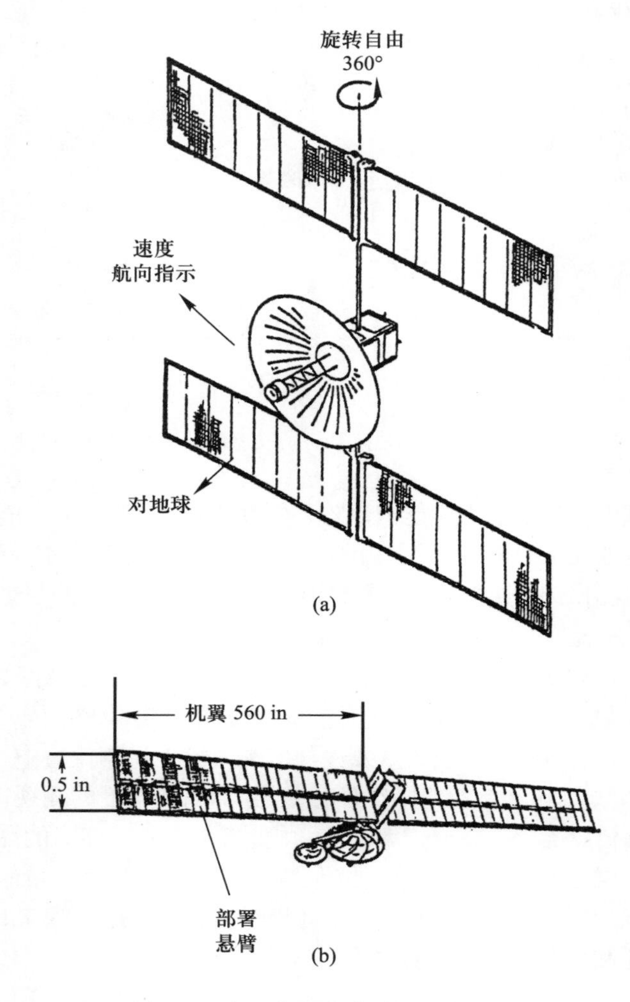

图 2.3 太阳能电池阵列的设计配置

(a) 一个 12 kW 的直播电视广播; (b) 一个 5 kW 的电视卫星。

(资料来源: Balombi, J.R., Wright, D.L. 等, “先进通信技术卫星 (ACTS)”, © 1990 年 IEEE, 已获授权)

电能需求。在 1970 年 ~ 1980 年发射的早期通信卫星的典型电耗需求从 10 ~ 20 kW 不等，当强大的通信卫星进入通信领域，电耗后来增加到超过 25 kW。最新的监测和侦察航天器的电力需求至少为 25 kW 或更高，因为部署了高分辨率毫米波侧视雷达、高功率跟踪激光器、精密光电传感器。根据这些功率要求，空间太阳能电池阵列和电池必须能够满足这样的功耗要求。

基于卫星的太阳能电池阵列的设计必须能够满足基本功耗的要求，以及额外的电源需求，以弥补在卫星的整个生命周期由范艾伦 (Van Allen) 辐射带造成的对太阳能电池的任何电气损坏。这种额外的电力需求变化范围为基本功率水平的 10% ~ 20%，这取决于预期寿命和卫星的轨道高度。与电池工作相关的关键部件的性能要求将在第 2.4 节论述。

2.3.1 太阳能电池阵列的性能要求

太阳能电池阵列的性能要求严格依赖于以下几个问题：

- 卫星轨道；
- 航天器的稳定控制和姿态控制机制[3]；
- 超过飞船或卫星的运行寿命的电力需求；
- 任务要求 (通信或监视侦察)；
- 在运载火箭上安装太阳能电池阵列的可用空间；
- 特定的设计特点，如双自旋的方法或三轴稳定技术需要的额外的电源。

2.3.2 太阳能电池阵列在黑暗期的电力需求

根据持续时间，低地球轨道 LEO 卫星在每 12 h 的轨道运行可能会遇到几个黑暗期。卫星设计者声称，在赤道轨道发射的通信卫星将遇到最少的黑暗期。设计师还认为，由于具有独特的轨道特性，同步地球轨道卫星很少会遇到一个黑暗期，因此，太阳能电池阵列将接收无限的太阳能产生电能，以供机载传感器和跟踪装置需求。稳定控制和姿态控制的功率消耗要求比较高，因此，太阳能电池阵列的设计者必须确保这样的功率水平能连续提供。面向太阳的太阳能电池阵列的部署提供每一轨道几乎均匀的功率输出，它提供了最佳的具有很高可靠性的电能。面向太阳的太阳能电池阵列照明时的温度在 60 ~ 80℃ 之间变化，这取决于该卫星运行海拔高度上的大气温度。

2.3.3 从太阳达到最佳功率的太阳能电池阵列定向的要求

为了从面板达到最佳的电力输出，太阳能电池阵列的定向有时是必要的。对于监视侦察航天器，太阳能电池阵列的定向将最有效，因为需要更多的电能供给到多个微波、高分辨率红外相机、精确目标跟踪的高功率激光器、姿态控制机制和稳定控制传感器 [3]。在赤道轨道，一个自由度的电池阵列定向将保持正常的太阳能冲击随季节变化加或减 23.5℃。其它轨道可能必需两个自由度，在这些轨道上相对于太阳能电池阵列的安装平面，飞船 — 太阳线可能在任何角度。

2.3.4 最适合航天器或通信卫星的太阳能电池阵列配置

太阳能电池阵列的电功率输出能力严格依赖于所使用的太阳能电池的数量、电池的转换效率、相对于太阳能冲击方向的阵列方向、面板安装方案和电池阵列允许的最大尺寸。图 2.3 中所示的自体安装的电池阵列可提供数百瓦特，而固定阵列配置最适于需要数千瓦的电功率水平的应用。

2.3.5 直接能量传递系统

当卫星在黑暗期 (缺乏太阳光) 运行或在阳光照射部分飞行时，直接能量转移 (DET) 系统起着至关重要的作用。图 2.4 明示了该系统的关键部件及其结构框图。

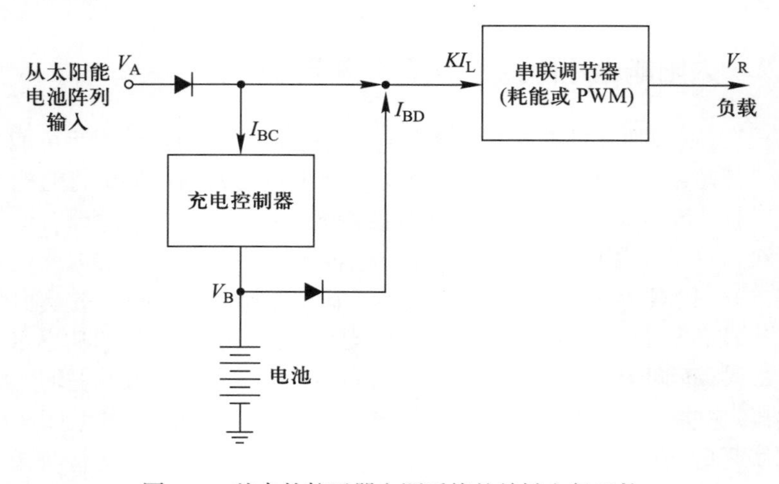

图 2.4 基本的航天器电源系统的关键电气元件

这种特殊的直接能量转移系统[1] 消除了一系列太阳能电池阵列和负载之间的插入损耗。模式选择开关在系统运行中起着关键的作用。这个电路确保无论太阳能照明条件如何, 系统中的负载电流和充电电流的流量适当。分流调节器总是处于工作状态, 当总线电压 V_R 保持指定的大小时就通过支线一个小的电流量接地。分路电流穿过其中一个并联电阻, 产生一个小的阈值电压。直接能量转移系统在飞行中黑暗期和太阳照射时期起着稳定作用。

卫星飞行在太阳照射部分期间, 如果电池阵列的输出电平超过电气负载的要求, 分流调节器将移出额外的电流, 并使小的阈值电压 (ΔV) 超过其预定的阈值。当过电压被模式选择电路感觉到, 该电路将打开充电调节器。过量的电压将允许多余的电流提供给电池。

如果通信卫星经历一个黑暗期, 阈值电压 (ΔV) 往往会下降到低于所设计的阈值电压水平, 从而允许模式选择电路打开, 以在同一时间打开升压调节器和充电调节器。这将允许必不可少的最小电池放电, 以满足黑暗时期负载。分流调节器的功能可以在几个方面实现, 即作为一个耗散全分流电路, 或作为一个脉冲宽度调制 (PWM) 的分流调节器, 或作为部分分流电路连续地或顺序地操作。

描述在轨道中的暗部和轨道的亮部的直接能量转移系统的节点电流方程, 分别如下所示:

$$e_{BR}\ (V_R/V_{BRO})I_{BD} = [I_L + I_{SH}] \tag{2.1}$$

$$I_A = [I_{BC} + I_L + I_{SD}] \tag{2.2}$$

式中: V_R 是调节负载电压; I_A 是太阳能电池阵列的输入电流; I_{BD} 是电池的放电电流; I_{SH} 是分流电流; e_{BR} 是分流调节器的效率 (见图 2.5); V_{BRO} 升压稳压器的输出电压; I_L 是负载电流; I_{BC} 是电池的充电电流; I_{BD} 和 I_{SD} 是分流调节器的电流。

典型的升压稳压器的效率为 90% 左右。如果使用电路参数的最佳值, 效率可提高至 95%。

直接能量转移电源系统设计人员认为, 为了最佳的系统可靠性, 最低的太阳能电池阵列的大小应该由 110 串并联, 每串串联 63 个电池, 其中包含至少 6,930 个太阳能电池。这些太阳能电池将限制电池充电电流至约 5.52 A。

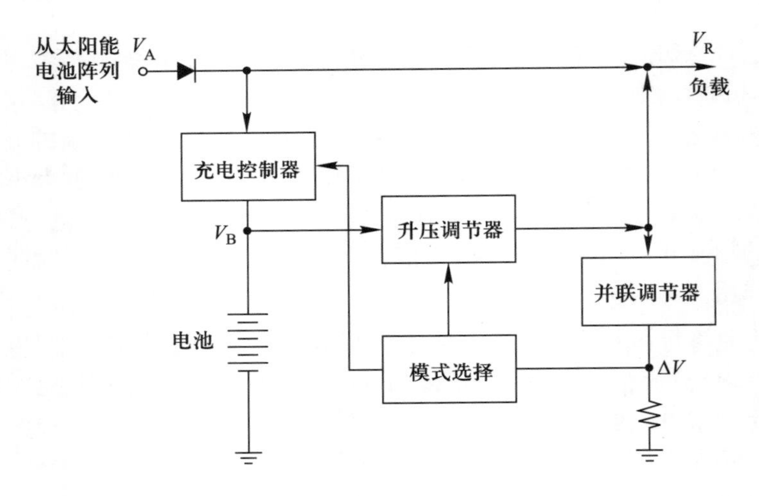

图 2.5 航天器上直接能量传递电源系统框图

(资料来源: Pessin, L., 和 Rusta, D., "航天器的太阳能电池和电池电源系统的比较", IEEE 航空航天和电子系统, © 1967 IEEE 授权)

2.4 航天器电池型电源系统的成本效益设计标准

轨道航天器或通信卫星的电力系统包含一个能量转换装置, 如像电池一样的太阳能电池阵列能量存储装置和一个 PC 组件, 例如直接能量转移子系统。能量转换组件占总的航天器或卫星成本和重量的相当大一部分, 因此, 其尺寸和重量的减少成为能量转换元件或太阳能电池阵列的一个重要设计考虑。不同的系统设计配置, 必须根据电子电路的复杂性、成本、性能、可靠性、尺寸和重量方面进行评价。系统整体性能的比较必须最大限度地强调整个电源系统的可靠性。与其他的系统配置相比, 系统垫加上冗余元件抵消了能量转换元件上节省的成本或重量。

2.4.1 航天器电力系统最佳选择的比较方法

为了简化比较的例子, 这种特定的方法考虑三个不同的电力系统配置, 每一个都由作为能量转换装置的太阳能电池阵列和作为能量存储装置的镍镉电池组成。直接能量转移 DET 系统对两种设计配置来说都很常见。整体系统性能比较是根据任务长度或航天器多年工作寿命的重量和成本考虑的。

2.4.1.1 步进式电源系统性能

每个系统必须被设计为一个共同的任务目标, 而不考虑可靠性设计要求。如果不能满足可靠性目标, 系统的可靠性提高到一个具体的目标, 这可以通过将冗余组件添加到系统来实现。可以采用冗余的优化技术, 来尽量减少其导致的系统成本和重量的增加。最后, 根据任务持续时间或长度, 只比较该系统的成本和重量。

航天器电源系统被认为是由一个太阳能电池阵列和一个电池组成, 并与一个电压调节器和一个电池充电转换器结合。图 2.5 展示了一个基本的航天器电源系统框图。太阳能电池阵列在轨道照射部分提供足够的电能非常重要, 以满足飞船上的电气负载要求, 并给电池再充电。太阳能电池阵列和电池之间的关系是基于能量平衡方程, 它可以表示为电池电流。能量平衡方程为

$$\left(\int_0^T I_{\mathrm{BC}}\mathrm{d}t - e_{\mathrm{B}}\int_0^T I_{\mathrm{BC}}\mathrm{d}t\right) \geqslant 0 \tag{2.3}$$

式中: I_{BC} 是电池的充电电流; I_{BD} 是电池的放电电流; e_{B} 是电池放电系数, 其典型值大于 1; t 是在轨道上的任何时间; T 是航天器或卫星轨道周期, 根据轨道坐标轴介于 80 ~ 95 min。公式 (2.3) 所定义的关系必须延续到任何轨道。电池放电因子是电池温度、放电深度 (DOD) 和重复充电 — 放电循环次数的函数。

假设飞行的暗部和明部的元件损失可忽略不计, 满足在轨道期间任何时间 t 的基本的节点电流方程为

$$I_{\mathrm{BD}} = [KI_{\mathrm{L}}] \tag{2.4}$$

$$I_{\mathrm{ILL}} = I_{\mathrm{A}} = [I_{\mathrm{BC}} + I_{\mathrm{BD}}] = [I_{\mathrm{BC}} + KI_{\mathrm{L}}] \tag{2.5}$$

式中: K 是一个耗散常规 (DSR) 系数, 等于 1。
对于脉冲宽度调制串联稳压器, 常数定义为

$$K_{\mathrm{PWM}} = [V_{\mathrm{R}}/e_{\mathrm{PR}}V_{\mathrm{A}}] \tag{2.6}$$

式中: 参数 e_{PR} 表示脉冲宽度调制串联稳压器的效率; V_{A} 是在黑暗时期飞行的太阳能电池阵列或未调节的电压; V_{R} 是负载的调节电压, 如在图 2.4 中所示。

根据由调节负载电压 (V_{R}) 和脉冲宽度调制调节器效率 (e_{PR}) 定义的负载曲线和公式 (2.1) 所施加的条件来解方程 (2.4) 和方程 (2.5), 必须要

使用航天器电力系统元件的电流 — 电压 (I-V) 特性。太阳能电池阵列、主板上的电池和电池的充电控制器 (CC) 的电流 — 电压特性清楚地表示在图 2.5 中。由于非线性的 I-V 特性, 电力系统方程难以找到简单的解决方案, 因为电流和电压参数都是时间的函数。此外, 太阳能电池阵列和电池的 I-V 特性都是工作温度的函数。而且, 电池的 I-V 特性依赖于电池的荷电状态 (SOC)。电池的电压随荷电状态的变化从图 2.6 中的曲线可明显看

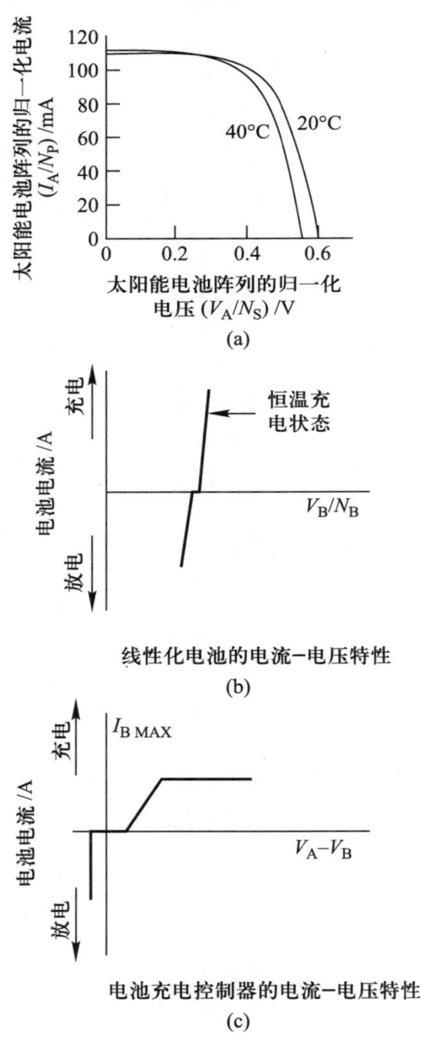

图 2.6 $I-V$ 特性

(a) 太阳能电池阵列; (b) 电池; (c) 电池充电控制器。

出。典型的电池电压 (V_B) 相对于电池的荷电状态特性, 作为电池放电电流和电池充电电流的函数, 可以从图 2.6 看出。电池过充电作为太阳能电池串的函数示于图 2.7 中。电池的输出电压的变化必须保持在最低限度, 以获得最佳的电池性能。电池电压的变化作为电池充电状态和参数 I_{BC} 的函数示于图 2.8 中。

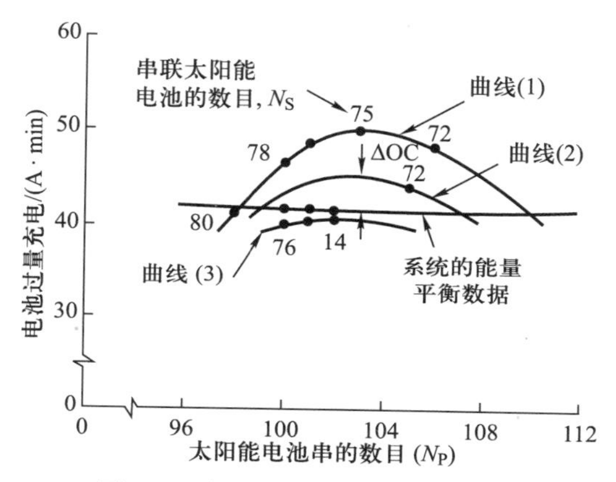

图 2.7 太阳能电池阵列的参数变化

(资料来源: Pessin, L., Rusta, D., “航天器的太阳能电池和电池电源系统的比较”, IEEE 航空航天和电子系统, © 1967 年 IEEE, 已获授权)

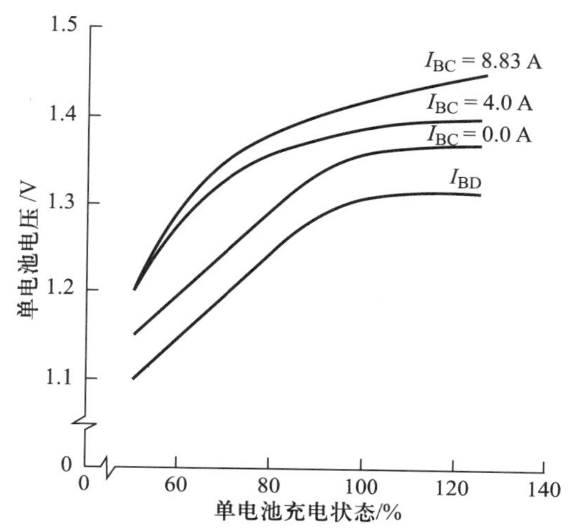

图 2.8 充电状态 (SOC) 作为电池电压的函数图

(资料来源: Pessin, L., and Rusta, D. “航天器的太阳能电池和电池电源系统的比较”, IEEE 航空航天和电子系统, © 1967 年 IEEE, 已获授权)

2.4.1.2 确定 I–V 特性的建模要求

使用适当的由常规电路元件组成的计算机模型,来确定航天器或卫星上部署的太阳能电池阵列和电池的 I–V 特性是必要的。有时,模型参数的近似值或作出的假设与整个工作温度范围内的测量的元件特性没有关联。为了有意义的建模,必须开发一个能量平衡计算机程序,它包含用于存储和一个、两个或三个变量的讯问功能的子程序。这将允许电源系统的设计工程师从所测量的数据以及从理论模型获得的数据来定义组件的特性。

电池电压可以被确定为电池电流、荷电状态和电池的工作温度的函数。电池荷电状态的确定是由公式 (2.3) 所示的能量平衡所要求的集成的关键。对能量平衡方案特点的进一步讨论超出了本章和本书的范围。作为温度的函数的电压和电流的变化,会影响建模参数的准确度。此外,对于一个特定的电解液密度,必须考虑温度对电池容量和电流密度的影响。从表 2.2 中给出的数据可看出典型的温度对电池单元容量 (%) 的影响。

表 2.2 温度对电池容量的影响

温度/°F	电池容量/%
−10.5 (结冰)	9
23	57
34	68
50	82
60	87
68	94
77	100

从表 2.2 中的数据可以得出结论:如果电池的电流密度改变,无论是在充电或放电过程中,或在这两种过程中,电池的容量都受到影响。升高电流和降低温度会降低电池的容量。然而,当电流水平较低时,电池的容量较少取决于电气负载,因此容量增大。

电池设计师认为,电池在形成过程中在低温下放电,可在较高温度下获得大的电池容量。这一趋势表明,只有当电池进行低电流放电时才能获得电池的最大容量。此外,只有当电池放电时具有较小的电负载时,室温容量才能在低温下维持。简单地说,电池容量和放电速率的变化严格依赖于电池温度和电气负载条件。

2.4.1.3 机载充电和放电对电池电气参数的影响

相对于机载和放电管理，稳定的开路电压 (OCV; V_{OC}) 特性被认为是有利的，特别是安装在卫星或航天器上的电池。这允许简单和准确地估计电池的剩余容量。表 2.3 表示了锂离子电池的根据荷电状态的实际的开路电压和每个电池的内阻。根据荷电状态，不同电池类型的数值会有所不同。

表 2.3 根据锂离子电池的荷电状态的开路电压和内阻特性

SOC/%	电池开路电压/V	内阻/Ω
20	3.2	0.0027
30	3.5	0.0022
40	3.6	0.0020
50	3.8	0.0019
60	3.9	0.0018
70	4.0	0.0018
80	4.05	0.0018
90	4.10	0.0016
100	4.10	0.0015

荷电状态范围超过 80% ~ 100%，两种电池的参数值几乎保持恒定。这意味着如果在一个指定的电池温度需要最佳的开路电压和内部电阻值，电池的充电状态必须保持大于 80%。

2.5 航天器电源系统的可靠性

航天器电源系统的可靠性的计算严格基于所包含的组件的可靠性数据。可靠性理论表明，元件可靠性被定义为一个特定的组件在每一个时间间隔期间在特定的操作条件下，按其性能规格执行的概率。组件可靠性的确定包含从部分故障率数据计算组件故障率，应用此数率到故障的数学模型，并进行故障模式分析。对于电力系统的评价，使用以下的指数故障法足够计算组件的可靠性:

$$R(t) = [e^{-\lambda t}] \tag{2.7}$$

式中: λ 是包含在整个工作周期 t 中的 N 个部分或元件的组合故障率。

相加后的故障率的定义为

$$\lambda = \lambda_1 + \lambda_2 + \cdots + \lambda_n \tag{2.8}$$

2.5.1 各种系统组件的故障率

本节为各种航天器或卫星电源系统的故障率开发相应的方程。航天器电源系统的故障率提出了一个复杂的问题。电力系统必须考虑太阳能电池、储能电池以及用于 PC 模块的故障率。

一种太阳能电池板的故障率表达式可以写成

$$\lambda_{\text{SP}} = \lambda_1 + \lambda_2 + \cdots + \lambda_n \tag{2.9}$$

式中: λ_{SP} 为太阳能电池板的故障率。

该参数包括所有面板制造中所包含的组件。电池的故障率方程可写成

$$\lambda_{\text{B}} = \lambda_1 + \lambda_2 + \cdots + \eta_R \tag{2.10}$$

式中: λ_{B} 为所有的 R 组件组成的电池的故障率。

PC 模块的故障率表达式可以写成

$$\lambda_{\text{PC}} = \lambda_1 + \lambda_2 + \cdots + \eta_S \tag{2.11}$$

λ_{PC} 是所有的 S 部件、设备和电路组成的 PC 模块的故障率。

2.5.2 故障率估计

航天器的电源系统的初步评价表明, 与 PC 模块相比, 太阳能电池阵列的故障率是中等的。从理论上说, 如果使用印制电路, 太阳能电池没有故障机制。但是随着电池老化, 电池输出会下降。太阳能发电系统的工程师和设计师预测, 太阳能电池最低工作年限为 20 年, 转换器为 10 年。航天器电池的故障率严格依赖于采用的电极类型和老化的影响[4]。只要根据电池供应商的指导进行充电和放电, 以及电池没有遭受严重的物理损坏, 电池的工作寿命可以超过 15 年。基本的航天器电源系统的较高概率的失效机制如图 2.4 所示。航天器电源系统框图中使用两个关键的系统元件, 即充电控制器和电压调节器。该调节器可以是 DSR 或 PWM 稳压器。特别是, 线性化的电池充电特性和依赖温度的充电状态特性严格是 PWM 调节器中使用的关键电路参数的函数。这些关键参数的故障率会严重影响航天器电源的故障率。

2.5.3 使用 CC 和 PWM 稳压器技术的航天器电源系统的可靠性改进

为确保电源系统的可靠性，以高准确度估计开路电压和电池的剩余容量非常重要。系统的可靠性通常需要机载电池充电和放电。此外，实际测量的开路电压与电池的荷电状态严格相关。简言之，当电池的安培·小时效率被假定为充电 — 放电过程的 100%，开路电压和电池的内部电阻由电池的性能直接决定。如果航天器电源系统元件的准确可靠性数据和部件失效分析的结果是理想的，那么必须认真考虑这些论述。根据任务期限采用 CC 冗余单元和耗散 PWM 稳定器的航天器的动力系统的可靠性改进，总结在表 2.4 和表 2.5 中。

表 2.4 根据任务期限在航天器电源系统的耗散调节器由于冗余单元的分配的可靠性改进

任务时间/月	冗余单元数 (CC, DSR)	系统可靠性/%
6	(0,0)	78.5
	(1,0)	88.9
	(1,1)	97.4
12	(0,0)	61.7
	(1,0)	76.9
	(1,1)	90.8
	(2,1)	95.3
18	(0,0)	48.4
	(1,0)	65.2
	(1,1)	82.1
	(2,1)	89.4
	(2,2)	94.2
	(3,2)	96.8
24 (预计)	(0,0)	42.2
	(1,0)	55.6
	(1,1)	71.4
	(2,1)	82.7
	(2,2)	84.5
	(3,2)	94.2

表 2.5 由于脉冲宽度调制调节器根据任务期限的冗余单元的分配，航天器电源系统的可靠性改进

任务时间/月	冗余单元数 (CC, PWM-R)	系统可靠性/%
6	(0,0)	68.2
	(0,1)	82.8
	(1,1)	93.6
	(1,2)	97.5
12	(0,0)	46.4
	(0,1)	64.2
	(1,1)	79.7
	(1,2)	88.4
	(2,2)	92.8
	(2,3)	96.5
18	(0,0)	31.4
	(0,1)	47.6
	(1,1)	64.3
	(1,2)	76.1
	(2,2)	82.8
	(2,3)	89.3
	(2,4)	92.4
	(3,4)	95.1
	(3,5)	96.8
24 (预计)	(0,0)	17.4
	(0,1)	41.6
	(1,1)	46.2
	(1,2)	61.2
	(2,2)	72.5
	(2,3)	82.1
	(2,4)	84.4
	(3,4)	87.8
	(3,5)	94.7

总结在表 2.4 和表 2.5 中的数据表明，航天器电源系统的可靠性随着冗余单位增加而提高，与集成在电力系统中的调节器的类型无关。此外，从可靠性数据可明显看出，与脉冲宽度调制调节器 PWM 相比，冗余单元 (2,2) 的数目为耗散稳压器提供了更高的可靠性。

如果航天器或卫星经历了一段黑暗期，模式选择电路将打开升压稳压

器和充电调节器, 允许最少的电池放电, 那是在航天器的黑暗期满足功率要求所必需的。升压稳压器和模式选择电路在确保所有的航天器电气系统、稳定机制和监控传感器在黑暗时期得到所需的电力中发挥关键作用。

2.5.4 使用 DET 系统、CC 和电池增压器技术的航天器电源系统的可靠性改进

当所有三个冗余部件, 如 DET、CC 和电池充电机 (BB), 都集成在航天器电源, 表 2.6 中的数据表明可靠性的改善并不大。然而 DET 冗余选项, 根据任务期限提供最低的系统成本和系统重量。主要的可靠性改进是由于并联稳压器电路在 DET 系统中的使用, 如图 2.5 所示。

表 2.6 使用所有冗余单元, 如直接能量传递、充电控制器、电池充电机的航天器电源系统的可靠性改善

任务时间/月	冗余单元数 (CC, BB, DET)	系统可靠性/%
6	(0,0,0)	75.2
	(0,1,0)	82.6
	(1,1,0)	88.5
	(1,1,1)	97.5
12	(0,0,0)	56.3
	(0,1,0)	67.2
	(1,1,0)	76.5
	(1,1,1)	91.2
	(1,2,1)	93.7
	(1,2,2)	96.8
18	(0,0,0)	42.2
	(0,1,0)	53.8
	(1,1,0)	64.4
	(1,1,1)	64.6
	(1,2,1)	87.2
	(1,2,2)	92.3
	(2,2,2)	95.3
24 (预计)	(0,0,0)	21.8
	(0,1,0)	42.2
	(1,1,0)	52.3
	(1,1,1)	74.5
	(1,2,1)	78.6
	(1,2,2)	87.2
	(2,2,2)	96.5

2.5.5 与冗余系统相关的重量和成本代价

部署在航天器电源系统的冗余系统元件可能会导致重量和成本代价。系统总成本因素和系统总重量的增加严格依赖于任务的持续时间或长度(月) 和冗余系统元素, 如 CC、BB、并联升压稳压器、PWM 系列稳压器、DSR 和 DET 子系统。当所述的系统可靠性至关重要时, 在冗余系统或子系统中使用的能量储存和 PC 组件被执行关键任务的航天器或秘密军事通信的地球同步轨道卫星使用。

由笔者进行的简要研究表明, 转换装置占据航天器或卫星的总成本和总重量的相当大的一部分。部署在航天器或卫星上的冗余元件或组件的重量和尺寸的减少, 对任务的长度或持续时间极为重要。多功能秘密军事通信卫星提供关键的服务, 包括安全的宽带通信线路和政府、军事当局及世界各地部署的重要军队官员之间隐蔽及不间断的通信。这样的宽带通信卫星都配备了机载电源系统, 能够提供 3.5 kW 的电力和估计超过 15 年的设计寿命。机载电池在满足电子战系统、隐蔽性和不间断的通信和非常规战争的地面部队支援的电力要求中发挥着重要的作用。

2.5.5.1 根据任务长度的系统总重量和成本

根据任务期限粗略的估计[1] 系统总成本和重量的增加, 分别总结在表 2.7 和表 2.8 中。在这些表所给出的数据的基础上, 可以得出结论, 恒定的航天器电源系统的可靠性可以通过对应于包含整个冗余组件的系统可靠性的数字之间的线性插值来估计。

表 2.7 根据任务期限和冗余选项系统总成本因素

任务时间/月	DET 选项	DSR 选项	PWM-SR 选项
6	1238	1314	1282
12	1284	1346	1349
18	1340	1387	1430
24 (预计)	1408	1420	1498

注: 这些预测值是基于 20 世纪 60 年代中后期的航天器电源系统收集到的数据。此外, 这些值显示的仅仅是根据各种冗余选项和任务期限的成本因素的一个趋势, 不能作为其他航天器或通信或侦察卫星的保证值。电力负荷的需求是根据航天器上运行的电气和电子传感器和设备。姿态和稳定控制机制需要额外的电力, 这明显大于机载电子传感器和电子设备所需的电力。

表 2.8 根据冗余选项和任务期限的系统重量预测

任务时间/月	DET 选项	DSR 选项	PWM-SR 选项
6	106	116	118
12	112	122	127
18	116	126	139
24 (预计)	118	130	156

注: 本表中的数据收集在 20 世纪 60 年代末的航天器电源系统。表列值只是表明根据运用的冗余选项及任务的持续时间增加的重量的一种趋势, 不得作为其他航天器或通信卫星跟踪卫星的保证值。稳定和姿态控制机制所需的电力显著大于机载电子传感器和电子设备所需的电能。

2.5.5.2 随着任务期限增加可靠性降低

到这里为止, 重点已放在根据冗余系统选项成本和重量的增加。根据任务期限航天器电源系统的可靠性可能发生退化, 尽管已运用了各种冗余系统选项。从表 2.9 中总结的数据可看出电力系统可靠性的降低。电源系统的可靠性将在航天器的工作寿命结束时降至最低。

表 2.9 由于冗余系统组件和更长的任务时间航天器电源系统可靠性的退化

任务时间/月	冗余系统组件			
	(CC, DSR)	可靠性/%	(CC, BB, DET)	可靠性/%
6	(1,1)	97.4	(1,1,1)	97.5
12	(1,1)	91.8	(1,1,1)	91.2
	(2,1)	95.318	(1,1)	82.1
	(1,1,1)	74.5	(2,1)	89.4
24 (预计)	(1,1)	71.4	(1,1,1)	64.6

(资料来源: Pessin, L., 和 Rusta, D, "航天器的太阳能电池和电池电源系统的比较," IEEE 航空航天与电子系统, © 1967 IEEE, 已获权限。)

尽管航天器电源系统的可靠性随着任务期限的增加而降低, 电力系统不会经历灾难性失效, 除非航天器崩溃或承受严重的结构性损坏。在冗余系统选项 (CC, DSR) (2,1) 的情况下, 无论任务的长度或持续时间冗余系统选项 (1,1) 可靠性从 91.8% 提高到 95.3%。但是供电系统的可靠性随着任务持续时间的增加将继续降低。选项 (2,1) 意味着两个 CC 已被集成到航天器电源系统中, 从而提高了可靠性。增加额外的 CC 将增加电力系统的成本和重量。

2.5.5.3 由于冗余系统造成的重量和成本的增加

由笔者进行的初步研究表明, 冗余组件在航天器或卫星电源系统中安装启用, 提高了系统的可靠性, 但这样付出的代价是, 根据任务的长度或持续时间增加了重量和部件成本。从总结在表 2.10 和表 2.11 的公开发表数据可明显看出, 根据任务期限总的电力系统重量和成本的预期增加。

表 2.10 根据任务长度和部署的冗余系统类型, 系统总质量 (Ib) 的估计增加

任务时间/月	采用的冗余系统		
	DET 系统	DSR 系统	PWM-SR 系统
6	106	116	118
12	111	120	128
18	116	126	139
24	118	130	156
质量增加	最大	最小	中等

注: 根据这些数据, 可以说, DSR 冗余系统提供最低限度的重量的增加。表 2.10 总结了根据任务长度和部署的冗余系统, 系统总成本因素的估计增加。

表 2.11 根据任务期限总系统成本因素的估计增加

任务时间/月	采用的冗余系统		
	DET 系统	DSR 系统	PWM-SR 系统
6	1238	1314	1282
12	1284	1347	1318
18	1342	1387	1430
24	1400	1420	1504
成本因素增加	162	106	210

从列表数据可以看出, DSR 冗余系统的成本系数的增加最小。这些结论对航天器电源系统是有效的, 并且这些结论表明, 使用各种冗余系统, 根据任务持续时间、重量和成本因素有增加趋势。总之, 各种航天器和卫星部署的电力系统提供的性能数据表明, 根据任务期限或长度冗余系统往往

会产生较高的可靠性。而且不管部署的冗余系统如何, 电力系统的可靠性确实随着任务长度的增加而降低。

2.6 航空航天和通信卫星的理想电池

本节将介绍最适合于航空航天和卫星应用的不同的电池类型和配置。最近公布的文献表明, 密封镍氢 Ni-H_2 和密封镍金属氢化物 (Ni-MH) 电池被广泛应用于航空航天和卫星应用, 重点是重复的充电和放电循环。充电和放电循环对卫星应用非常重要, 因为高的可靠性要求, 特别是在较长的任务持续时间下。最近公布的航空航天报告表明, 电池的老化效应已经早于安培 · 小时容量的逐渐损失被注意到, 是天基电池的一项标准的性能规范。供应镍镉、镍氢和镍金属氢化物等最适用于航空航天和卫星应用的电池的印第安纳州 Crane 海军武器支援中心和其他航天电池供应商已开始了专注于电池老化的广泛的研究和开发活动。一些私人公司和政府研究实验室已经做了大量的镍氢和镍金属氢化物电池的生命周期测试, 来使其有资格在地球同步轨道和低地球轨道通信卫星上使用。已经获得了镍氢单电池和电池组的关键性能参数, 如充电结束的电压 (EOCV)、放电结束电压 (EODV)、电池的压力和电池安培 · 小时容量。已获得了大量的随温度和放电深度变化的电池性能数据, 因为老化效应对预测天基电池的性能至关重要。环境因素、严峻的空间条件和超长持续时间连续使用的电池的老化效应, 导致电池性能下降。空间辐射和核辐射的不利影响更加明显, 但不在本章中讨论。

2.6.1 天基电池典型的功率需求

空间或基于卫星的电池电源要求严格依赖于卫星的类型, 如商业通信卫星、军事隐蔽通信卫星或先进的跟踪和数据中继卫星 (ATDRS, 见图 2.9); 通信卫星中使用的转发器数量; 机载天线增益和上行链路和下行链路频率和部署的稳定配置 (自旋型或车身安装)。中继卫星电池的功率要求低, 空间对空间通信卫星最低, 商用通信卫星中等, 先进的商业通信卫星、军事通信和跟踪卫星最大。

电池的功率要求在一定程度上依赖于卫星的质量, 其中包括微波发射器、接收器、天线、信号处理设备、电子传感器、机载电器、太阳能电池板和相关元件的重量以及稳定系统。两种不同类型的稳定系统的结构设计及

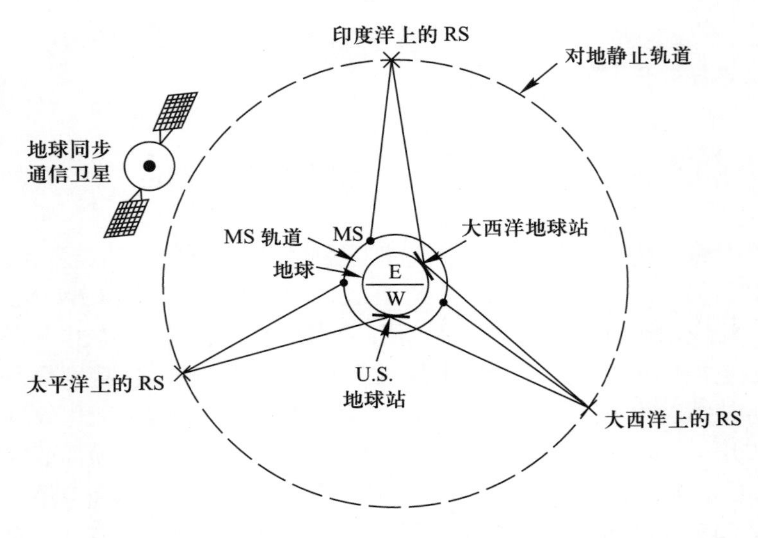

图 2.9 有三个中继卫星的轨道几何学

(MS: 人造卫星; RS: 中继卫星)

卫星控制相关的元件如图 2.6 所示。表 2.12 总结了民用和军用通信卫星电池的功率要求和其他关键参数。

表 2.12 某些 1990 年后发射的商业和军事通信卫星电池的电源要求和其他关键参数 (估计值)

通信系统	电池功率/W	卫星质量	工作波段
赤道卫星	2650	3150	C 和 Ku
稀路由卫星	2782	3229	Ka (30 ~ 20 GHz)
空中电话系统	2997	2862	Ka (30 ~ 20 GHz)
ACTS 系统	2800	1875	K 和 Ka (30 ~ 20 GHz)
军事卫星通信系统	2894	2800	S, C, K 和 K

电池电量的要求是非常高的, 因为通信卫星复杂, 除了卫星搭载的种类繁多的电子和电气传感器和装置之外 [5] 都配备了多个语音和高速数据通道。在 1980 年之前发射的商用通信卫星的电池电量要求比较适中, 如表 2.13 所列。

表 2.13 1980 年之前发射的卫星的电池功率和频率要求

	频带			
系统参数	S	C	X	Ku
射频频率/GHz	1.8 ~ 2.3	4 ~ 6	7 ~ 8	12 ~ 15
射频发射机功率/W	150	125	100	50
电池的功率输出/W	60	50	40	20

这些电池的功率要求是中等的, 因为 1960 年 — 1980 年语音和视频信道和数据要求一般非常低。因此, 与后来发射的通信卫星相比卫星的质量和电池电量属于中等。

大多数早期发射的通信卫星的倾角范围相对于赤道为 35° ~ 45°, 轨道高度一般在 250 ~ 350 km, 轨道周期为 94 ~ 97 min。地球同步轨道通信卫星的电池电量要求远远高于其他轨道地球卫星。在一般情况下, 工作在微波频率频谱的通信卫星将需要中到高的功率, 取决于运行在卫星上的电气和电子监测传感器和设备, 以及视频、语音和数据传输的专用信道的数目。根据其发射轨道和轨道高度深空跟踪和监视卫星的电池供电要求非常高。

2.6.2 天基电池的关键老化效应

电池设计师们建议, 无论工作和环境因素, 采用阻抗光谱技术 [4] 来确定老化的影响。在通信卫星发射前预测天基电池寿命极其重要。电池的运行寿命必须大于卫星寿命以维持与指定源的通信。此外, 当卫星在轨道上运行或停放在规定的轨道, 电池必须不断利用太阳能充电。

阻抗光谱是一种交流电流的测量技术, 其中与二端网络相关的电压和电流的比率通过一个频率范围来测量。通常情况下, 稳态应用受到关注, 其中调查中系统的瞬态行为已经衰减。这种特殊的技术提供一种非破坏性的方法, 其中被测电池的能量消散很少, 电池的容量几乎不受影响。这种技术被广泛应用于电化学系统或电池。一旦逐渐增加的 EOCV 和随着老化循环次数而降低的 EODV 已知, 可以确定电池单元的老化影响。换言之, 一旦 EOCV 和 EODV 参数已知, 很容易预测电池的剩余寿命。在一个特定的电池被分配到发射前的通信卫星上之前, 必须测量这些电压。

天基电池的大型加速寿命试验, 包括镍氢、镍镉、镍金属氢化物电池, 对于获得老化影响的可靠数据非常必要。必须获得 GEO 和 LEO 通信系统的实时和加速生命周期模拟测试数据。这些数据将确定天基电池中部署的电化学电池的老化效应的早期检测。简单地说，这种类型的信息将形成具有高循环使用寿命的更加可靠而高效的电池的基础。根据各种相关参数的特定电池的试验结果总结在表 2.14 中。

表 2.14 各种电池测试总体的显著特点总结表

电池类型	容量/(A · h)	电池数量(测量的)	储存时间/年	储存温度/℃	老化的数目(循环)	放电深度/%
$Ni\text{-}H_2$	30	1	7	−5 ~ 35	10800	30
	30	9	7	5	1500	35
	50	18	0	−3 ~ 5	62000	15
	65*	4	0	5	600	15 ~ 75
	75+	4	0	0 ~ 5	43000	15
Ni-MH	4+	8	0	22	3800	37
	8+	2	0	22	3800	37

(资料来源: 改编自 Smith, R.L. 和 Bray, A., 监测老化效应 NL-H2 和镍氢 (Ni-MH) 电池的阻抗谱技术, 德克萨斯研究院, 德州奥斯汀, 德克萨斯州, 1992 年)

* 加速寿命试验数据采用 Eagle-Pitcher 测试机构 1991 年在密苏里州乔普林进行的低地球轨道实时模拟。

+ 加速寿命试验采用在相同的测试机构进行的实时同步地球轨道的数据[4]。

2.7 最新的商用和军用卫星系统的性能和电池电源的需求

本节将简要介绍最新的商业和军事通信卫星的性能和电池电源的要求，特别强调电池电源的要求。正如前面提到的，用于军用卫星的电池的功率要求，相对高于商业卫星。这完全是由于部署了用于天基目标的精确跟踪、监视和探测的强大的微波、光纤和红外传感器，这些传感器对于空间任务和数据传输需求有重大意义。

2.7.1 商业通信卫星系统

在 1970 年 — 2000 年，美国、苏联、日本和欧洲国家发射了一些通信卫星。在本章中描述这么多颗卫星的功能和电池电源的要求不可能。因此，将有选择地描述部分通信卫星，重点在电池的功率要求。

美国在 20 世纪 90 年代发射了被称为 INTESAT-IV 系统的先进的通

信卫星, 它代表了第四代商业通信卫星, 包含了最小重量、尺寸和功耗的最新的射频和数字元件。该系统提供了指定的通信服务需求, 也可以用于支持未来的载人航天飞行任务。这个特定的通信卫星的频率工作频带和二次电池的电力要求总结在表 2.15 中。

表 2.15 INTESAT-IV 系统的工作频带和电池的电源要求

	频带			
系统参数	S	C	X	Ku
射频功率 (W)	150	125	100	50
电池功率 (W)	450	375	300	400
太阳能电池阵列输出 (W)	2700	2250	1800	900

这些功率估计假设行波管放大器 (TXVTA) 的 S、C、X 波段单位的效率为 30%, Ku 频带单元的为 25%。要对二次电池充电至完整的输出能力, 太阳能电池阵列必须被设计成在表 2.15 中第三行规定的额定功率。

商业通信卫星系统的性能。这个特定的卫星通信系统可允许中继地球卫星系统 (ES) 和载人空间 (MS) 系统之间的通信。INTESAT-IV 在 2000 年后不久发射。该系统提供了多个语音信道、安全的通信线路和高速的数据传输能力。在 2004 年左右发射了它的升级版, 语音、视频和数据通道显著改善。改进的通信卫星部署高效率和紧凑的连续波 TWTA, 相位噪声显著降低。总电池组的功率需求仍小于 525 W。给二次电池充电的太阳能电池阵列的额定功率范围从电视卫星的 5 kW 至电视节目和数据传输的 12 kW, 如图 2.10 所示[6]。这些卫星在 1965 年 — 1980 年发射升空。之后发射的通信卫星根据语音、视频和数据通道的数量、发射轨道和轨道高度以及任务期限, 安装的太阳能电池阵列等级范围从 10 ~ 25 kW。如果额外的成本和复杂性可以接受的话, 太阳能面板或阵列的功率输出水平可以使用一维跟踪技术和集中设备优化[6]。

在一般情况下, 充电电池必须能够为空间到空间的通信链路提供 50 ~ 100 W 的直流 (DC) 功率水平, 为地面到空间通信链路提供 100 ~ 350 W, 为空间到地面的通信联系提供 350 ~ 500 W。军事卫星的这些功率水平可能会增加, 因为安装了各种电气、电子和电光器件和卫星部署的传感器。根据采用的冗余系统的可靠性要求和任务期限, 总功率需求可能会进一步增加。使用替代的语音和数据信道, DC 功耗的减少可以被最小化。

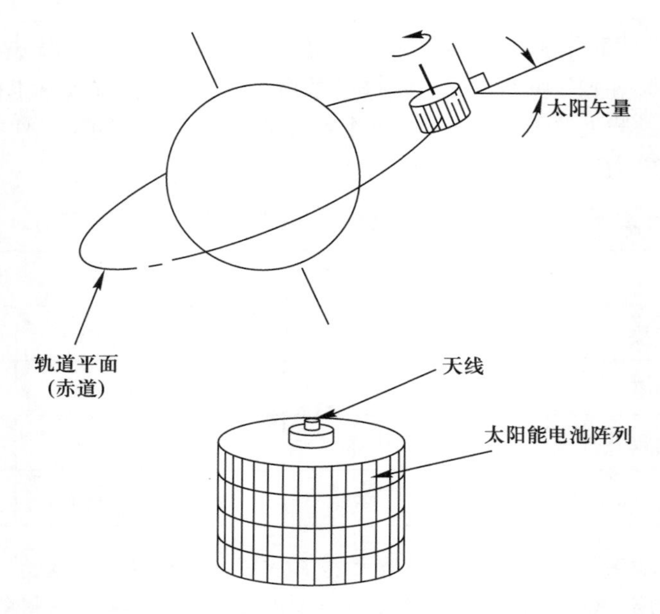

图 2.10 旋转卫星的轨道特征和太阳能电池阵列位置示意图

(改编自: Smith, R.L, 和 Bray, A., 阻抗谱监测老化效应镍氢和镍氢电池的技术, 德克萨斯研究院, 德州奥斯汀, 德克萨斯州, 1992 年。)

2.8 通信、监视、侦察、目标跟踪用军事卫星

美国国防部 (DOD) 和美国航空航天局在过去的 40 年里, 已经发射了一些通信卫星。自 1965 年左右, 美国国防部已经发射了许多监视、侦察和目标跟踪卫星。国防部发射的军事卫星的性能和功能的具体细节, 有时不容易获得。在一般情况下, 美国国防部通信卫星有多个语音信道和高数据传输能力。

满足监视、侦察和目标追踪等要求的军事卫星, 在同步地球轨道发射 (见图 2.10) 并在最佳轨道高度。在地球同步轨道发射卫星的目标是为了达到跟踪精度、寿命和可靠性方面的最佳的整体性能。对 MS 系统最重要的是太阳能系统的效率、可靠性和寿命。这种航天器必须携带强大而高效的电池, 因为各种电子、光电、毫米波和微波系统在任务期间要运行以维持关键功能和性能。

2.8.1 军事通信卫星及其功能

已发表的文献表明, 美国大约有 30 个简单的旋转式卫星发射升空, 它们因特殊原因被放置在同步轨道附近。国防卫星通信系统 (DSCS), 如 DSCS I、DSCS II、DSCS III、DSCS IV, 被部署为美军提供通信和电信服务。卫星的设计配置结合国家的最先进的天线和传感器技术持续改进。这使得性能、重量、可靠性和功耗显著改善。MILSATCOM(军事卫星通信) 是能够满足军事通信和电信需求的通信卫星系统。

2.8.1.1 DSCS III 通信卫星系统

DSCS III 卫星提供 6 个隐蔽通信通道, 并配备了空间用户的干扰辨别能力, 有时被称为天线调零能力, 以实现高识别性能。根据已发表的文献, 卫星系统的这两个通道部署高效率的 40 W 的 TWTA, 其余 4 个通道每个通道使用 10 W 的 TWTA。这意味着, TWTA 的总 RF 输出是 120 W。假设每个直流到射频的效率为 40%, TWTA 所需的直流输入电源将接近 300 W。电池必须提供该数额的直流功率。此外, 需要额外的直流电源来运行卫星上的天线稳定机制和各种电子、电光和微波传感器。该太阳能电池板必须能够给电池充电, 以满足所有的直流功耗。

在多载波操作的情况下, 回退的功率是必需的, 这会降低 TWTA 单元的直流到射频效率至约 25%。在这样的操作下, 二次电池必须能够单独为 TWTA 提供超过 1,200 W 的直流电力。因为高增益天线和接收器中先进技术的整合, 低功率 TWTA 部署在 DSCS III 系统中。

2.8.1.2 发电、温度调节和存储要求

本节确定了发电、PC 和存储设备的规定的性能要求, 包括 DSCS III 卫星的可靠性。在每个类别下明确定义了这些要求的具体细节。

2.8.1.2.1 发电

无论卫星类别, 在空间每年运行后太阳能阵列的输出功率减少。为了解释太阳能阵列的功率退化, 假定一个运行寿命为 7 年的通信卫星太阳能电池阵列的输出功率在运行的第一年为 650W。运行一年后, 这个输出功率降低到 610 W, 运行 2 年后 570 W, 运行 3 年后 548 W, 4 年后 525 W, 5 年后 510 W, 6 年后 480W, 最后经过 7 年的运行到 450 W。

由笔者对太阳能电池进行的研究[6] 显示, 空间环境中电子和质子轰击造成半导体结构的缺陷, 引起硅太阳能电池的劣化。研究进一步显示, 输

出功率大幅减少发生在地球同步轨道来自太阳耀斑的质子。据估计, 太阳能电池阵列的输出功率的正常增长约 9%, 在一年两次的任一昼夜平分点, 即每年 3 月 21 日和 9 月 23 日。日食发生在太阳越过赤道 (白天和夜间) 这段时间内, 因此, 需要更多的电源为电池充电, 这些电源来自太阳能电池阵列。电池充电电源可能增加到春分或秋分阳光电力需求的 25%, 因此, 正常电力增加 9% 可能是不够的。在这些情况下, 额外的太阳能电池的面积是必要的, 以满足对电池再充电的电力需求。简单地说, 春分或秋分电力条件成为最重要的太阳能阵列设计。空间科学家认为太阳能阵列输出的退化可以匹配到有效载荷容量的退化, 后者能限制要部署的通道。

2.8.1.2.2 PC 功能

无论飞船类别, PC 功能在所有的航天器中起着关键的作用。从太阳能电池阵列获得的可用功率取决于正常入射的太阳辐射的阵列区域和照射的退化程度。此外, 太阳能电池的温度严格依赖于阵列的温度, 在日食期间从 $-180 \sim +60$℃ 不等, 这可能超过正常工作电压至正常值的 2.5 倍。因此, 阵列电压的调节是必要的, 以避免过压条件。PC 可以通过电压调节的正确使用和不受控的总线配置来保持电压变化在 $1\% \sim 2\%$ 之内。

2.8.1.2.3 储能装置

笔者所进行的短期研究表明, 地球同步卫星在站上一年内经历了 90 次日食, 最大的日食持续时间为每天 72 min。这将导致相对低的能量存储系统 (即电池) 的充电 — 放电循环次数。这允许高的放电深度的应用。相比低轨道卫星的 $10\% \sim 20\%$, 这导致了在每个放电循环 $50\% \sim 70\%$ 的电池容量被使用, 每年有成千上万次循环。在这些工作条件下, 能量存储装置或电池与太阳能电池器件相比, 必须具有高的可靠性和长寿命。镍镉电池在空间应用中已经表现出高可靠性和长寿命。由于全面提高了电池的性能和先进的电极材料的使用, 镍镉电池被广泛用于卫星应用。电池功率的要求至少 3.8 kW。

2.8.2 军事卫星通信系统

军事卫星通信系统向军事用户提供了隐蔽、可靠的、相互连接的服务覆盖广阔的地域。该卫星满足高数据传输速率, 包括军用飞机、直升机、船舶和人员分离舱的超越视线的 (LOS) 移动服务。DSCS IV 和 MILSATCOM 都提供可靠的和隐蔽通信的功能, 服务战略和战术通信的要求。该系统提供高的抗干扰度、核闪烁保护和苛刻的空间环境下的物理生存能力。它的蓄电池组电源的要求大于 3.75 kW, 而太阳能电池板的设计必须能够为 7 年的卫星寿命提供超过 12.5 kW 的输出功率, 为 10 年的卫星寿命提供超过 15 kW 的输出功率。

2.8.3 欧洲通信卫星系统

欧洲通信卫星系统 (EUROPSAT) 为欧洲国家和北大西洋公约组织 (北约) 部队提供通信和电信服务。该系统提供了隐蔽通信服务, 特别是为北约军队。该系统于 1994 年发射, 并提供整个欧洲大陆的电信和数据传输服务。额定输出功率 580 W 和 620 W 的 TWTA 不断通过大型太阳能电池板为机载电池充电。该卫星的工作寿命约 7 年。可以最小的成本和复杂性容纳在毫米波频率 (36 ~ 38 GHz) 的星际继电器。在每一个通信卫星中, 一旦卫星在指定的工作站上, 其姿态必须保持固定以使天线射束保持定向。如前所述, 每一个卫星或航天器的姿态控制和稳定是非常重要的, 尽管会带来重力梯度、地球的磁场、太阳辐射和作用于卫星的干扰力产生的未补偿的运动的不利影响。为消除未补偿的运动的影响, 某种稳定机制是必需的, 它通过以 30 ~ 100 r/min 的速率在轨道旋转卫星完成。自旋稳定装置意味着, 一个给定的太阳能电池板, 如果有效地由太阳照射仅 $1/\pi$ 或 32.8% 的时间, 如果太阳能电池不旋转的话。电池电量就会只有它本来可以达到值的 $1/\pi$, 这种特殊的问题在电池的设计选择时必须考虑。更大的太阳能电池板可能需要双自旋配置。甚至更高的太阳能电池板的输出可能需要三轴稳定技术, 以实现从太阳能电池板到机载电池充电更高的输出功率。该卫星通信系统使用镍镉电池以满足直流电源 2.5 kW 的要求, 这将需要一个额定功率超过 20 kW 的太阳能电池板。

2.9 最适合给通信卫星供电的电池

本节确定了最适合通信、侦察和监视的卫星的充电电池或二次电池的要求。电池功率要求严格依赖于几个因素, 包括发射轨道如低地球轨道、椭圆形或地球同步轨道、轨道高度; 使用的稳定技术的类型 (即单自旋、双自旋或三轴配置); 卫星运行寿命; 姿态控制系统; 以及给电子和电气分系统供电的整体直流电源的要求, 电光和微波传感器以及姿态和稳定控制机制。

2.9.1 通信卫星最理想的充电电池

使用镍镉电池的卫星在 70% 放电的功率质量比，当按最大持续时间日食计算时约 12 W/kg。镍镉电池的质量和充电及放电循环效率将降低功率质量比至低于 10 W/kg。已发表的文献中声称，镍氢和银氢 ($Ag-H_2$) 电池与镍镉电池相比，可以大量节能，分别从 30% ~ 60%。功率质量比的节省非常重要，因为它显著减少了发射次数，提高了卫星的寿命，提高了卫星整体可靠性。蓄电池组的选择是太空计划的最关键因素，因此，必须仔细检查所有相关的问题，包括成本、可靠性和工作寿命。

2.9.1.1 空间应用的镍镉充电电池的性能

航天器或卫星供电系统是由一个太阳能电池阵列、一个充电电池结合电压调节器和一个电池充电电流组成。对于充电蓄电池，在过去 20 年 Ni-Cd 电池已被用在几个天基系统上。电池的设计师表示，镍镉电池可以在 −5 ~ +10℃ 的温度范围内安全运行。储存温度至关重要，因为在轨道上电池寿命的大部分是在存储模式下。太阳能电池板的输出仅用于当电池的输出功率下降到低于安全值时给它们充电。必须避免电池压力，特别是长期任务。此外，在日蚀季节，无论何种电池类型，电池可进行再充电时间约 23 h。这种电池的性能要求，将特别强调在较低的环境温度下的充电和放电率以及能量容量。1.55 V 的电池电压的安全上限是必要的，以避免 Ni-Cd 电池电压过充。镍镉电池的荷电状态和放电深度的特点，对空间应用最具吸引力。镍镉电池可放电达到 100% 放电深度。这是该电池一个独特的性能参数。典型的充电方法需要恒定的电流，接着涓流充电。为限制自放电，快速充电是优选的，可以在 1 h 之内完成。慢速充电方法可以使用，但它需要 14 ~ 16 h。当快速和可靠的电池性能是主要要求时不建议慢充。这种电池的存储要求相当简单。电池可以在 40% 的充电状态存储。这种特殊的电池可以在室温或低于室温下存储 5 年或以上，电池性能不受损。镍镉充电电池的充电、放电和存储条件令人印象深刻。它的额定电压为 1.2 V。这种电池的主要优点包括高效率充电、充电周期率适中、容易回收且成本和复杂性最低。这种电池的早期版本中指明的不利影响，是记忆和毒性作用。但是最新的镍镉电池的设计已尽量减少这种影响。在过去的 10 年中，几个天基方案已经采用了这样的电池，因为这种电池令人印象深刻的便携性、改善的可靠性和高效率的特点。通信卫星的设计师认为，使用替代的语音和数据通道可以减少电池的消耗。高数据传输卫星通常需要从电池获得更多的能源。载人空间系统情况下, 如果可能的话, 将照明、取暖、空调和其他高耗能的电器使用降至最低, 将显著降低电池电量的消耗。监测载人空间系统的关键任务参数的电子及电气传感器必须不断地从蓄电池组得到所需的电能[7]。

2.9.1.2 镍氢电池的性能参数

空间项目经理已认真考虑镍氢电池为通信卫星应用。这些电池最初是为航空航天应用, 20 世纪 70 年代初以来为卫星应用一直在不断发展。此电池利用氢作为负电极, 正电极是镍氧化物氢氧化物 (Ni-O-OH)。氢电极包含镍箔基板上的薄膜状铂 (Pt) 黑催化剂, 由一个气体扩散膜作衬里。优选的 Ni 电极含一个多孔烧结镍电源基板, 由镍屏支撑, 与氢氧化镍 ($Ni(OH)_2$) 电化学浸渍。分隔器是一种薄且多孔的氧化锆 (ZrO_2) 陶瓷布, 它支持氢氧化钾 (KOH) 浓缩溶液。

$Ni\text{-}H_2$ 电池的制造有不同的设计配置。单个压力容器 (IPV) 电池中包含一个电极组, 它在一个包含普通压力容器 (CPV) 电池的圆柱形压力容器内。两个堆栈在一起容量为 2.5 V。一个单压力容器 (SPV) 电池, 一定数目的电池 (通常超过 20) 被连接成一串, 并放置在一个容器中。这种类型的电池被广泛用于地球同步轨道卫星和低地球轨道卫星。这些电池由美国 Eagle-Pitcher 科技公司制造。在两种情况下, 主电源由太阳能电池阵列供给。当轨道使卫星进入地球的阴影, 它代表了一次日蚀, 电池开始提供电能到各种电器元件、电子和光电传感器。太阳能电池阵列也将在阳光照射的时期, 随之给二次电池充电。

一个由 11 个普通压力容器电池组成的 16 A · h 的镍氢电池已被应用在低地球轨道卫星以及哈勃太空望远镜上。这些电池连续运行, 电气性能和可靠性毫无改变。镍氢电池已应用在几个行星任务上, 特别是对火星, 并已证明在恶劣的太空环境下性能可靠。但是由于下一段中讨论的这种电池的初始成本很高以及存在额外的缺点, 电池在地面应用受限。

体积能量水平低, 高速率的高热耗散, 以及安全隐患是这种电池的主要缺点。此外, 为了满足寿命要求, 镍氢电池必须工作在一个严格的温度范围内, 最好从 $-10 \sim +15$℃。即使在 $+10$℃, 这种特殊电池的自放电也是相当快的。三天后, 电池容量损失可能高达 10%。这意味着这种电池适合于很短的任务。

2.9.1.3 银锌电池的性能

自 20 世纪 90 年代初, 很少有电池供应商积极参与银锌充电电池的研究和开发活动。这些电池被高度推荐到空间应用上。银锌电池被生产制作成棱柱形, 包含包裹着多层分离器的平板电极。这种特殊的电池是高度优选的, 因为它的高比功率。传统的高速电池通常产生的比功率在 1.5 ~ 1.8 kW/kg 之间, 通过使用薄电极和薄分离器可将其提高到 3.7 ~ 4.3 kW/kg。使用双极电极, 比功率可以进一步提高至 5.5 kW/kg。空间应用特别需要利用这种高比功率能力, 比功率高、体积小、重量轻对其至关重要。2005 年的火星勘察人造卫星任务使用的 Atlas-V 运载火箭部署了 28 V、150 A · h 银锌蓄电池。这些电池已被多项任务的航天员用于他们的出舱活动。二次银锌电池凭借其高能量和比功率可用于便携式应用, 如医疗设备、电视摄像机、远程通信系统。

2.9.1.4 空间应用的锂离子电池

自 2000 年以来, 大量的研究和开发工作已指明锂离子电池 (Li) 性能改善提高的方向。这些电池的最新的生产测试似乎预测它们在电动车和卫星应用上的适用性。这些电池最适合重载应用。较高的额定电压 (3.7 V)、没有记忆效应、低自放电是锂充电电池的主要优势。其主要的缺点包括成本高, 一些安全问题, 以及在较高温度下电池性能降低和对充放电限制的控制要求。尽管有这些缺点, 锂电池是便携式电子和电气元件、军事和空间应用、多个消费装置、电动工具、电动汽车和混合动力电动汽车高度推荐的电池。

2.10 结论

本章明确了最适合航空航天和卫星应用的各种充电电池。简要描述了每种充电电池的性能和主要缺点。总结了通信卫星和地球同步轨道及低地球轨道监视侦察跟踪卫星的电池电源要求。确定了短期和长期任务持续时间的电池性能要求, 指出当任务持续时间增加, 电池的输出功率会减少。确认了经历卫星黑暗期即被称为卫星蚀的机载充电电池的性能要求。详细讨论了太阳能电池阵列无论何时需要给充电电池充电时的输出功率的要求。每当电池额定功率随着工作寿命低于指定的水平时, 太阳能电池阵列板必须被设计成补偿电池容量的损失。明确说明了根据工作寿命的电池容量的估计损失。初步计算表明, 一个 650 W 电池 1 年后电量下降到 93.5%, 2 年后 92%, 5 年后 80.6%, 8 年后 55.2%, 最终 10 年后 35%。正如所讨论的那样, 太阳能电池阵列必须过度设计以抵消随着时间变化电池容量的下降。卫星或航天器上的电源系统包括太阳能电池阵列、充电电池和相关的电气元件, 如一个电压调节器和电池充电用转换器。确定了潜在的发电、PC 和存储方案的性能要求。明确了这些组件的性能要求, 重点强调可靠性和寿命。说明了温度对电池容量的影响。建模数据表明, 电池的容量在 23℃ 约为 57%, 在 34℃ 为 68%, 在 50℃ 和 100℃ 为 82%。确定了由于充放电的变化对电池性能的影响。明确说明了根据充电状态锂离子电池的开路电压和电池内部电阻的变化。详细讨论了航天器电源系统的可靠性, 并强调电力系统元件的故障率。确认了使用 CC 和 PWM 技术的根据任务期限的航天器电源系统的可靠性的提高。简要地提到了卫星姿态控制和稳定机制的电源要求。根据任务持续时间和部署的冗余系统的类型详细总结了冗余系统的部署造成的重量和成本代价。这些冗余的系统考虑的因素包括 DET、DSR 和 PWM-SR。强调了为实现增强可靠性的高充电, 加速[助推] 器和充电调节器的关键作用。总结了在不同的轨道从太阳能电池阵列为电池充电的电力需求。确定了镍氢、镍金属氢化物混合、聚合物充电锂电池的重要电性能参数。提供了可能部署在运行于不同频段的下行链路和上行链路微波的军事和商业通信卫星上的充电电池功率的粗略估计。

参考文献

[1] Leo Pessin and Douglas Rusta, “A comparison of solar-cell and battery-type power systems for spacecrafts,” IEEE Transactions on Aerospace and Electronic Systems Vol-AES-3, no. 6 (November 1967), p. 889.

[2] A. R. Jha, Solar Cell Technology and Applications, Boca Raton, FL: CRC Press (2010), p. 200.

[3] R. Vondra, K. Thomassen et al., “A pulsed electric thruster for satellite control,” Proceedings of the IEEE 59, no. 2 (February 1971), p. 271.

[4] R. L. Smith and Alan Bray, Impedance Spectroscopy as a Technique for Monitoring Aging Effects Ni-H_2 and NiMH Batteries, Austin: Texas Research Institute Inc. (1992), p. 156.

[5] J. R. Balombi, D. L. Wright et al., “Advanced Communications Technology Satellite (ACTS),” Proceedings of the IEEE 78, no. 7 (July 1990), p. 1174.

[6] A. R. Jha, Solar Cell Technology and Applications, Boca Raton, FL: CRC Press (2010), p. 181.

[7] S. H. Durrani and David Pike, “Space communications for manned spacecraft,” Proceedings of the IEEE, 59, no. 2 (February 1971), p. 129.

第 3 章

燃料电池技术

3.1 简介

在过去几年, 对持续时间长、便携电源的需求增长迅速。此外, 传统的电池不能满足战场环境中长期的军事任务使用的大功率电器部件和电子器件的不间断电源要求。此外, 传统的高功率锂离子电池存在重量、尺寸、可靠性、放电速率、处置问题和充电容量等问题。根据这些问题, 便携式电源的制造商正越来越多地倾向于用燃料电池取代锂离子电池。燃料电池通过电化学转换技术产生电力, 可以用最少的时间和努力补充。各种燃料电池科学家进行的最新研究表明, 直接甲醇燃料电池 (DMFC) 最适合便携式的高功率应用, 因为直接甲醇燃料电池技术提供了最有前途的、切实可行的解决方案和独特的优势, 如紧凑的外形、改进的可靠性以及显著减少的重量和尺寸。此外, 甲醇燃料被广泛使用而没有任何限制。燃料电池是一种结合氧化反应和还原反应来产生电能的系统。

欧洲科学家在 1990 年使用高温和半固体电解质[1] 进行了全面的研究和开发活动。Bacon 氢氧化 HYDROX 燃料电池设计工作在中等温度和高压力下。电化学能量转换器被设计在环境温度和压力下工作。德国科学家开发了双骨架催化剂 (DSK) 燃料电池, 使用液体碳质燃料如甲醇和不同催化性的电极, 而瑞士科学家设计的单骨架催化剂 (MSK) 燃料电池, 使用廉价的燃料 (烃) 和具有电化学活性的金属电极。

处理燃料电池通常使用某些术语。最常用术语如下。

- 阳极: 这是一个负电极或燃料电极, 向外部电路释出电子。在这个过程中氢被氧化。

- 阴极: 这是一个正的或氧化电极, 接受外部电路的电子, 并且在这个过程中氧被还原。
- 膜电极 (MEA): 这是被离子导电高分子电解质分离的两个多孔电极的层叠夹心。催化剂是膜电极组件的一部分。
- 质子交换膜 (PEM): 用于阻止气体和电子通过的聚合物膜, 同时允许被称为质子的氢离子通过。
- 重整装置: 一个小的车载化学反应器, 一些燃料电池车用来从酒精或氢燃料中提取氢。

3.1.1 燃料电池的分类

在 20 世纪 60 年代和 70 年代, 主要由美国和欧洲的科学家和工程师设计、开发和评估了三种不同的燃料电池。但是它们的性能参数, 如电流密度、路端电压、连续运行时间, 是微不足道的。早期开发的燃料电池可以简要描述如下。

3.1.1.1 使用特定电解质的水溶液燃料电池

德国 Braunschweig 理工大学工作的科学家和教授研发了此类型的第一个燃料电池。这种燃料电池的关键特征是双骨架催化剂 DSK 电极。该装置有两个电极: 一个提供结构支撑; 另一个提供高导电性。具有催化活性的骨架被嵌入到支承骨架。燃料电极由热压镍 (Ni) 在受控条件下制成。使用纯氢来优化燃料电极的电池性能是可能的。在环境温度 (65℃) 和低压 (5 1b/in^2) 下已获得的电流密度高达 400 mA/cm^2。一个四电池的设备在连续工作超过整整一年表现出超高的可靠性。燃料和氧化剂电极都可以使用催化的多孔镍来制造。水溶液燃料电池使用碱性电解液、氢作为燃料, 氧或空气作为氧化剂。

3.1.1.2 使用半固体电解质的燃料电池

使用半固体电解质的燃料电池由含钠 (Na)、钾 (K) 及碳酸锂 ($LiCO_3$) 混合物的多孔氧化镁 (MgO) 组成。该电池本质上是灌注了窄而薄的长条混合物的 MgO 圆盘。这种燃料电池的各种要素的具体细节如图 3.1 所示。

3.1.1.3 使用熔融电解质的燃料电池

带管状电池的燃料电池结构采用细颗粒固体镁电解质和熔融电解质。电极的表面涂有金属粉末, 如空气氧气阴极为银 (Ag), 燃料阳极为铁 (Fe)、镍 (Ni) 或氧化锌/银 (ZnO/Ag) 混合物。图 3.2 表示了管状构造的燃料电

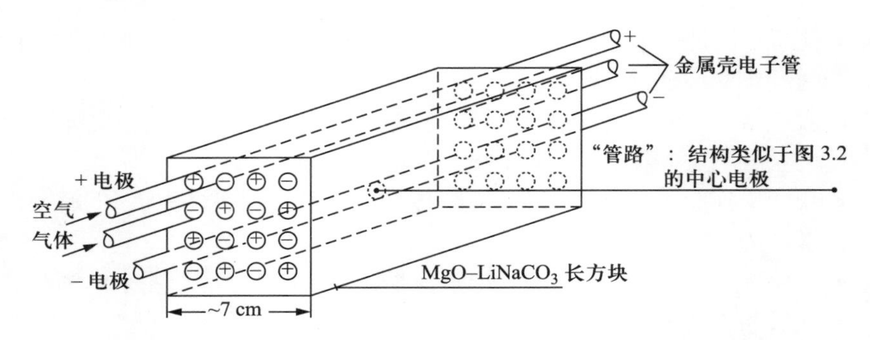

图 3.1 大功率燃料电池包含 MgO-LiNaCO$_3$ 的半固体电解质, 含有作为空气和燃料气体电极的金属管

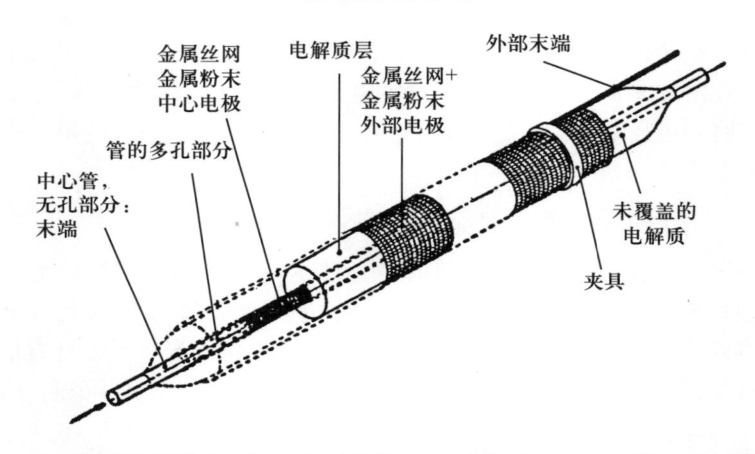

图 3.2 为获得最佳性能使用细颗粒固体的 MgO 和熔融电解质组成的电解质糊的高容量的燃料电池的关键要素

池的结构细节。这种特殊的燃料电池能够在极化电压为 0.7 V 时提供 100 mA/cm^2 的电流密度。即使在高电流密度, 氢也表现出非常低的极化。相对于多数低温燃料电池, 高温燃料电池产生的二氧化碳和水在燃料中形成, 而不是在电解质中。这将导致燃料稀释, 这使得它难以同时达到高电流密度, 以及未获得强极化的高燃料利用率。工作在 700℃ 管状结构的, 使用半固体电解质、片状镍阳极、银阴极以及各种燃料的燃料电池的电气性能, 概括在表 3.1 中。

高的百分比值与所使用的燃料有关, 较低的百分比值表明了从电化学反应产生的二氧化碳气体。例如, 在氢燃料的情况下, 65% 是氢, 而 35% 是二氧化碳。在另一示例中的甲烷燃料, 燃料对二氧化碳的百分比是相同的, 但极化电压很低。

表 3.1 使用多种燃料的管状结构燃料电池的电性能

电流密度/(mA/cm^2)	使用的燃料的极化电压/V		
	氢 (H_2) (65%/35%)	甲醇 (CH_3) (13%/87%)	甲烷 (CH_4) (65%/35%)
0.2	0.90	0.56	0.20
0.4	0.82	0.36	0.07
0.6	0.63	0.25	0.05
0.8	0.52	0.19	0.02
1.0	0.35	0.11	0.01
1.2	0.25	0.05	—
1.4	0.20	0.00	—

3.1.2 根据电解质的燃料电池分类

就在第二次世界大战前后, 设计工程师和材料科学家广泛地将研究重点集中在提高燃料电池的整体性能上。同时, 他们的设计工作集中在研发采用不同类型燃料的燃料电池、电极构造和电解质上。根据所有这些准则, 科学家们将燃料电池分为 6 种不同的类型, 确定如下:

- 碱性燃料电池;
- 磷酸燃料电池;
- 熔融碳酸盐燃料电池;
- 固体氧化物燃料电池 (SOFC);
- 固体高分子型燃料电池 (SPFC);
- 直接甲醇燃料电池 (DMFC)。

不考虑电流密度, 就适度提高的效率、可靠性和运营成本而言, 使用氢燃料的高温燃料电池提供了最佳的性能。此外, 甲烷不直接参与电化学反应。当电流密度超过 0.6 mA/cm^2 时, 甲醇和甲烷都表现不佳。

3.2 基于电解质的燃料电池的性能

20 世纪 60 年代和 70 年代期间设计和开发的实用燃料电池, 集中在使用不同电解质的三种类型的燃料电池的设计配置, 本章将重点描述其性能、可靠性和寿命。根据电池所使用的电解质的类型, 可获得三种不同的燃料电池设计。简要介绍了每个类型的潜在的优点和缺点, 重点强调效率、安全性和可靠性。三种不同的燃料电池的类型如下:

- 使用半固体熔融电解质;
- 使用固体电解质;
- 使用水溶液电解质。

根据已发表的文献 [2], 不同科学家们最初设计、开发和测试了 10 种水溶液电解质电池系统、6 种熔融电解质电池系统以及 3 种固体电解质电池系统。正如前面提到的, 燃料电池是一种能量转换装置, 在这个装置中化学能等温地转换成直流电 (DC)。此外, 它可以将化学能转换成电能, 而不涉及卡诺循环论证的限制热机效率的热力学关系。

半固体熔融电解质的高温燃料电池。高温燃料电池中包含了熔融盐电解质, 通常是盐混合物, 如钠、钾和碳酸锂。电解质作为电化学液态熔体, 由多孔的 MgO 和 Na、K 和碳酸锂 $LiCO_3$ 混合物组成。氧化镁圆盘被熔融盐充满。电极表面由金属粉末构成, 如空气或氧气阴极为银, 燃料阳极为铁、镍和氧化锌/银混合物。多孔片牢固地压紧粉末以使金属粉末紧靠电解质, 同时进行导电, 但是它们不作为电极, 如图 3.3 所示。在高的操作温度 (500 ~ 750℃) 下, 材料通常难以进行电化学反应得到约 100 mA/cm^2

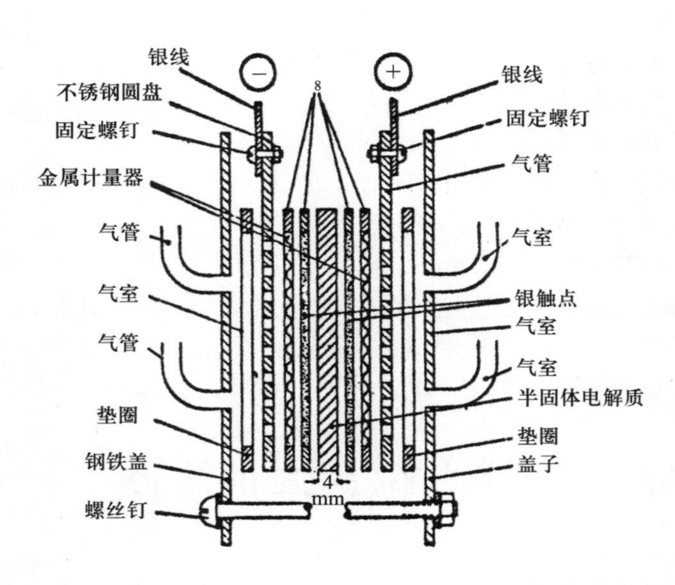

图 3.3 使用半固态电解质的高温燃料电池和其关键组件

的高电流密度和 0.7 V 的极化电压, 采用 Ag 电极只在一氧化碳 (CO) 侧有明显的极化而在空气或氧气一侧没有。如前所述, 氢在这些燃料电池中产生电力, 但是这可能是由于迅速的热分解或在蒸汽存在下 CO 的形成。这些电池工作效率为 30% ~ 35%, 是主要使用例如煤、天然气、石油这样燃料的电池可能效率的 1/2 左右 [2]。根据 20 世纪 70 年代的技术文献, 因为高温燃料电池技术存在许多技术难点, 科学家们对于是否对其进行更广泛的研究犹豫不决。替代的, 燃料电池设计者们集中在低温电池的研究上。在中等温度和压力的条件下工作时, 双骨架催化剂的电极会需要较少的重量和尺寸, 而不会影响电池的电性能和可靠性。

使用管状结构、片状镍阳极、银阴极和双骨架催化剂电极的半固体电解质燃料电池的典型的电气性能总结在表 3.2 中。

表 3.2 半固体电解质燃料电池随温度和电流密度变化的极化电压 (V)

电流密度/(mA/cm^2)	40°	80°
50	0.04	0.02
100	0.08	0.04
150	0.14	0.08
200	0.17	0.10
250	0.22	0.14
300	0.30	0.18

表 3.2 给出的数据显示了 100% 法拉第效率, 即可以达到完全的氢利用率而极化损失不大, 并且通过优化微细孔涂层来限制电流密度。电解质上的微细孔必须能防止气体泄漏。对电化学领域的科学家和工程师来说, 法拉第效率是指气体消耗的效率。

3.3 使用不同电解质的低温燃料电池

在这个类别中, 在环境温度下工作的氢氧燃料电池 (H_2-O_2) 获得极大关注。H_2-O_2 燃料电池被称为 HYDROX 电池。科学家们认为, 在所有可能的电化学燃料中, 氢是最可取的燃料, 因为它的反应速度非常快, 反应副产物水不腐蚀电极, 可作为有用的电解质溶剂。此外, 氢分子可以很容易分解并通过化学吸附离子化成质子, 随后在超过 200 ~ 250℃ 的温度从一个简单的催化剂如商业镍脱附。在这种中等温度范围, 这种特殊的电池可以产生从 0.7 V、1200 mA/cm^2 到 0.46V、2000 mA/cm^2 的电流密度。HYDROX 电池被认为是最强大的现代燃料电池。HYDROX 燃料电池的关键组成部分如图 3.4 所示, 装置使用半固体电解质。工作温度和压力分别为 200℃ 和 600 lb/in^2。尽管其具有高电流密度和高功率容量, 但该装置预热时间相对较长, 工作压力高, 并且要求氢气和氧气为超高纯度, 这显著增加了工作成本。美国普惠 Pratt and Whitney 飞机公司已经在 HYDROX 燃料电池上作出了重大设计改进。

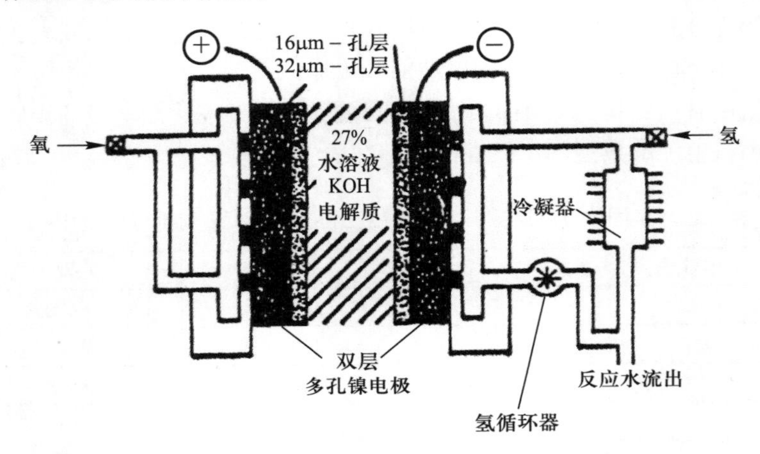

图 3.4 使用双层 Ni 电极工作在 200℃ 和 600 lb/in^2 的高压 H_2-O_2 燃料电池

3.3.1 使用水溶液电解质的低温和低压燃料电池的性能

这种特定的燃料电池, 在燃料氧化过程中释放出来的电子通过一个外部电路产生电力。这种类型的电池的优点在于, 燃料氧化的电化学过程通过随机的热损失达到最小耗能。但是, 最显著的缺点是, 如使用纯氢气以外的任何燃料, 该电池的功率输出会大大降低。此外, 在燃料的氧化中产生的碳氧化物会与碱性电解液反应, 这不但会耗光电解质, 而且碳酸盐也可能堵塞电极孔, 从而降低燃料电池的可靠性和效率。

这种燃料电池的关键特征是被称为 DSK 的电极, 因为它包含两个金属骨架 —— 一个是基板和结构, 另一个是具有活性的、高度分散的骨架。具有催化活性的骨架被嵌入到具高导电性的支撑骨架。燃料电极是由热压 Ni 制成。在氧电极的情况下, 使用 Ag 使活性骨架形成一个基板。燃料电极在纯氢气下能有效运作, 它在环境温度和低压下已显示出高达 400 A/cm^2 的电流密度。然而, 较低的电流密度约 50 A/cm^2 会产生高可靠性。

假设这个电流密度, 电池电压为 0.5 V 时, 效率为 50%, 而电极面积为 1 ft^2 (929 cm^2), 则可以确定该燃料电池产生的电力。

阿利斯 — 查默斯 Allis-Chalmers 能源公司已经设计、开发和测试了好几个这样的燃料电池。该公司使用的燃料是气体混合物。氧化剂是氧气。这种燃料被用于操作重型拖拉机。这个特定的燃料电池所产生的电功率 $= 50 \times 0.5 \times 0.5 \times 929 = 11.5$ (kW)。本计算示例中表明燃料电池的功率输出能力是电极面积、电池效率、电解质性能和电池的输出电压的函数。1 ft^2 这样的燃料电池, 效率为 60%, 极化电压为 0.7 V, 电流密度为 50 A/cm^2, 可以产生接近 19.5 kW 的功率输出, 可用于各种工业应用的重型拖拉机。

该公司已开发出的四电池的电力模块, 采用使用氢或氨作为燃料、氧气或空气作为氧化剂的低温 (65℃) 低压 (5 lb/in^2) 电池[3]。该电力模块已经证明了 4500 h 无故障不间断运行。该公司已经开发和销售了具有完善的控制、冷凝器和循环系统的 20 芯的电力模块。商用电力模块已证明了可持续运行的 1 kW 的功率输出。燃料和氧化剂电极是由催化多孔 Ni 制成, 每个电极的厚度为 0.028 in。被保存在石棉或类似的多孔栅网的碱性电解液的厚度为 0.030 in。栅网或石棉必须承受超过 1,000 lb/in^2 的压差。燃料电池的设计要求低电极容器电阻和精密加工, 这将均匀地把燃料或氧化剂分配给电极以获得最佳性能。

3.3.2 水燃料电池的输出功率性能

以氢作为燃料, 每个电池的极化电压 0.78 V, 电流密度为 130 A/ft^2, 这个特定的燃料电池具有瓦特每磅比约 22, 体积功率密度为 1.5 kW/ft^3。如果电力模块有 20 个电池, 每个电池输出电压 0.76 V, 功率密度 130 A/ft^2, 一个模块效率为 65%, 总的功率输出将约 1.32 kW。

在 77℃ 用氨和腐蚀性电解质, 可以实现 0.3 V 电流密度 160 A/ft^2, 而且最开始就可以实现每单位体积的输出功率比。然而, 在寿命测试期间, 在 0.3 V 连续操作 700 h 后, 电流密度下降到 50 A/ft^2 以下。

该燃料电池可以用甲醇和其他醇作为燃料, 酸和碱性电解质, 空气或氧气作为氧化剂来工作。原型电池的设计已经证明电池的连续输出功率超过 1 kW。这种装置已证明, 如果所使用的电极的寿命超过 250 h 或更高, 在 0.3 V 电流密度会比 80 A/ft^3 更好, 每单位体积的功率输出为 0.8 kW/ft^3。这种电池结构与 H_2-O_2 电池相同。

3.4 使用组合燃料的燃料电池

美国、俄罗斯和欧洲的燃料电池科学家在不增加生产成本的情况下,使用了最适合改善电气性能和设备可靠性的两种类型的燃料组合,进行了全面的研究和实验室实验。燃料电池设计师和科学家对由液体和气体组成的压力敏感的电池[4] 设计进行了实验。科学家们同时开始研究使用两种不同类型燃料的燃料电池。下面的章节详细描述了用于制造燃料电池的燃料、电解质和氧化剂的类型。

3.4.1 液 — 气燃料电池设计

有些科学家已经设计同时使用液体和气体 (LG) 的燃料电池。这个特定的装置使用一个金属外壳,它填充有空气或氧气并浸入电解质燃料混合物。外壳的一侧是多孔镍,另一侧是固体箔。镍作为空气或氧气电极,催化剂涂层的外表面作为燃料电极。最终结果是,一个这样的电池阵列,可以制作双极型电池。初步计算表明,一个由 80 个电池组成的模块可以产生的输出功率超过 750 W。通过安装更多的电池,可以得到较高的模块功率。

3.4.2 液 — 液燃料电池的设计性能

科学家们已经设计了成套形式的液 — 液 (LL) 燃料电池装置。这种液 — 液燃料电池有一个双极型结构,并使用醇或氨为燃料,过氧化氢或其他氧化性液体作为氧化剂。用酸或碱都可以作为电解质。燃料电极是镀铂的镍。氧化电极是银,以获得更高的效率和最小的损失。此装置已显示出,在电池的输出电压为 0.3 V 时超过 50 A/ft^2 的电流密度,电池的输出功率与质量比为 3 W/磅。额定功率为 0.5 kW、1.0 kW、1.5 kW 或更高功率的模块已经被设计和开发。

液 — 气和液 — 液电池可设计为较高的电流密度和更高的极化电压。这些单电池最适合电池组的应用。已经证明这些单电池工作时间超过 1200 h 且没有电极性能或性质的变化。一个由 80 个单电池组成,能产生 200W 的输出功率水平的电池,已运行超过 1000 h,性能或可靠性都没有发生变化。

3.5 多种应用的燃料电池设计

在极少数情况下, 要求燃料电池满足特定的关键性能参数, 例如可靠性、功率输出能力和寿命。在这种情况下, 电池设计师将尽量满足这些关键的性能规格参数, 但很少能够满足其他性能要求。有时一个特定的应用程序要求在苛刻的工作环境下燃料电池必须满足这些关键的性能要求。

3.5.1 燃料电池在蓄电池中的应用

本节介绍的材料, 最适合用于蓄电池的燃料电池的设计和开发。对于可靠性和连续输出功率至关重要的应用, 燃料电池将最有用。费城的蓄电池公司是为这种特定应用开发碱性、低温、H_2-O_2 电池的先驱。该公司采用具有高电化学活性、优异的机械强度和高导电性的微孔电极。所用的电极不自燃, 因此可以暴露在空气中没有任何损害。已经证明这些电池可在电流密度为 2.5 mA/cm^2 时连续工作超过 25,000 h, 电流密度为 70 mA/cm^2 时超过 6000 h, 电流密度为 200 mA/cm^2 超过 4000 h。

这些连续工作时间明确证明了其高可靠性和最低的维护要求。正如所提到的, 两个电极都由多孔镍制成。氢电极包含钯银催化剂, 氧电极中包含银镍催化剂。一种同轴 H_2-O_2 燃料电池已被设计、开发并进行超过数千小时的测试。这种特殊的燃料电池已经表现出超过 1 kW/ft^2 的功率密度, 而可靠性和电气性能毫无损害。

3.5.2 使用氢基双骨架催化剂 (DSK) 电极、工作在恶劣的条件下的双骨架催化剂燃料电池

DSK 系统的燃料电池可以使用固体电解质, 如高脆性镍合金。此镍合金的制备是通过熔化质量比例为 50% 的铝和 50% 的镍。在金属粉末中发现的剩余颗粒由具有较大内表面的镍组成。金属粉末可以被压力烧结成型为合适形状和尺寸的电极。这样的电极提供足够的机械稳定性、优异的导电性以及显著的热导率。为了解决中毒的敏感性问题, 必须引入用于机械支撑和导电导热的宏骨架。宏骨架的微孔包含催化剂颗粒, 它通过一个扩散过程被黏合, 以保持催化活性。这里所用的合金由均一的纯度高于 99.8%(重量) 的铝晶粒组成, 镍阳极在高于 1300℃ 的温度下, 在氯化钙 ($CaCl_2$) 保护层下, 在碳坩埚中熔融。使用具有细密多孔涂层的氢基 DSK

电极 (图 3.5(a)) 的燃料电池, 在电流密度和极化电压方面产生最佳的性能, 如图 3.5(b) 所示。

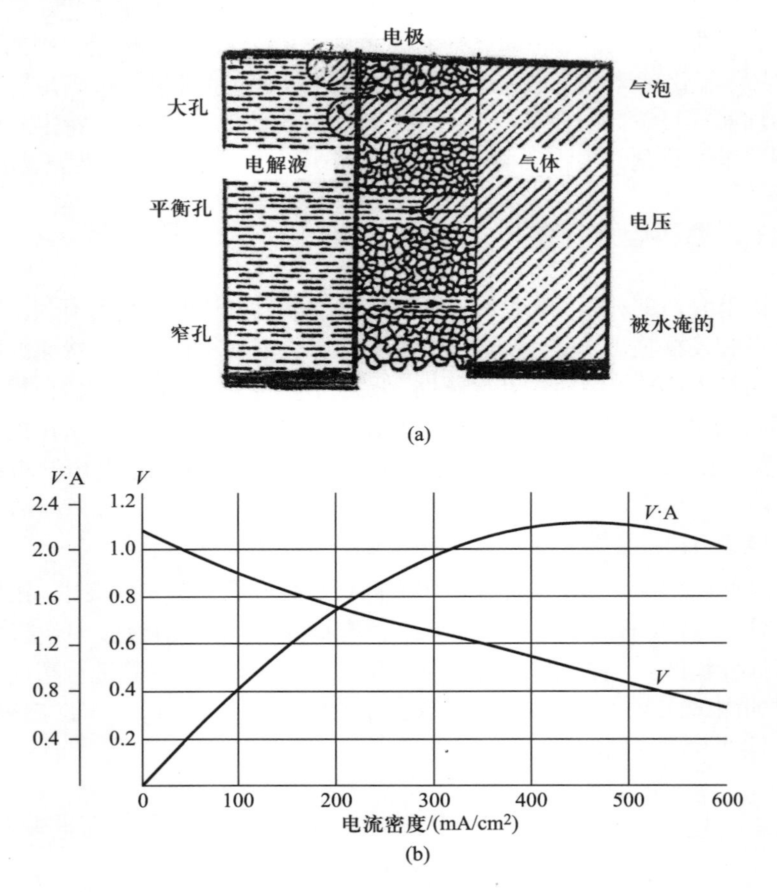

图 3.5 氢/氧燃料电池的电气性能

(a) 不同孔尺寸的行为; (b) 作为电流密度函数的燃料电池的特性。

(注意 "V" 曲线表示终端电压, 而 "$V \cdot A$" 曲线表示输出功率。)

单层 DSK 电极的 DSK 基燃料电池的性能。单层 DSK 电极的 DSK 基 HYDROX 燃料电池的性能是工作温度的函数。氧和氢电极的极化电压、功率密度 (W/cm^2)、电流密度 (mA/cm^2) 特性严格依赖于工作温度。不同设计师的实验测试数据表明, 即使当电流为零时氧电极也有一个有限的极化电压。实验数据还表明, 极化可在 85℃ 减小至 100 mV。该电池达到一个可逆电位 1.23 V。电池从化学能转化为电能的转换效率, 可以通过电压比与充电比的乘积测得。即使电流密度为零也可以实现 92% 的总效率。电压和效率随着电流密度的增加而降低。如果放电电压维持在电池电动势的 50%, 这个特定的电池设计正好为 0.65 V, 从电池获得最大输出功率是可能的。在此路端电压, 即使在最大电流密度为 500 mA/cm^2 时, 用 1 mm 厚的氢氧化钾的电解质层, 在 68℃ 的工作温度使用不透气的电极, 电流密度约 250 mA/cm^2, 计算出的功率密度约为 154 mW/cm^2。采用所包含的参数的适当值初步计算, 表明此特定电池在无任何附件的情况下, 假定各电极的重量和 1 mm 的 2 g/cm^2 的钾氢氧化钾 (KOH) 层, 功率重量比大约为 77 mW/g。

需要重点指出燃料电池的一些关键的设计方面。燃料可以是一种混合气体, 氧化剂可以是氧。通常, 燃料和氧化剂电极都由一个典型的厚度约为 0.028 in 的催化多孔镍制成[1]。如果该电池使用碱性电解液, 它应该保持在厚度为 0.030 in 的, 可以承受 100 lb/in^2 或以上的压力差的石棉或类似的多孔栅网中。如果高可靠性、超长的连续工作时间是主要的设计要求, 就必须认真考虑电池堆和对模块足够的结构支撑。使用 DSK 电极和碱性电解液的 H_2-O_2 燃料电池提供了最低成本和复杂性的, 最有效和可靠的电化学转化。碱性电解质的 H_2-O_2 DSK 电池在环境温度下的性能特性总结在表 3.3 中。

表 3.3 环境温度为 70℃, 碱性电解液的氢氧电池的性能特点

电流密度/(mA/cm^2)	路端电压/V	功率输出/W
0	1.10	0
100	0.91	0.82
200	0.78	1.57
300	0.64	1.94
400	0.55	2.21
500	0.42	2.19
600	0.35	2.00

这些计算结果表明, 随着电流密度的增加, 路端电压降低, 但功率输出水平增加。在较高的电流密度下, 路端电压的下降是由于电路中的电阻损耗。

3.6 离子交换膜燃料电池

1962 年美国通用电气 (GE) 公司设计和开发了离子交换膜燃料电池 (IEM)。通用公司的科学家们在优化电池的电流密度参数方面获得了显著的进展。一种高度改进的电解质的使用表现出了显著的电流密度的增加，同样在 0.7V, 从 1960 年的 17.5 W/ft^2 到 1962 年的 35 W/cm^2。新的薄膜材料负责实现比 2kW/ft^3 更好的每单位体积的功率密度。尽管其他性能参数有显著改善, H_2-O_2 燃料电池的稳态输出电压从未超过 0.93 V。通用电气公司的科学家们发现氧电极的优化可同时提高电池效率和开路电压。

3.6.1 空间应用的 IEM 燃料单电池和电池组的性能规格

由各种科学家收集的丙烷、丙烯和环丙烷的极化数据表明, 环丙烷在这些烃中产生最高的电流密度。科学家的研究表明, 在约 90℃ 左右, 用铂催化剂和 3 mol 的硫酸电解液, 可以达到 38 mA/cm^2 的电流密度, 它将由于电池中的电阻损耗减少至约 35 mA/cm^2。最新的研究数据表明, 目前使用丙烷在 0.3~0.4 V, 电流密度已达到 90 ~ 100 mA/cm^2。

高容量的 IEM 电池开发, 是为了部署在美国航空航天局 NASA 被称为双子座 Gemini 的项目的电源上。美国国家航空航天局的科学家声称, 在 1960 年 30 min、600 mile、高轨道火箭飞行表明了在太空中使用 IEM 燃料电池的初步可行性。两个这样的电池, 每个含有 35 个 28 V 50 W 输出功率的电池单元, 在轨道卫星中进行了测试。这些燃料电池在满负荷条件下间歇工作 30 天, 可以被解释为相当于卫星 7 天的不间断运行。

一种由 IEM 燃料电池单元组成的用空气和氢运行的便携式 200 W 电源, 展示了其为移动陆军无线电接收器、发射器设备和战场监视雷达装置供电的能力。一个由燃料电池组成的电源模块, 使用柴油或甲醇作为燃料产生氢, 使用液态氧作为氧化剂, 已证明了其在潜艇推进系统中的应用。这种特殊的动力系统表现出了超过 2 kW/ft^3 的体积功率密度, 它能够满足船体空间的要求。

俄亥俄克利夫兰的汤普森 · 拉莫伍尔德里奇 (TRW) 公司, 开发了使用燃料电池的高容量电源系统。该电源系统包括两个电极, 每个压靠着离子交换膜, 并且被膜和中间电解质分隔开。在载人和无人航天器的可能的应用上, 电源系统设计严格使用双膜电池结构设计。其性能参数包括 2kW/ft^3 的体积功率密度、低压运行、在全功率的 90% 的快速启动功能、空间条件下的可靠性、在严峻的空间环境下电源效率 55% ~ 70%。

3.6.2 使用低成本、多孔硅衬底材料的燃料电池

笔者对中等容量电池的研究表明，硅基燃料电池具有以下几个优点，如设计简单、成本最低、体积小。这样的燃料电池单元最适合家庭使用，功率范围大约 3 ~ 5 kW。衬底是多孔的，高度结构化，能提供更快的电极反应，并且可以使用液态或气态的电解质。这种类型的燃料电池，因为多孔硅结构的控制良好的几何形状特性，提供了独特的设计结构。由于孔的尺寸，取值范围为 10 ~ 50 mm，加上分布上的极小偏差，多孔硅表现出显著的优点。燃料电池的设计师和科学家们认为，这种特殊的燃料电池的设计概念将是一个完美的工程装置，对于家庭应用最具吸引力。该器件制造工艺完全成熟，因为它是依赖于明确定义的硅加工技术和方法，它被广泛应用于大批量生产中。简单地说，目前硅器件，如晶体管和二极管，其制造运用的硅加工方法和质量控制技术，可以以最低的成本和复杂性用来制造燃料电池。

燃料电池的设计人员认为，没有其他的燃料电池技术来证明能以最小的成本进行大批量生产的可行性。这种设计理念为以成本、可靠性、重量、尺寸和寿命作为关键要求的应用程序提供了输送通用的、高度可扩展的燃料电池的机会。

3.6.2.1 采用多孔硅结构的氢 — 氧动力燃料电池

燃料电池科学家目前正在研究采用多孔硅结构、液态并使用酸作为电解质的 H_2-O_2 燃料电池。气体扩散 (GD) 界面是在延伸到整个孔隙的硅衬底的气孔内。这种特殊的燃料电池的设计概念提供了一个自发电源和一个电解槽单元。这种装置为气态反应物配备改性的硅电极，它在延伸至整个孔的硅结构的细孔内部创建气体扩散界面。这种类型的燃料电池最适合低到中等的电力应用需求，范围从 1 ~ 5 kW。这种燃料电池对于摩托车和家用电器的电源模块最为理想。一位退休的美国航空航天局的科学家最近展示了一个包含数百个这样的单电池，以堆栈的形式，使用多孔硅电极和甲醇燃料的燃料电池的原型设计。多孔硅圆盘的尺寸约为 4.5 in × 4.5 in，整体尺寸接近一个鞋盒。科学家预计电流密度约 180 mW/cm^2。假设该电流密度和多孔硅电极为 4.5 in × 4.5 in，由单一元件产生的能量将约 23.5 W。假设一个堆栈由 100 个多孔硅圆盘单元组成，由 100 单元的燃料电池产生的电功率将接近 (100 × 24 = 2 400 W) 2.4 kW。如果堆栈包含 200 个

单元, 那么输出功率约 4.8 kW, 足以满足一个家庭的用电量需求。计算的一个电极尺寸为 4.5 in × 4.5 in 的单一的多孔硅单元产生的电功率; 根据圆盘单元数目产生的总电功率总结在表 3.4 中。

表 3.4 燃料电池组件中每个磁盘元件产生的电力和一定数量的磁盘的总发电量

磁盘单元尺寸(假定的, 英寸)	元件面积/in^2	元件面积/cm^2	每个元件产生的功率/W	元件产生的功率	
				100 kW	200 kW
2 in × 2 in	4	25.81	4.65	465	930
3 in × 3 in	9	58.05	10.44	1044	2088
4 in × 4 in	16	103.22	18.58	1858	3716
4.5 in × 4.5 in	20.25	130.64	23.52	2352	7432
5 in × 5 in	25	161.25	29.03	2903	5806

这些计算提供了能够产生特定电能的燃料电池组的物理尺寸的完整信息。各种组件产生的能量没有考虑到各种损失或电池效率。如果这两个因素都考虑在内, 产生的净电功率约为表 3.4 中所示值的 85%。

对于这种燃料电池的制造成本和总重量而言, 至今没有可靠的估计, 因为迄今没有联系上制造商。然而, 笔者的最佳工程判断表明, 这种特殊的燃料电池组的重量将不超过 20 lb 左右。上述燃料电池像直接甲醇燃料电池一样工作。直接甲醇燃料电池电源最适合便携式电源部分, 因为直接甲醇燃料电池技术具有多项优势, 如外形紧凑、可靠性高、价格合理, 以及最小的重量和尺寸。

3.6.2.2 燃料电池的反应和热力学效率

无论单电池的类型, 都必须认真考虑燃料电池的反应和热力学效率。这两个问题会对从电池获得的电能和通过化学反应释放的热量总量产生影响。在经典的热力学理论中, 反应焓 (ΔHr) 是化学反应释放的热量, 反应熵 (ΔSr) 表示在反应过程中系统秩序变化的程度。放热时参数 (ΔHr) 是负的。因此, 反应的熵 (ΔSr) 变得小于零或变为负。

为了更好地理解这些参数, 考虑一个简单的 H_2-O_2 燃料电池。除了电化学电池内部的电阻通过电位降产生的热量外, 一部分化学能在电化学能量转换的过程中被转变为热量, 如图 3.6 所示。电解质电阻也对电位降有作用。

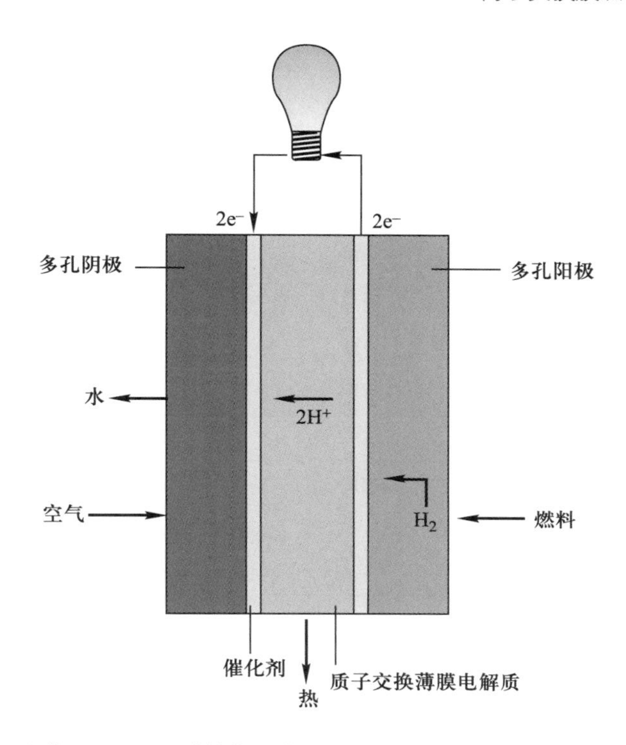

图 3.6 一个使用 PEM 设计结构和多孔阳极电极和阴极电极的压缩燃料的要素

对于 H_2-O_2 燃料电池, 热力学效率或理想的能量转换效率, 始终与所包含的化学过程的反应焓有关。单电池的理想的热效率可以表示为

$$E_{\mathrm{th}} = E^0/E_{\mathrm{h}}^0 \tag{3.1}$$

式中: E^0 是热力学的电池电压; E_{h}^0 是热电池的电压。

对于这个特定的燃料电池反应, 反应的化学方程式可写为

$$[\mathrm{H_2} + (1/2)\mathrm{O_2}] = \mathrm{H_2O} \tag{3.2}$$

这清楚地表明, 该化学反应的副产物是水。

在 H_2-O_2 燃料电池中, 在标准条件下, 或在正常的温度和压力条件下的典型的单电池电压 (E^{00}) 通常是 1.23 V, 热力学电池电压 (E_{h}^0) 约 1.48 V。对于几乎所有的燃料电池的反应, 人们期望反应熵 ($\Delta S\mathrm{r}$) 小于零。这意味着周边区域中产生的热量将是一个温度 (T) 和反应熵 ($\Delta S\mathrm{r}$) 的乘积。随着化学能到电能的转换, 通过从周围环境中吸收的热量获得额外的能量,

从而使得理论上的理想的电池效率大于 100%。在标准条件下, 潜在的燃料电池反应的热力学数据总结在表 3.5 中。

表 3.5 中的数据表明, 甲酸因为氧化的自由能变化大于反应焓, 产生最高的电池效率。换句话说, 随着化学能向电能的转换, 通过从周围吸收的热能而获得额外的能量。当反应的熵 (ΔSr) 小于零或为负时, 不管使用何种燃料, 电池的效率都小于 100%。这就是为什么氢提供了最低的电池效率。出现在表 3.5 中的索引、符号和缩写请参阅第 51 版的《化学和物理手册》。

表 3.5 标准条件下各种燃料电池反应的重要热力学数据

燃料电池类型	价态	反应方程	E^{00}/V	理想的电池效率/%
氢	2	$H_2O+(1/2)O_2=[H_2O]$	1.229	83.0
氧化碳	2	$CO+(1/2)O_2=[CO_2]$	1.066	90.8
甲酸	2	$HCOOH+(1/2)O_2=[CO_2+H_2O]$	1.480	105.6
甲醛	4	$CH_2O+O_2=[CO_2+H_2O]$	1.351	93.2
甲醇	6	$CH_3OH+(3/2)O_2=[CO_2+2H_2O]$	1.214	96.7
甲烷	8	$CH_4+2O_2=[CO_2+2H_2O]$	1.060	91.8
氨	3	$NH_3+(3/4)O_2=[(1/2)N_2+(3/2)H_2O]$	1.172	88.5
肼	4	$N_2H_4+O_2=[N_2+2H_2O]$	1.558	96.8
锌	2	$Zn+(1/2)O_2=[ZnO]$	1.657	91.3

3.6.2.3 使用 PEM(质子交换膜) 结构的 DMFC(直接甲醇燃料电池) 设备

采用 PEM 结构的直接甲醇燃料电池设备如图 3.6 所示, 使用空气作为一种反应物 [5]。DMFC 设备自从 20 世纪 60 年代开发以来已有显著改进, 但它们仍然有一定的技术和商业限制, 包括操作问题、水、水管理问题、可靠性差、低功率密度、更高的采购成本和较低的转换效率。通过使用一种改进的设计, 包含多孔硅结构和允许燃料电池在非空气供氧的环境下高效工作的液体电解质, 大多数的缺点已被消除或最小化。质子交换膜燃料电池的功率输出能力, 可以使用如图 3.7 所示的层叠技术显著提高。从图 3.8 可明显看出采用 $CxHyOz$ 燃料工作的 MEM 基燃料电池 (PEMFC) 的操作和反应示意。氢利用率对电流密度和路端电压都有影响, 如图 3.9 所示。

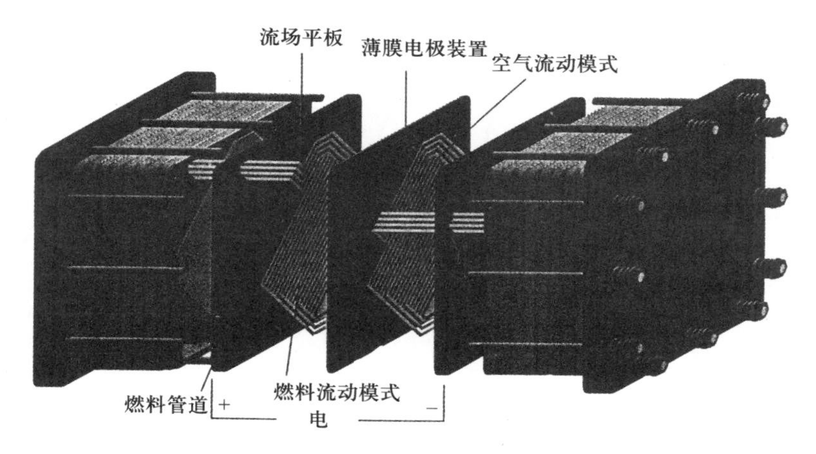

图 3.7 由堆叠在一个系列的几百个独立电池组成，产生超过 1 kW/L 的高功率密度的燃料电池堆的具体建造细节

(使用这种技术可能达到超过 5 kW 的更高的功率水平)

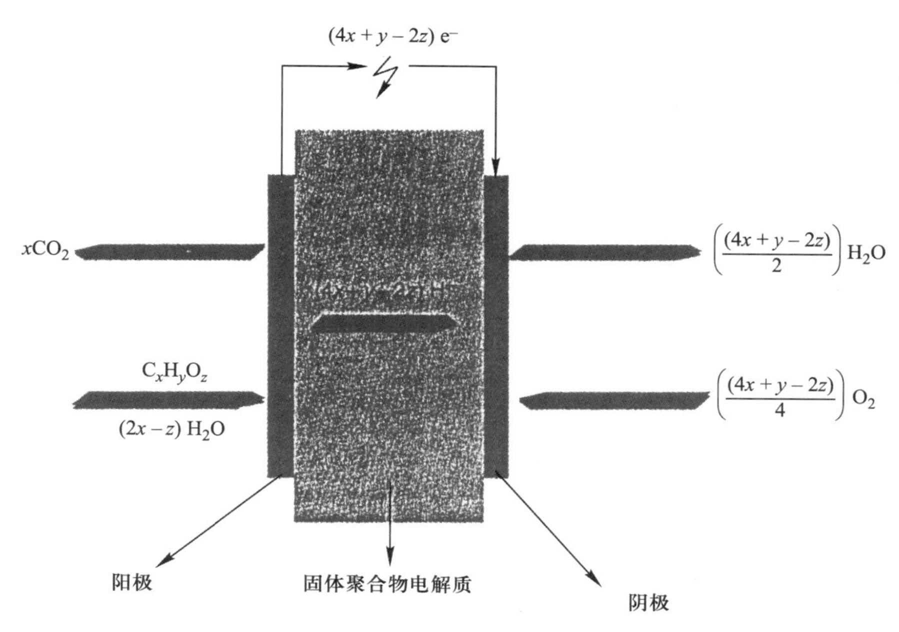

图 3.8 使用多孔阴极和阳极电极，以氢作为燃料，加上帮助氢原子离解成质子和电子的催化剂的 PEM 基燃料电池的浓度和反应图表

(X: C 原子; Y:H_2 原子; Z: O 原子)

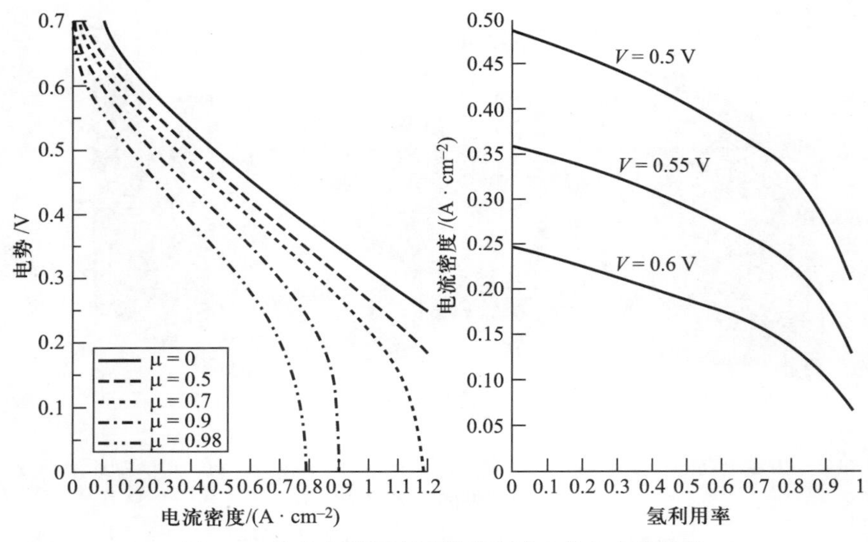

图 3.9 作为氢利用率函数的电池电位和电流密度

3.6.2.3.1 PEM 基 DMFC 设备的设计和运行方面

所有的燃料电池都有两个电极: 一个负电极, 一个正电极。对于直接甲醇燃料电池, 电能是由负电极的甲醇燃料 (又称为阳极) 和在正电极的空气中的氧气 (称为阴极) 所产生的。当燃料、催化剂和电解质一起在一个称为三相界面的共同点时发生化学反应产生电能。当前的直接甲醇燃料电池的设计, 在一种称为 PEM 的聚合物材料的表面建立了这个三相界面。但是薄膜将反应区限制在表面或两维区域, 这限制了电池的电功率输出, 因为产生的电能严格依赖于活性区。经验丰富的电池设计师们观察到典型的功率密度为 65 ~ 85 mW/cm^2。PEM 基器件具有一些固有的技术和商业限制[3], 可简要概括如下。

3.6.2.3.1.1 取决于对甲醇燃料的利用率的电化学效率

甲醇 (CH_3OH) 的转换发生在甲醇从阳极通过 PEM 介质和在阴极与催化剂反应的地方。这降低了电池电压, 并浪费一定量的燃料。虽然稀释的甲醇的使用使转换最小化, 但它需要携带额外的水, 从而降低了该装置的重量能量密度。

3.6.2.3.1.2 降低转换效率和功率密度的原因

燃料电池的科学家相信, 由于甲醇的化学反应限制, 使用甲醇作为燃料的 PEM 基 DMFC 设备通常工作效率为 20% ~ 30%。特别是, 甲醇转换不仅降低了电压和功率密度，也降低了该装置的转换效率。

3.6.2.3.1.3 周围环境对 PEM 基 DMFC 设备性能的影响

如果从设备获得最大电功率是主要的设计要求，则水分含量的控制至关重要。据 DMFC 的设计专家称，如果 DMFC 装置在装置附近产生过多的水分，会降低其性能。而且欧洲的燃料电池科学家们对薄膜电池的水的汽化也表示严重关切。燃料电池科学家们观察到从周围环境中产生的各种问题。例如，使用薄膜电极的碱性电池的二氧化碳污染问题已出现。电池结构周围存在的热量影响到电池的电性能和可靠性。

3.6.2.3.1.4 影响 PEM 基 DMFC 设备的结构完整性的因素

DMFC 电池的设计师认为，因为本段所述的因素，此类设备的性能可能会降低。因为这些设备使用空气作为反应物，空气中存在的任何毒性和污染将显著地使阴极退化。高湿度的存在会降低质子交换膜的性能。即使是低湿度也会使 PEM 产生裂纹。简单地说，在高温、高湿度、过度冲击和振动下运行这样的电池，会显著降低 PEM 基设备的电气性能、可靠性和寿命。

尽管有这些缺点，这种类型的燃料电池也具有一些优点。它可以使用最便宜的燃料，也可以使用气体燃料、液体燃料，或中低温度环境下两者的组合[6]。该燃料电池提供了以下优点:

- 使用丰富的甲醇燃料。
- 直接甲醇燃料电池工作温度低于 150℃。
- 不产生 NOx。
- 甲醇与酸性膜接触较稳定和易于处理。
- 产生的电力的变化可以简单地由改变甲醇供给来完成，这是本装置的主要优点。

阳极的化学反应可以被定义如下:

$$CH_3OH + H_2O = [CO_2 + 6H^+ + 6e^-] \tag{3.3}$$

阴极的化学反应可以被定义如下:

$$(3/2)O_2 + 6H^+ + 6e^- = [3H_2O] \tag{3.4}$$

持续的电池在 0.7 V 的开路电压产生的电流密度大于 150 A/ft^2，并已证明工作时间超过 3000 h 无电池故障或性能下降。使用碳阳极，这种电池可以实现约 35% 的最大电池效率。

3.6.2.4 硅基 DMFC 燃料电池

笔者所进行的初步研究表明, 硅基 DMFC 燃料电池 (见图 3.10) 似乎没有 PEM 基 DMFC 设备存在的那些问题。研究进一步表明, 硅基直接甲醇燃料电池装置, 采用液体电解质能够提供更高的功率密度, 以及迫切希望获得的便携性, 尤其是在战场环境。采用液体电解质可以实现更大范围的反应区, 这将产生超过 PEM 基装置的更高的功率密度。这些燃料电池单元也可以使用合适的氧化剂, 并且该设备可以以较低的成本和较高的可靠性制造。根据燃料电池的表面积获得的 PEM 基和硅基的直接甲醇燃料电池装置的典型的功率输出水平总结于表 3.6。

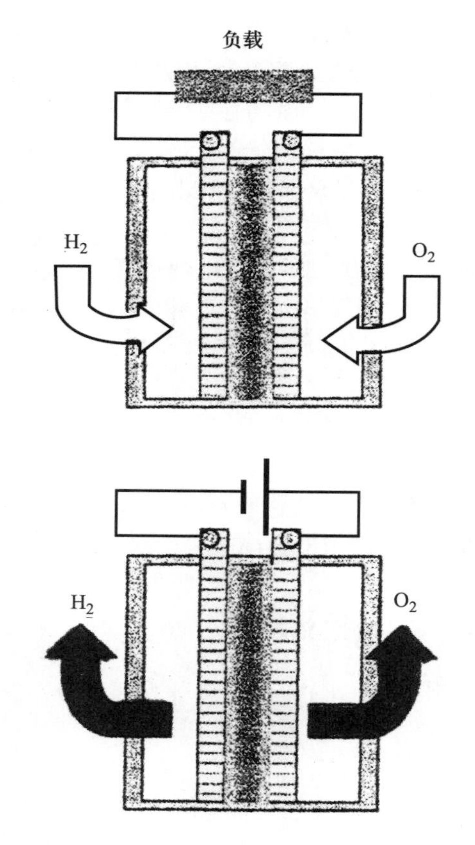

图 3.10 在环境温度下运行的硅基 H_2-O_2 燃料电池结构细节

表 3.6 PEM 基和硅基 DMFC 设备根据电极的表面面积产生的输出功率 (W)

电极表面积 (in^2/cm^2)	PEM 基 DMFC	硅基 DMFC
2.5 in ×2.5 in (6.25/40.32)	2.62/3.43	7.46/8.23
3.0 in × 3.0 in (9.00/58.06)	3.77/4.94	10.74/11.90
3.5 in × 3.5 in (12.25/79.03)	5.14/6.72	14.62/16.20
4.0 in × 4.0 in (16.00/103.22)	6.71/8.773	18.58/21.16
5.0 in × 5.0 in (25/161.2)	10.41/13.70	29.01/32.48
10.0 in × 10.0 in (100/645)	41.92/54.82	116.10/132.34
25.0 in × 25.0 in (625/4031)	262.64/342.68	725.58/826.35

这些计算假设质子交换膜基设备功率密度为 65~85 mW/cm^2, 硅基 DMFC 设备的功率密度约 180~205 mW/cm^2。这些计算表明, 硅基 DMFC 装置能满足一些家用和工业应用的电源要求。

从上述计算显而易见, 硅基直接甲醇燃料电池设备, 可以用更大的电极制造以实现更高的体积能量密度。燃料电池可以堆叠以满足特定的电源要求。此外, 可以改变表面区域的尺寸, 以在给定的空间中容纳燃料电池。换句话说, 一维尺寸可以比其他维略小或略大, 以在一个给定的可用空间容纳设备。

以下是硅基 DMFC 的独特设计特性与潜在效益。

(1) DMFC 提供一个封闭的系统操作: 燃料电池设计人员相信, 多孔硅电极很容易以最小的分隔组装进电池和堆栈。甲醇燃料和氧化剂在多孔硅结构中催化剂所在的位置反应产生电能。在电化学反应完成后, 残留的或剩余的燃料可用连续流动的液体通过电极从电池中除去。

(2) DMFC 允许高效的非空气供氧的操作: 由于燃料不使用空气作为氧化剂, 它可以在特殊的操作环境下使用, 如在水底或充满烟尘的建筑, 没有可靠性或寿命损失。

(3) DMFC 利用所有的甲醇燃料单电池:DMFC 的设计采用了循环操作过程, 持续运行直到所有在可更换燃料容器或盒中可用的甲醇燃料都被消耗完。如果需要进一步的 CH_3OH 供应, 另一个装满 CH_3OH 的盒子可被插入, 以保持恒定的电源。

(4) DMFC 可作为蓄水池收集过量的水: 燃料盒是电池所需要的氧化剂的来源, 同时也作为一个蓄水池, 收集在电化学过程中产生的过量的水。正因为如此, 这些燃料电池不将堆栈暴露在环境空气中, 也不把热的水蒸汽排放到燃料电池周围。

(5) DMFC 可以以最小的成本和复杂性为任何应用程序定制: 与 DMFC 组装相关的关键部件如电极、微泵 (MP)、热交换器以及燃料盒可以为任何应用按规定尺寸制作和模块化。这种灵活性提供最佳的设备性能、最大的设计灵活性和最低的设计成本。为了表明设计的灵活性, 简单地通过更换盒子, 燃料盒可以产生 4、8、12 或 16 h 的连续操作。这允许电子、电器、机械部件供应商为特定的应用程序提供最适合的多种选择或组合产品。这种个性化方法能使燃料电池的客户选择最适合他们应用的燃料电池的尺寸。

(6) DMFC 利用了一个成熟、无风险的技术: 根据硅基 DMFC 优点的论述, 硅基燃料电池可以使用半导体加工行业现有的成熟和具有成本效益的基础设施来制造。此外, 可采用在半导体工业中广泛使用的质量控制技术和可靠性标准测试而无任何额外费用。换句话说, 这些装置的制造成本将极低。此外, 一些燃料电池组件的制造, 如热交换器、MP、电极、燃料盒和印制电路板, 如果必要的话可以外包, 以进一步降低制造成本和采购延迟。由于在成本、性能和可靠性方面的优势, 硅基 DMFC 是未来从汽车到便携式电源到无人驾驶飞机飞行器 (UAV) 到通信卫星的各种应用的便携式电子、电气、机械设备的一个关键技术。

(7) 硅基 DMFC 的组件要求及其设计方面: 硅基 DMFC 的关键部件包括一个带流体集管的微泵、阳极和阴极电极、电源管理电池、洗涤器设备、流体传感器、能够连续监视温度和压力的监测装置、堆栈的活性元件和甲醇燃料盒。

所有这些组件当中, 微泵 MP 是硅基直接甲醇燃料电池的最重要的元件, 其制造使用纳米技术原理。MP 采用静电或压电致动机制。该泵需要几毫瓦的电力, 带或不带阀门, 无运动部件, 因此提供了超高的可靠性。这种泵最适合燃料输送应用, 在此情况下恒定和均匀的燃料流量是主要的要求。大多数其他组件都是现成的, 在市场上立即交付。不同的燃料容量盒可以在自由市场上采购。

3.7 燃料电池潜在的应用

燃料电池有几种家用和工业应用, 范围从摩托车到电动自行车, 到微型车和面包车。由笔者进行的对无人机的电力需求研究表明, 该装置最适合的应用包含情报搜集、监视和约长达 $5 \sim 10$ h 的侦察任务。这些燃料电池最适合特定持续时间连续的电力供给、高可靠性、低采购成本以及较小的重量和尺寸是主要设计要求的情况。

3.7.1 燃料电池的军事和航天应用

燃料电池有许多军事和航天的应用。在《军事和航空电子技术》上偶尔发表的文章列出了燃料电池在战场传感器和武器上的应用。一些车辆,如无人机 UAV、无人驾驶地面车辆 (UGV) 和无人驾驶空中战车 (UACV),能够在战场环境扮演重要角色[7]。这些车辆不需士兵驾驶,但能执行战地指挥官要求的功能或任务。只要电力需求不超过 5 kW 左右,使用燃料电池的便携式电源最适合给这些车辆供电。燃料电池发电能力超过 5 kW 左右,体积往往变得很大。对于大多数战场传感器和武器、无人机、机载系统和水下传感器,便携性是最关键的要求。因此,具有所需功率容量、较小的重量和尺寸、高可靠性、效率提高的燃料电池对这些应用最为理想。

3.7.1.1 燃料电池的战场应用

燃料电池可在未来战场上应用于各种军事任务,包括机器人的应用;无人驾驶车辆和无人机侦察,监视,目标获取 (RSTA),后勤和货物运输;远程控制的安全检查;障碍破坏;包括移动受伤的士兵的医疗应用;道路清理;破坏地雷和简易爆炸装置 (IED)。虽然军用机器人的应用过去被认为是未来派的科幻小说,但军用机器人现在已在这里,并会留在未来。甚至在 21 世纪,在伊拉克和阿富汗,机器人已有效地探测和摧毁简易爆炸装置。

在《军事与航空航天电子学》杂志上最新发表的技术文章透露,未来战场的冲突将大量涉及具有导弹攻击能力和侦查、监视与目标搜索任务的武装无人机 UAV[5],能够承担深入敌对领土并侦查、监视与目标搜索的作战任务的 UACV,和承担各种战场任务的无人地面车辆 UGV。在《军事和航空电子》杂志上发表的最新文章,提出了帮助无人机探测和攻击敌对潜艇和水面舰艇,以及攻击地面目标和参加针对 IED 设备电子作战的最先进光电和微波传感器的发展[8]。

燃料电池的发电能力严格依赖于任务的持续时间、有效载荷能力,使用的传感器数量和由一个特定的无人机来执行的战场任务的类型。由笔者进行的对这些战场应用的燃料电池的功率输出能力的初步研究表明,3 ~ 5 kW 之间功率输出的燃料电池足够无人机的基本传感器执行 RSTA 和反暴动任务。给侧视雷达供电可能需要提供额外的 2 kW 的功率预备。承担持续时间小于 5 h 的各种任务的 UACV, 燃料电池的输出功率必须达到 4 ~ 6 kW。最后, 无人地面车辆可能需要燃料电池发电能力达到 5 ~ 7kW, 以执行持续时间不超过 4 h 的指定任务。任务持续时间越长, 有效载荷越高, 所包含的传感器的数目越大, 燃料电池的功率容量要求越高。功率容量、有效载荷的要求和任务期限, 将决定燃料电池的类型和性能要求。

3.7.1.2 部署在像电子无人机一样具备监视、侦察、情报搜集和导弹攻击能力的 UAV 上的燃料电池

在 UAV 对伊拉克和阿富汗的敌对目标成功攻击的基础上, 可以说配备电子光学系统、侧视雷达、射频/红外辐射传感器的电子无人驾驶飞机最有可能被应用在未来军事冲突中, 而不受地域限制。这些无人驾驶电子飞机的精确目标定位和导弹攻击将是未来军事斗争冲突的首选方式。这些无人机可以以最小的成本和复杂性、不损失无人机操作员的情况下完成军事任务目标。

电子无人攻击机的燃料电池的要求。具有独特设计概念的燃料电池, 可以重点开发可靠性、重量、大小和功率容量。获得发电能力超过 5 kW、重量轻、尺寸紧凑、运行寿命超过 10,000 h 的燃料电池是可能的。重量和尺寸将与无人驾驶飞机的有效载荷能力兼容。闭合循环工作的燃料电池最适合这种特定的无人驾驶交通工具。

3.7.2 为什么燃料电池要用于反暴乱

自第二次世界大战以来, 世界各地的武装冲突已经历了好几起。在这些冲突中, 占领力量或国家植入了武装地雷和简易爆炸装置。苏联占领阿富汗期间, muja-hideens (恐怖分子) 在全国各地植入简易爆炸装置, 使当地民众严重伤残, 伤害了美军人员。在伊拉克、巴基斯坦、索马里和其他伊斯兰国家, 恐怖分子植入简易爆炸装置, 当美国人踏上简易爆炸装置的压力板时, 这些装置造成严重伤害[8]。军事规划者和防务专家认为, 叛乱分子使用简易爆炸装置作为 “有战略影响力的武器”。军事专家还认为, 简易爆炸装置 IED 和它们造成的人员伤亡无法消除。由于这些设备被植入在路边的隐蔽点, 即使配备了强大激光的装甲运兵车也可能错过销毁它们的机会。现场指挥员通常部署配备了最新探测传感器的士兵去排除简易爆炸装置, 但这些士兵必须携带沉重的, 包含探测传感器、电池、弹药和其他必需项目的背包。表 3.7 总结了每月全球恐怖分子 (不包括在伊拉克和阿富汗所犯下的罪行) 的行动。

表 3.7 全球每月恐怖主义行为，不包括伊拉克和阿富汗

月份	2006	2007	2008
一月	485	445	505
二月	367	315	390
三月	425	412	388
四月	268	385	460
五月	265	435	438
六月	318	450	462
七月	466	268	336
八月	344	415	424
九月	322	423	435
十月	435	462	482
十一月	448	554	565
十二月	335	538	562

从这些数据看来，1 月、10 月、11 月和 12 月是恐怖活动的鼎盛时期。为了避免身体伤害、财产损失和战场死亡，无论月或年，绝对有必要进行反 IED 活动。战场上的指挥官正在寻找较低的成本、尺寸、重量和功耗的高效可靠的反 IED 设备。无论反 IED 设备是由单兵或装甲车携带，规定的设计要求对于在战场上具有成本效益和可靠性的操作必不可少。

战场上的指挥官正在寻找最低的成本、尺寸、重量和功耗的高效可靠的反 IED 设备。无论反 IED 设备是否由步兵或重甲携带，上述设计要求对于在战场上具有成本效益和可靠性的操作必不可少。

反 IED 设备的具体要求。采用紧凑高效的燃料电池，不仅会显著降低设备的重量和体积，也增加了任务的持续时间。此外，在军用地面机器人上安装燃料电池将显著增加其机动性和执行要求苛刻持续时间长的任务的能力。陆军科学家预计，在环境恶劣的地区大规模部署小型无人地面车辆 (SUGV)，执行监视和侦察任务。初步研究表明，根据所包含的任务，最可取的燃料电池单元的输出能力是 5 ~ 15 kW。可靠的和低成本的燃料电池可满足这些 SUGV 的电功率要求。除了美国的空军和陆军，海军也正在考虑部署无人驾驶的水下车辆 (UUV) 来执行特殊任务。在这里再次说明，燃料电池在提供干净、无噪声的能源方面，可以发挥至关重要的作用。

这一特定领域的专家表示，在 IED 装置被激活以前，最好能够探测并使它们失效。通过这种方式，可以在战场上避免人身伤害和死亡，从而大

大降低工作在这些充满敌意的地区的军事人员的个人痛苦经历，同时也减少保险和医疗费用。必需探测并使这些装置失效，从而使救伤直升机能安全降落，以转移受伤的士兵进行医疗。美国和其他国家都投入数十亿美元到反 IED 行动中[8]。

据防务专家称，深埋 IED 和爆炸成形穿甲弹 (EFP) 是最致命的简易爆炸装置 (IED) 形式。可以使用远程控制技术触发这些装置。这些专家还认为，深埋简易爆炸装置通常包含数百公斤炸药，能够摧毁重装甲车辆，包括抗地雷伏击保护 (MRAP) 车，并杀死车上所有人员。反 IED 专家指出碎片的动能非常高，它可以穿透大多数种类的装甲。必须在简易的反 IED 装置的设计和开发中解决五种不同的功能，包括预测、探测、预防、抑制和缓和。此外，选择一个可靠的高功率电池或燃料电池非常重要。该电源可以设计使用一组电池或小型化的燃料电池堆栈。除了在战场环境中为电池充电的后勤问题，还有电池组带来的重量和尺寸问题。在这些情况下，选择燃料电池除了显著减少电源的重量和尺寸，还提供了成本效益和可靠的操作。另外，与充电电池相比，从燃料电池可获得较高的电能。

笔者进行的研究表明，只有少数燃料电池的设计配置最适合无人机应用。战场环境下为保证战术任务的顺利完成，小型、重量轻、提高的转换效率、低成本的燃料、高结构完整性和超高的可靠性是选择的燃料电池的最苛刻要求。电池所使用的燃料必须没有毒气、高温烟雾或蒸汽以及碳氢化合物含量。

3.7.3 无人机的低成本燃料

低成本的燃料包括氢气、甲烷、汽油和煤油。氢能以最低的成本生产，并可以存储起来满足 $4 \sim 5$ h 的无人机任务需求。氢燃料电池提供的转换效率最高，因为氢电极产生最高效的电化学过程。氢在大多数气态介质中密度最低，如表 3.8 中所列。

表 3.8 广泛应用于无人机的最理想燃料电池设计的各种气体密度

气体介质	密度/(g/cm^3)
氢气	0.0837
氮气	1.1652
氧气	1.3318
空气 (~79%N_2 和 21%O_2)	1.1712

空气的密度是严格根据在特定的离地高度空气中的氮和氧含量的百分比。这些含量随着海拔高度的变化而变化。空气中的氧含量随着地面高度的增加而降低。根据这些论述, 氧气基燃料电池的性能严格依赖于空气中氧的百分含量。由于无人机通常运行在不同的海拔高度, 战场环境下 2000 ~ 5000 ft, 燃料电池设计者可以选择设计适当的不含氧的结构。

正如前面提到的, 一个 UAV 无人驾驶飞机配备有光电传感器、红外摄像机、射频/毫米波系统和一系列其他传感器, 在指定的时间内可能会持续 1 ~ 4 h 来完成任务目标。只要不部署机载侧视雷达, 3 ~ 5 kW 的质子交换膜 PEM 燃料电池 (见图 3.5) 足够 UAV 无人驾驶飞机使用。如果侧视雷达是指定任务必需的, 则需要容量为 7.5 kW 的燃料电池。PEM 基燃料电池可以保持相同的输出功率水平超过 4 ~ 6 h。

电池参数对 PEM 基电池性能的影响。具有中等功率容量的 PEM 燃料电池是最紧凑和高效的。图 3.5 描述了这种电池的关键要素。PEM 燃料电池包括由聚合物膜隔开的两个多孔电极。电极可以被多孔硅膜分开, 但成本会略高。该膜允许氢离子 (H^+) 通过, 但它会阻止电子和气体的流动。换言之, 燃料电极作为阳极, 氧化剂电极作为阴极。如图 3.4 所示, 氢燃料沿阳极表面流动, 氧或空气沿阴极表面流动。催化剂有助于氢原子分解成质子和电子。电池中的电化学过程通过氢的氧化直接产生电力。化学过程发生在 80℃ 左右, 而电池使用一个薄塑料片作为它们的电解质。这种电池的副产物是热量和水, 因此, 都是无害的。这种装置制造安全, 工作在中等压力下, 这增加了功率密度, 简化了结构, 并降低了制造成本。

一个单电池的开路电压大约是 1 V。电池可以串联在一起形成电池堆以产生更高的电压, 如图 3.6 所示。它可以由几个电池组成堆栈, 以满足所需的功率密度和功率输出。燃料电池的额定电流是电池的活性表面积大小的函数。这意味着, 燃料电池的电压和电流密度可以通过串联或并联结构部署来改变, 以获得燃料电池所需的功率特性。当前使用硅膜的电池设计提供接近 200 mA/cm^2 的电流密度。

在 20 世纪 60 年代和 70 年代使用这种燃料电池为双子星 (Gemini) 和阿波罗 (Apollo) 飞船供电。这些电池仍然广泛部署在空间航天飞机上, 这清楚地表明了其在较长期间内卓越的机械完整性和可靠的电气性能。由于紧凑的尺寸、提高的可靠性和在恶劣的工作环境下具备成本效益, 这些燃料电池最适合军事和航天应用, 包括 UAVC、UUG、UUV、UAV、MRAP 和反 IED 操作。

3.8 飞机应用的燃料电池

几个飞机制造公司, 如波音(Boeing)、赛斯纳 (Cessna)、天空星火 (Sky Spark) 和其他公司正计划利用燃料电池基的电力推进系统来操作短距离飞行全电动飞机[9]。全电动技术提供体积小、重量轻、几乎无噪声和高机动性的飞机。这种全电动飞机被认为是一种良好的军事隐形飞机, 可用于战场监视、侦察和情报搜集任务。各种飞机设计师已经为电动交通工具考虑包含锂聚合物电池和氢燃料电池的混合动力技术。

3.8.1 全电动飞机或车辆的性能和局限

在全电动车的设计中运用混合动力技术是绝对必要的, 以确保持续的推进能力和飞行性能可靠。一些飞机设计师选择了 20 kW 的 PEM 结构氢基燃料电池和 20 kW 的锂聚合物电池, 以在起飞和初始爬升操作中保证替代或补充功率容量[9]。氢基 PEM 燃料电池能够提供的电流水平超过 100 A, 输出电压范围为 200 ~ 240 V[9]。这种类型的燃料电池将氢直接转化为电能, 转换效率最高而且不通过燃烧来转换热量。此外, 这种燃料电池无排放, 比烃类燃料动力引擎噪声低。这些电池在环境温度下放出的空气和水蒸汽不造成环境问题。Sky Park 是一种固定翼全电动飞机, 使用的氢燃料电池能够提供超过 65 kW 的电功率, 足以为这架飞机供电, 如果在紧急情况下需要的话, 还配有锂聚合物电池提供额外的电源。这种采用燃料电池的全电动飞机[9] 可以以 100 mile/h 的速度飞行 1 ~ 3 h。2008 年 3 月欧洲波音研究与技术机构对这些性能进行了验证。正如前面提到的, 燃料电池提供所有巡航阶段的飞行电源。在起飞和爬升过程中, 需要更多的动力, 可辅以轻重量的锂离子电池。未来部署全电动飞机的关键是电池技术。电池的发展必须着眼于增加存储密度和提高寿命, 同时减少充电时间。高能量存储密度 (每单位体积和每单位质量) 电池技术的可能性将明确证明其在小型全电动飞机上的使用。

全电动飞机设计工程师所进行的研究表明, 由 1.2 万块太阳能电池组成的太阳能系统可以开启 4 个电动机, 每个额定功率为 7.5 kW。有 4 个舱, 每个有一套锂聚合物电池, 10 hp (1 hp=745.700 W) 的电动机和两个叶片的螺旋桨。这种全电动飞机成功地示范了 26 h 的飞行, 包括 2010 年 7 月 7-8 日一个 9 h 的夜间飞行。科学家们认为, 如果从垂直大气运动获得的太阳能超过太阳能发电的 10 倍或更多, 使用再生太阳能的飞机有可能无限期地在高海拔地区处于高处。

3.8.2 用于电动汽车和混合动力电动汽车的燃料电池

不是每一种燃料电池都适合电动汽车 (EV) 和混合动力电动汽车 (HEV)。2001 年 6 月在 IEEE Spectrum 杂志上发表的技术文章表明, 金属基燃料电池将是最合适的高可靠性和长寿命的备份和应急电源。对金属基燃料电池进行的研究建议, 这些燃料电池最适合给汽车、卡车和在拥挤的城市为减少污染而工作的电动摩托车供电。尤其发现在第三世界国家这些燃料电池最具成本效益, 在那里滑板车和摩托车都由使用廉价燃料的低成本、二冲程发动机提供动力。无噪声、无污染、低成本操作只有金属基燃料可能实现 (见图 3.11)。

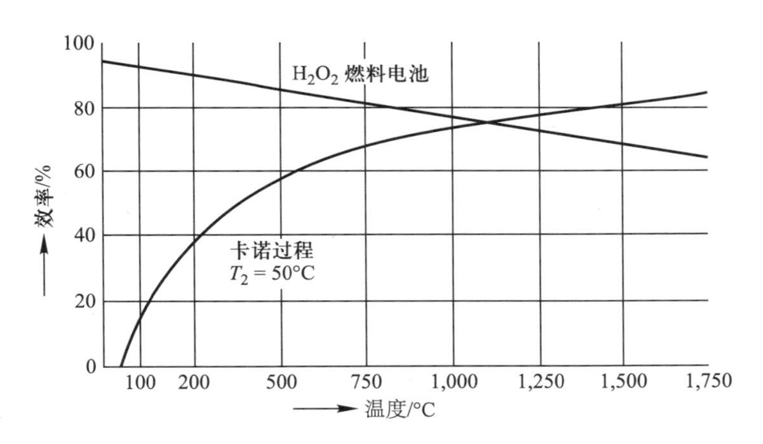

图 3.11 热机的热力学效率 (卡诺循环效率) 和理想的 H_2-O_2 燃料电池的效率比较

3.9 燃料电池的商业、军事和空间应用

商业、军事和空间应用已经加快了对燃料电池技术的有效利用。燃料电池早在 20 世纪 60 年代就被广泛用于空间应用, 表现出了卓越的可靠性和寿命。20 世纪 90 年代以来, 燃料电池已经广泛应用于巴士、汽车、摩托车。燃料电池已经在小型试验飞机和无人机上证明了它们的应用。在军事应用的情况下, 必须采用重要的测试和评估手段去证明高可靠性、恒定的电力可用性和万无一失的长寿命。

3.9.1 汽车、公交车和摩托车应用的燃料电池

三大汽车制造商, 通用汽车公司、福特汽车公司和克莱斯勒汽车公司, 是第一批开发燃料电池技术作为他们产品中一种可行的汽车动力源的公司。此后, 其他汽车公司, 丰田、日产、马自达、沃尔沃, 开始积极设计以混合动力技术为特点的, 使用燃料电池以及锂离子电池和锂聚合物电池的汽车。这些汽车公司的目标是开发价格合理的燃料高效的、低排放的车辆。当加拿大巴拉德 (Ballard) 动力系统公司展示了能产生功率密度接近 1000 W/L 的氢燃料的可靠的堆栈设计结构时, 人们开始树立对这些车辆的信心。这意味着, 需要 30 L 的氢转换成 30 kW 的电能, 这足够满足大多数汽车和小型巴士的需求。氢基质子交换膜燃料电池的开发, 是为了取代现有的内燃机 (ICE), 目前这些质子交换膜燃料电池被巴士和汽车广泛使用。氢基 PEM 燃料电池由燃料电极 (阳极) 和氧化剂电极 (阴极) 组成, 它们被多孔高分子电解质即 PEM 分离。催化剂结合在电极之间, 整个叠层结构被称为膜电极集成。PEM 产生低排放、高效率、快速启动功能以及快速瞬态响应。

200 kW 的巴士引擎采用氢气作为燃料, 它储存在位于巴士顶部的钢瓶中。PEM 燃料电池使用氢作为燃料。几种类型的燃料可用于燃料电池装置, 如氢、CH_3OH、天然气和汽油, 电池的转换效率依赖于燃料的类型和纯度。笔者所进行的初步研究表明, 公共交通运输车辆在没有更多的氢气供应的情况下可以行驶 400 km 的最大距离, 汽车在没有更多的氢提供情况下可行驶 200 多千米。一个 30 kW 容量的 PEM 燃料电池足够汽车使用, 约 1 kW 的燃料电池足够摩托车使用。20 ~ 25 kW 的燃料电池足够小客车使用。发展中国家, 如越南、中国、韩国和一些非洲国家, 对汽车、摩托车使用的燃料电池都表现出极大的兴趣, 因为使用燃料电池的运行成本与汽油驱动汽车或摩托车相比要低得多, 提供的电池制造成本降低 25% ~ 40%, 电池的重量和大小与常规汽车的相比, 按比例减少。燃料电池可按照工作温度和电解质的类型分类。并非所有的燃料电池都适合应用于汽车。表 3.9 中总结的性能特征清楚地表明, 当效率、成本、寿命和可靠性是主要的设计要求时, 氢基 PEM 燃料电池最适合汽车应用[10]。PEM 燃料电池直接将氢转化为电能的转换效率最高。此外, 重整器即一个小的化学反应器, 装在一些燃料电池汽车上从其他的烃类燃料 (如汽油) 的醇中提取氢。

表 3.9 的数据清楚地说明了燃料的类型、电解液、转换效率、发电范围、工作温度和特定的燃料电池的应用。电动汽车设计师觉得, 质子交换

表 3.9 各种燃料电池的性能比较

参数	质子交换膜 (PEM)	磷酸	碱	熔融碳酸盐	固体氧化物
电解质	聚合物	H_3PO_4	KOH/H_2O	熔融盐	陶瓷
工作温度/℃	80	190	80 ~ 200	650	1000
燃料	氢气的重整	氢气的重整	氢气	氢气的重整	氢气的重整
重整	外部	外部	N/A	外部, 内部	外部, 内部
氧化剂	氧气, 空气	氧气, 空气	氧气	CO_2, O_2, 空气	氧气, 空气
效率/%	45 ~ 60	40 ~ 50	40 ~ 50	> 60	> 60
应用	小型应用, 汽车	小型应用	航空航天	大型应用	大型应用

膜燃料电池要真正与内燃机竞争, 包含数百个电池的堆栈的成本必须降低到约 20 美元/kW。由于用于汽车的典型的燃料电池的容量要求至少为 20 kW, 燃料成本必须不超过$ 400 才最具成本效益。这清楚地表明, 目前燃料电池的设计和开发工作必须解决的问题不仅是性能、尺寸、重量, 还包括采购成本。笔者对燃料电池的研究表明, 在低或中等温度下工作的燃料电池生产成本低、转换效率高、改善的电压性能, 并且在较长持续时间保持高可靠性。对于以氢气和氧气作为燃料的燃料电池, 只有当工作温度不超过 850℃ 时, 热力学效率可能大于 80% (见图 3.11)。对于原电池, 反应熵 (DS) 起着重要的作用。图 3.11 说明了假定零电解质电阻 (R_E) 的电池产生的热量和电能。图 3.12 表示了热力学的单电池电压 (E^0)、热电池电压 (E_H^0) 和作为各种参数函数的电流水平。

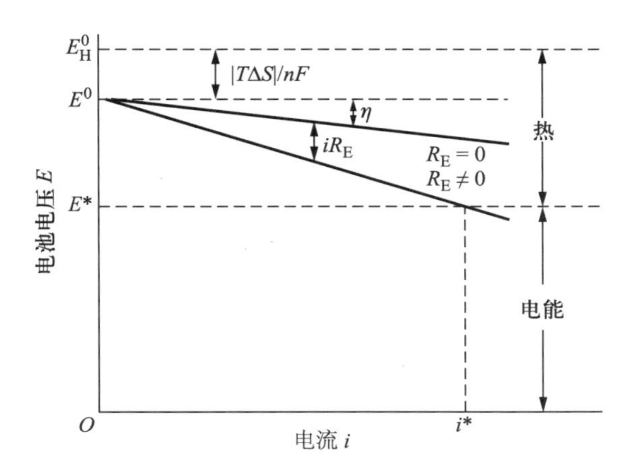

图 3.12 作为各种参数函数的燃料电池的电压和电流水平

ΔS 为反应熵; T 为温度; R_E 为电解质电阻; E_H^0 为热电池电压; E^0 为热力学电池电压; E 为负载下的单电池电压; i 为负载电流; η 为电极的过电压; n 为电池数量; F 为结构因素。

3.9.1.1 低成本、高效率、低温度的 H_2-O_2 燃料电池

从总结在表 3.9 中的数据明显看出, 带质子交换膜设计结构的 H_2-O_2 燃料电池提供了一个低成本 (目前约 \$100/kW)、低温运行 (80℃)、高电化学效率 (> 55%)、在较长持续时间 (> 16000 h) 可靠性提高的装置。由 Union Carbide 开发于 1960 年的多孔碳电极 H_2-O_2 燃料电池根据各种电解质和连续操作时间变化的电气性能如表 3.10 所列。

表 3.10 随着工作时间和使用的不同电解质变化的氢氧燃料电池的电压性能

电解质	电池电阻	电流密度	电池电压/V			
			0 h	1250 h	2500 h	5000 h
NaOH	高	25	0.85	0.83	0.81	0.76
KOH	低	50	0.95	0.91	0.83	0.80
KOH	低	100	0.86	0.82	0.80	0.77

表 3.10 中给出的测试数据是由 Union Carbide 科学家在 1960 年使用氢氧化钾和氢氧化钠 (NaOH) 作为电解质获得。1970 年以前进行的测试被认为电压数据有显著提高。Union Carbide 联合碳化物公司的科学家们认为, 碳本身是一种良好的催化剂, 能够提供良好的结果。科学家进一步认为, 仅在阳极上使用少量的催化剂, 每平方英尺数百安培的电流密度是可能实现的。Union Carbide 公司开发的另一种 H_2-O_2 燃料电池, 1 ft^2 的电极, 每个厚度为 0.25 in。作为电流密度函数的电压性能如表 3.11 所列。一位欧洲科学家设计的一种燃料电池证明了溶解在电解质中的液体燃料的催化脱氢。在这种燃料电池中, 氧或空气被用做阴极, 而脱氢反应作为阳极, 如图 3.13 所示。为了急于寻找使用这种燃料进行设计和开发活动的读者的利益, 乙烯乙二醇 (CH_2OH-CH_2OH) 燃料的脱氢和氧化四个关键步骤如图 3.14 所示。

表 3.11 作为每平方英尺碳电极的氢氧燃料电池的电流密度的函数的电池电压

电流密度/(A/ft^2)	燃料电池电压/V
0	1.10
50	1.00
100	0.98
150	0.97
200	0.95
250	0.94
300	0.92

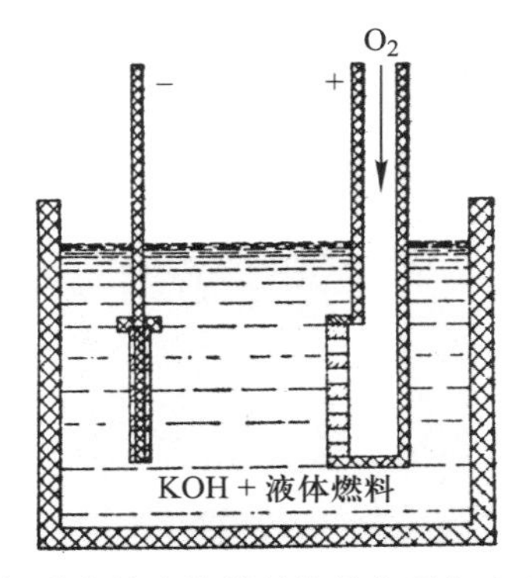

图 3.13 以溶解在电解质中的液体燃料的催化脱氢为基础的燃料电池的工作，显示氧或空气阴极在右，脱氢电极在左侧

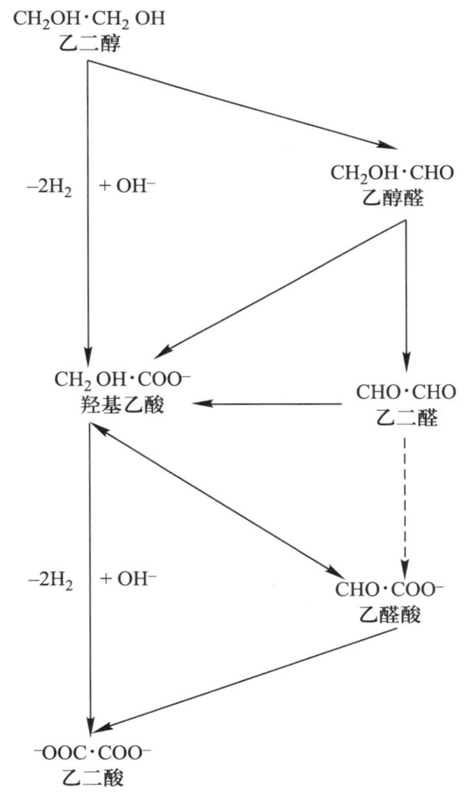

图 3.14 乙二醇燃料的脱氢和氧化四个步骤以及最终产物羟基醛、乙二醛、乙醛酸的产生

表 3.11 中的数据显示, 采用这种特殊的燃料电池设计结构可能得到近似恒定的电池电压。从具有较大电极表面的金属燃料电池可以获得更高的电流密度[11]。此外, 电流密度增加时电压降较小, 因此, 这些电池可以连续操作超过数千小时。对于以性能可靠、准恒定的电池电压、高转换效率并且较长持续时间内操作安全为主要要求的应用程序, 这种特殊的燃料电池设计最为理想。

3.9.1.2 低成本、中温燃料电池的设计方面和性能参数

DMFC 提供了一个低成本的、便携的、可靠的工作在不超过 100℃ 的中等温度和一个大气压下的燃料电池。它使用液化燃料, 如甲醇, 它相当便宜而且没有任何限制。液化燃料电池包含通常的碱性水电解质和可溶性廉价燃料的混合物。电极必须显示不同的特殊催化活性以产生电压。该电池必须包含一个高活性的脱氢催化剂。必须使用铂或钯以除去烃的氢原子, 并作为氢电极。显然, 这样的阳极不需要复杂和昂贵的微孔系统。含有便宜的薄活性层的普通薄片就足够了。因此, 三相边界没有更多的几何限制, 因为催化脱氢反应和电化学反应都将在一个两相边界发生。此外, 氢不需要中间分子重组即可立即以原子状态被吸收, 从而节省了离解能以及提高了转换效率。由于这些原因, 液化燃料电池可以在温和的温度 (65 ~ 100℃) 和统一的大气条件下实现限制电流密度超过 1000 mA/cm^2。此电池使用可溶性的廉价燃料, 可以是甲酸、甲醇或乙二醇。在完全燃烧的情况下, 水和二氧化碳是最终的化学反应产物。液体燃料和水都有助于产生氢。在乙二醇情况下, 产生 4 mol 的吸收氢燃料。此外, 因为液体燃料易燃, 对空间和水下系统应用非常有吸引力。

直接甲醇燃料电池装置的潜在优点可以总结如下:

- 直接甲醇燃料电池工作温度低于 100℃。
- 不产生 NOx。
- 最小成本。
- 紧凑型包装。
- 该设备提供安全性、可靠性、长寿命以及便携性优点。
- 甲烷是稳定的, 并且没有任何风险, 可以很容易地储存和运输。
- 燃烧产物包括二氧化碳和水, 相对无害。
- 如果需要连续运行, 可以插入装满甲烷燃料的盒子替换空盒。

使用甲烷作为燃料的 DMFC 装置的关键组件的尺寸要求, 严格依赖于电池的发电能力。DMFC 电池设计师推荐的各种部件的典型尺寸如表

3.12 所列。

表 3.12 各种直接甲醇燃料电池组件建议的典型尺寸

电池组件	尺寸/μm
流道厚度	3000 ~ 4000 (0.3 ~ 0.4 cm)
扩散层厚度	100 ~ 350
催化剂厚度	5 ~ 25
质子传导膜	20 ~ 200

注意: 推荐的尺寸只对工作在环境温度和压力、一般功率容量的 DMFC 装置有效。当通过膜的所有甲烷在阴极直接催化燃烧被消耗, 产生二氧化碳和水时, 会出现最大功率输出和最佳的电池转换效率。

可溶解燃料电池的应用。这些燃料电池紧凑、价格相对便宜、更可靠、操作安全。这样的燃料电池, 最适合为小型车辆, 如运行在城市交通环境中的摩托车供电, 因为功率 — 重量比 (P/W) 大而且 CH_3OH 相当便宜。与汽油的 3.80 mills/(kW · h) 相比, P/W 比值高于 16.50 mills/(kW · h)。小型车可以行驶相同距离, 消耗 1/2 的燃料, 并没有过多的噪声和气味。

使用天然气的高温燃料电池是大型电站的理想选择, 而用氢或酒精的低温燃料电池最适合小型家用发电设备, 给卫星供电, 推进电动汽车或混合动力电动汽车。

3.9.1.3 具有成本效益的燃料电池的设计要求

使用氢气作为燃料和多孔镍碳电极的燃料电池提供了最具成本效益的设计。目前, 这种燃料电池的设计可以用尽可能低的成本即 100 美元/kW 实现。氢是最便宜的燃料, 而且为了平稳高效运行它必须使用化学转换。对于一些廉价的燃料, 采用化学转换来使烃转换成氢。这个转换过程趋向于增加燃料的转换效率。在某些带质子交换膜结构的氢基燃料电池中, 水的蒸发是膜的一个问题。如前所述, PEM 电池由燃料电极 (阳极) 和氧化剂电极 (阴极) 组成。这两个电极是由多孔碳材料制成, 被离子导电高分子电解质分离。聚合物电解质也被称为质子交换膜。每个电极和电解质之间集成催化剂。初步费用估计表明, 质子交换膜型燃料电池与其他的燃料电池相比, 在相同的功率容量下生产成本最低。具有成本效益的燃料电池提供的优点包括成本更低、高可靠性、长寿命和出色的便携性。

3.9.2 理想的家用燃料电池

目前, 所有的燃料设计结构都不能满足家庭用户的最确切要求, 如成本低、体积小巧和便携性。笔者所进行的研究表明, 对于家庭用户来说, 燃料电池的成本是一个严重关切的问题。前美国航空航天局的科学家斯里达尔博士提出了在成本、尺寸和重量方面最适合家用的燃料电池的设计结构。科学家称这特别的电池设计为一个 “开花的盒子”。该燃料电池可以放入一个尺寸为 13 in × 8 in × 7 in 的鞋盒。此设计采用廉价的天然气作为燃料, 并大幅降低碳排放的将天然气转换成电能。科学家声称, 这种燃料电池的设计结构提供了接近 3.5 kW 的电容量, 足以满足一个没有中央空调系统的普通家庭的电源要求。笔者对在不久的将来对这种燃料电池设计结构的设计、开发、测试及评估有重大兴趣。笔者打算使用和评估采用这种设计的其他廉价燃料, 重点关注成本、转换效率、安全性、可靠性和碳排放量。对于某些廉价燃料, 使用化学转换器将烃转换成氢。

3.9.2.1 家庭用户对燃料电池的设计要求

必须为每个应用程序确定最具成本效益的燃料电池的要求。不仅每个应用的要求不同, 而且空间或卫星应用的燃料电池的设计要求将更加严格。在这种特定的应用中, 需要一定的可用的电力水平来完成指定的空间任务, 燃料电池的寿命和电力装置的安全极为重要。在非空间应用情况下, 要求相对不那么严格。为一个家庭中的灯和家用电器供电的燃料电池, 最大的重点应放在成本、性能、可靠性、安全性、便携性和长寿命上。在一般情况下, 为了燃料电池的便携性以及符合成本效益的设计, 要认真考虑以下设计要求:

- 应优先考虑使用最便宜的燃料, 如天然气、煤油、石油和氢。
- 一个化学转换器的使用必不可少, 以从醇或烃类燃料, 如汽油或煤油, 提取氢。
- 建议使用多孔 Ni 类型碳电极, 以保持设备的成本远远低于输出功率 100 美元/kW。如果碳电极的成本太高, 应考虑使用其他的电极材料。
- 如果使用膜基电池, 必须避免水分汽化的问题。
- 必须基于电极性能权衡研究选择电极的最佳厚度。
- 必须避免高温操作, 以消除热流和蒸发问题, 因为它会增加电池的采购成本。
- 如果使用天然气作为燃料, 建议采用计算流体动力学 (CFD) 软件解决高容量燃料电池的气体流体力学流问题。

3.9.2.2 汽车、滑板车和摩托车使用的紧凑型燃料电池

大多数第三世界国家的公民负担不起他们的汽车和电动代步车高昂的汽油价格。使用廉价燃料的燃料电池, 为驾驶汽车、滑板车、摩托车提供了最经济的解决方案。根据公布的报告, 亚洲、非洲和拉丁美洲的一些市民对燃料电池技术的应用表现出了极大的兴趣。燃料电池有一天会通过在世界各地的拥挤的城市中驱动电动汽车、卡车和滑板车, 来帮助改善空气质量。

材料科学家认为, 金属基燃料电池的直接应用作为一种应急的电力来源, 将取代产生最大的温室气体量的由内燃机引擎驱动的发电机。锌空气燃料电池已证明能够可靠地在停电时为电脑、灯、打印机、收音机、传真机和其他低功率设备供电, 既没有噪声也没有污染物产生。铝空气燃料电池已经证明比传统的铅酸电池工作更具有成本效益, 后者占据更多的空间和成本更高。燃料电池设计者声称, 金属基燃料电池产生更高的体积能量密度, 从而在提供相同数量的备用电力下需要更少的空间。电池设计师还声称, 低功率 (小于 1 kW) 金属基燃料电池将最适合给手机、iPod 和笔记本电脑供电, 而中型设备 (小于 5 kW) 和大尺寸的电池 (小于 1 MW) 将对固定电力系统应用最为理想。

初步计算表明, 一种氢基燃料电池提供质量能量密度 42 kW · h/kg, 而一个基于汽油的燃料电池提供了质量能量密度 14 kW · h/kg, 相比之下酸基电池提供质量能量密度 0.042 kW · h/kg。材料科学家声称, 铝基燃料电池可以存储 4 kW · h/kg 的质量能量密度, 相比之下锌基装置为 1 kW · h/kg。腐蚀是铝基装置的一个主要问题, 在铝基燃料电池的情况下, 需要预防性维护。在锌空气电池的情况下, 锌可能剩下与具有腐蚀性的电解质接触。这意味着, “消耗的” 燃料 (氧化锌), 以及一些液体电解质的溶液, 必须被移除, 锌底板必须被插入到燃料电池中同时更换电解液。这提出了锌空气燃料电池的一个维护问题。综上所述, 金属基燃料电池的维护问题必须使用低成本维护的方法加以解决。一旦维护问题被最小化或消除, 金属基燃料电池的使用必须推迟直到上文所述的维护问题有一个合适的解决方案。

笔者就如何解决这些设备的维护问题进行了一些思考。对胶状液体电解质的研究似乎提供了合理的、低成本的解决上述问题的方法[11]。使用凝胶液体电解质消除金属基燃料电池的维护问题是有道理的。一家台湾的制造工厂正在积极为滑板车生产使用凝胶液体电解质的锌空气燃料电池。

此制造商的目标是开发包含三层铝片、电解质膜和空气阴极, 可以廉价地大量生产的铝基燃料电池。如果这种设计方法是成功的, 金属基燃料电池将在电动汽车、卡车和摩托车的应用上占一席之地。

3.9.2.3 用于便携式电力系统的燃料电池

对于可以不考虑距离或位置将电力源从一个地方部署到另一个地方的应用来说, 便携式电力系统最有吸引力。便携式应用包括婚宴需要的照明和音乐, 笔记本电脑和没有商业电源线的偏远地区。便携式电源的功率容量可能会从几百瓦到几十千瓦。中等功率容量的硅基燃料电池最适合于这种特殊应用。硅基燃料电池使用液体电解质, 以实现快速的电极反应, 使用高度结构化的多孔硅衬底以在转换效率方面改善电池的性能和加快电化学反应。因为孔的大小和分布的偏差极小, 多孔硅结构显示了几个优点。孔的大小通常在 5 ~ 15 mm 变化。该电池可以采用有明确规定的硅工艺技术, 该技术已成功地用于微波固态器件的制造。这种硅处理技术将使设备制造成本更小、产量更高。综上所述, 可以大批量以较低的成本来生产这种电池, 从而在价格合理、便携性和长寿命为主要设计要求的领域, 带来燃料电池的广泛商业应用。

3.9.2.3.1 硅基燃料电池的混合动力版

第 3.9.2.3 节中描述的燃料电池是硅基装置, 其主要功能是以较低的成本产生清洁的电能。该混合动力系统使用多孔硅结构, 一个流动通过的甲醇阳极和硝酸阴极, 以实现高的电化学转换效率。硅电极为气态反应改良以在硅结构的细孔内建立一个气液界面。对于混合能源, 这种方法是最实用和具有成本效益的, 氢氧燃料电池可与可再生能源如太阳能电池或微风涡轮机和电解质集成, 以更低的成本来生产氢气。包含一种液体电解质和多孔电极结构的这项技术, 在发展具有成本效益的能作为燃料电池和同时作为电解质工作的反向电池上产生了最有效的方法。

3.9.2.3.2 反向燃料电池的应用

如果边远和交通不便的地区没有商业电力线, 那么不容易为这些地方提供电力。目前, 在大多数情况下, 这些地区的电力由高功率电池或传统的柴油发电机提供。这两种方法都有几个基本问题, 如原油成本、温室气体排放量和电池供电情况下连续功率容量。如果在这些地点使用燃气发动机, 那么在该地点需要商业气体管线, 除了气体管线的安装成本再加上二氧化碳的排放。由于前面提到的问题, 在难以到达的地点, 即使是传统的燃料电池技术单独也不能满足当前和未来的电力需求。

3.10 能在超高温环境下工作的燃料电池

通用电气公司和西屋电气公司研究实验室的科学家们在超高温电池方面做出了杰出的研究工作。德国和俄罗斯的科学家们对高温燃料电池进行了有限的实验工作。在 20 世纪没有其他已知的科学家们积极参与设计和开发这种燃料电池。因为接近 1100℃ 的高温操作, 材料类型和它们的低成本的可用性至关重要。此外, 燃料和电解质的纯度是这种燃料电池的设计和开发中的一个重要的问题。

3.10.1 在超高温燃料电池中使用的材料类型

GE 科学家开发出了使用天然气作为燃料的电池。该气体被封闭在加热套中。该电池的工作温度为 1093℃ (2000°F)。当达到该温度时, 将天然气直接送入到电池内。天然气在此操作温度下分解为碳和氢。碳沉积在一个由固体电解质制成的长圆筒形杯子的外侧。沉积的碳作为燃料电极。电解质是一种固态的气体浸渍的氧化锆 (ZrO_2), 适当地掺杂有氧化钙 (CaO), 以提供足够的氧化物离子运送电池电流。氧化剂, 空气或氧气, 鼓泡通过熔融的 Ag 阴极, 它被保持在 ZrO_2 杯的内部。初始燃料分解形成的副产物, CO 和氢, 在电池外燃烧以保持电池在工作温度。氢不直接参与电化学反应。

西屋电气公司的科学家已经为他们的高温电池开发出了一种固体电解质。氧化锆 ZrO_2 掺杂 15 mol% 的 CaO 或 10 mol% 的氧化钇 (Y_2O_2), 用来作为电解质。科学家们使用了两种类型的燃料, 掺杂 7% 氢的氮气或纯氢气。使用空气作为氧化剂。空气和燃料电极由铂制成, 最初用氧化锆作为铂涂层。ZrO_2 电解质一般含有 $10\%Y_2O_2$。根据材料科学家称, 一种使用纯氢气作为燃料, 使用空气作为氧化剂的燃料电池, 可以得到 1000℃ 下的电流密度恒定在 50 mA/cm^2。

3.10.2 工作在较高温度 (600 ~ 1000℃) 的燃料电池最理想的固体电解质

两个不同的电解质, 即熔融的电解质和固体电解质, 已研究用于高功率电源。一种使用熔融电解质、氢燃料、空气氧化剂的燃料电池, 产生的功率密度在 0.7 V 为 45 W/ft^2, 已经表现出了显著的可靠性。双电池装置验证了在 1.3 V 功率密度为 58 W/ft^2, 以及连续操作超过 4000 h 电池性能没有劣化。

GE 公司和西屋电气公司对这种燃料电池已经做了很多工作。使用固体氧化锆作为电解质, 空气作为氧化剂的燃料电池已证明在 900℃ 的操作温度下, 在 0.7 V 电流密度超过 150 A/ft^2。由 GE 进行测试表明, 这个特殊的设备开始的转换效率超过 30%, 但在后面的测试 (在 ZrO_2 电解质中掺杂 Y_2O_2 后), 效率提高, 超过 48%。电池设计师预测, 在优化电池的几何参数后, 这种设备的功率密度可以超过 2.5 kW/ft^2。最初由 GE 进行的测试显示, 初始连续工作寿命超过 3500 h 不会降低性能。电池设计师预测每磅超过 125 瓦。这个预测严格基于电池有效部分的体积和重量、两个电极的几何面积以及它们的内表面之间的距离。这种燃料电池的设计结构最适合于在接近 1000 h 的短持续时间内需要大的输出功率水平的应用。

3.10.2.1 熔融电解质在高温作业下提供更好的效率

高温燃料电池最初设想是用熔融盐电解质, 后来阿姆斯特丹大学和荷兰研究院进行了改进[10]。所用的电解质是固体电解质, 但起到液体熔融电解液的电化学作用。电极的表面通常是由金属粉末组成。这包括 Ag 用于空气或氧气阴极, Fe、Ni 和氧化锌/银的混合物用于阳极。这些通常很难发生电化学反应的熔融电解质在高温下 (600 ~ 800℃), 很容易产生 0.7 V 超过 100 mA/cm^2 的高电流密度。即使在高温下, 氢也只表现出较低极化。烃在这些电池中也产生电力, 但严格地说这是由于热分解时形成了氢或形成了二氧化碳。高温燃料电池提供了使用廉价燃料如煤、天然气和石油来产生电力的可能性, 与通常的热方法相比, 至少 2 倍的转换效率, 范围从 65% ~ 75%, 传统的热发电站 30% ~ 40%。这意味着高温燃料电池与热发电站相比, 更适合以高得多的效率产生大量的电力。

燃料电池提供了一个从热能转换为电能的更高效的技术。不论工作温度, 燃料电池具有以下优点:

- 热能量转换效率的范围从 60% ~ 85%;
- 重量和体积按 1/10 ~ 1/100 的顺序减少;
- 低成本生产电力;
- 最具成本效益的便携式电力产生源。

3.10.2.2 多孔电极的性能

燃料电池的设计师们公认的最重要的事实: 多孔电极的应用显著提高了性能。设计者强烈认为, 多孔电极用来最大限度地提高了电极的每单位几何面积的催化剂的界面面积, 从而使得设备的输出功率显著增加。在燃料电池中, 作为催化剂的电解和液化气体被用来提高效率。电极必须被设计成使可用的催化剂区域最大化, 使电解和气相的大规模运输的阻力及在固相的电子阻力最小化。很显然, 这是一个严格的性能要求。多孔电极理论提供了在复合相中具有连续的输送路径的三维结构构成, 以及提供了一个可靠的数学框架去根据包含的明确定义的宏观变量来模仿复杂的电极结构。

材料科学家认为多孔电极理论已被用来描述各种电化学装置, 包括燃料电池、充电电池、可分离装置以及电化学电容器。在许多这些设备中除了燃料电池, 电极都包含一个单一的固相和一个单一的流体相。对于燃料电池, 该电极包含一个以上的流体相, 它不仅增加了额外的复杂性, 也降低了电池的转换效率。经典的气体扩散电极除了固体、电子导电相外, 还包含电解相和气相。综上所述, 多孔电极倾向于增加热力学效率和电化学效率, 使燃料电池的性能显著改善。

3.10.3 电极动力学和它们对高功率燃料电池性能的影响

在为高温下工作的高容量燃料电池设计最有效的电极时, 电极动力学起着关键作用。科学家和工程师认为, 电极动力学应用到多孔电极结构中非常重要。如果电极动力学理论在电极设计阶段严格应用, 那么工程设计、施工材料、催化剂、温度和物质传输控制相关的问题是可以解决的。电化学动力学和电池内的物质输送确定电压 — 电流特性和最终的电池输出功率[10]。一个给定的电极结构和材料的有效性以及电极寿命短的原因或有限的输出功率都与电极上的电化学动力学密切相关。电极动力学可以明确地解释为什么电池有电流通过时电池电压下降。这种损失的电压被称为极化。事实上, 有三种不同的电池电压降低的原因。首先, 当电流流动时, 由于电极、导线和电解质的欧姆电阻导致的燃料电池内的电位降。其次, 缓慢的化学和电化学反应, 会引起某种形式的极化称为活化极化。第三, 物质传输的影响造成极化上升。

如果有意义的评估和改善燃料电池的性能是主要的设计目标, 从事实践研究规划工作的科学家和工程师必须使用电极动力学的概念。电极动力学理论揭示电子将与电解质中的正离子在平衡条件下变得稳定。在这样的条件下, 电极表面和最接近的平面之间的距离是由分子间的相互作用力决定的。

3.10.4 化学吸附 — 解吸率极化

根据电化学反应,测定在平衡条件下的化学吸附 — 解吸率是可能的。这些比率可以通过 Temkin 等温线定理和高速计算机确定。化学反应的极化 — 电流关系,可以使用大浓度的反应物和产物来研究。此外,在电极材料中的杂质和在整个系统中的其他关键要素可以产生两个明显的影响。首先,一般的电化学反应通过电极上的活性表面位置进行。电极材料中的任何杂质可能强烈化学吸附在这些位置上,堵塞表面。其次,杂质电流干扰会产生不规则电流的方向,这是极难预测的。即使是现有的模型都无法准确地确定吸附和解吸的影响。需要更多的研究工作来尽可能准确的确定这些比率。应认真考虑这两种效应,特别是在高功率和高温燃料电池的设计阶段。

3.11 发电站应用的燃料电池的要求

1960 年 — 1990 年之间设计了输出能力从 1 ~ 50 MW 的燃料电池。最近,与商业高压输电线要求兼容的更高容量的燃料电池已被设计和开发。使用天然气的输出容量范围从 40 ~ 60 kW 的燃料电池已经被设计为医院应用。5 个燃料电池每个功率输出能力为 250 kW,已经被开发并连接到一个商用高压输电线,来验证超过 1 MW 或更高的高发电能力。通常,分布式电力发电站的功率容量为 2 ~ 20 MW (最小)。当使用天然气工作时,基本负载发电站典型容量范围从 100 ~ 500 MW。已经开发了低功率容量的电力模块在最小噪声和低的热信号下运行。

根据自己的能力以满足客户的电力需求,发电站的燃料电池的输出功率容量范围可以从 1 ~ 100 MW。因此,电极的设计配置、电极的类型、所需要的燃料的类型和数量以及电池的物理参数严格取决于需要满足发电站的电负载要求的燃料电池的容量。高容量燃料电池的设计人员透露,燃料储存罐越大或电极越大,燃料电池提供的能量将越大。此外,与在燃料电池中使用液体燃料,其泄漏可能是一个严重的维护问题相比较,通过使用干的或金属燃料,可能可靠性更高和操作更安全[11]。使用铝或锌的金属基燃料电池,可能得到更高的每单位质量的电能。铝提供的质量能量密度约 4 kW · h/kg,而锌提供的质量能量密度约 1 kW · h/kg。通过燃料电池堆叠和以适当的配置连接可以实现燃料电池的高容量。

中国台湾一家公司正在开发一种三层铝片、电解质膜和空气阴极[11]的金属燃料电池。该公司声称, 这种燃料电池结构可以以最低的成本生产。这些燃料电池对于电动汽车和便携式电源最理想。这些装置的输出能力可能超过 150 kW。使用层叠技术高达 250 kW 或以上的容量也可能实现。金属燃料电池最适合为电动车、公共汽车和备用电动发电机供电。这些金属燃料电池最适合为中等容量范围从 100 ~ 500 kW 的发电站供电。然而, 如果使用包含数百个这样的设备的堆叠技术, 发电能力可超过 1 MW。

3.12 结论

对燃料电池技术按年代发展历史进行了简要介绍。明确了燃料电池的工作原理, 并说明了每个电池元件所起的关键作用。根据温度和压力条件对使用水性、半固体、熔融和酸性电解质的燃料电池的性能和局限性进行了总结。为了燃料电池设计人员方便, 提供了使用氢、甲醇和甲烷燃料的燃料电池的电流密度 (mA/cm^2) 和极化电压 (V) 的计算值。居民使用的 3 ~ 8 kW 的发电能力的燃料电池, 可利用天然气来开发。用天然气作燃料提供最低的运行成本。详细说明了各种使用半固体电解质的燃料电池的作为温度函数的极化电压和电流密度。总结了各种类型的燃料电池, 包括碱性燃料电池、磷酸燃料电池、熔融碳酸盐燃料电池、固体氧化物燃料电池和直接甲醇燃料电池 (DMFC) 的性能参数, 强调了输出功率容量、可靠性和电化学转换效率。典型的电流密度和低高温的燃料电池的路端电压的估计, 必须由燃料电池的设计者提供。根据工作温度和压力, 总结了 Hydrox 燃料电池的关键性能参数。为燃料电池设计人员预测了使用水电解质的燃料电池的功率密度和电流密度。确定了液体 — 气体基燃料电池的电极尺寸要求。对氢基双骨架催化剂燃料电池的结构设计参数进行了总结, 并特别强调根据工作时间变化的电化学转换效率和电流密度。总结了 70℃ 的低温氢氧燃料电池的端电压和输出功率的试验数据。提供了 IEM 燃料电池的性能规格, 根据可靠性、安全性和持续时间超过 5000 h 以上的连续输出功率能力并没有任何电池性能的退化, 来证明此设备空间系统应用的适宜性。讨论了使用低成本、多孔硅衬底材料的燃料电池的性能参数, 强调了其可靠性和长寿命。

为读者方便, 推导了燃料电池反应及相关的热力学效率的数学表达式。确定了各种电化学反应的副产物。非常详细地介绍了 PEM 基 DMFC, 特别强调转换效率和输出功率。对周围环境对 PEM 基燃料电池的可靠性、结构完整性和寿命的不利影响进行了总结。确定了 DMFC 设备的设计方面和性能参数。为客户提供了预留空间用于安装的典型的 DMFC 设备的三维参数。简要介绍了最理想的应用于反暴乱、空间、战场、水下航行器的燃料电池。明确说明了无人机、无人地面车辆、电子无人驾驶攻击机和水下航行器的燃料电池类型和设计配置。讨论了战场无人机的燃料电池设计配置, 重点在成本、尺寸、重量和结构完整性。总结了各种燃料电池的转换效率和输出功率估计值。提供了氢氧化物 NaOH 和钾氢氧化物电解质的电流密度和路端电压的估计值。

概述了在环境操作条件下的使用碳电极的氢氧燃料电池的电流密度和路端电压。说明了液化燃料电池的性能和应用, 强调了成本、安全性和在较长的持续时间的可靠性。概括了最具成本效益的燃料电池的设计要求。说明了最适合用于滑板车、电动汽车、摩托车的燃料电池的设计参数, 主要强调了成本、可靠性和结构完整性。

描述了便携式电力系统的设计配置和性能要求, 主要强调重量、尺寸和寿命。简要总结了混合型硅基燃料电池的优势, 也概述了在高温和压力环境下运行的燃料电池的设计要求。在高温和压力环境下, 电气和机械可靠性都是极为重要的。确定了多孔电极的性能参数和主要优点。详细讨论了电极动力学和它们对高功率燃料电池性能的影响。

参考文献

[1] Edward W. Justi, "Fuel cell research in Europe," Proceedings of the IEEE (May 1963), pp. 784-791.

[2] C. Gordon Peattie, "A summary of practical Fuel cell technology," Proceedings of the IEEE (May 1963), pp. 795-804.

[3] Tom Gilcrist, "Fuel cells to the fore," IEEE Spectrum (November 1988), pp. 35-40.

[4] Chief Editor, "Extreme pressure sensitivity" Machine Design (March 2010), p. 55.

[5] Chief Editor, "Better power from DMFC for commercial, military applications," Electronic Products (March 2010), pp. 51-34.

[6] K.V Kordesch, "Low temperature fuel cells," Proceedings of the IEEE (May 1963), pp. 806-819.

[7] John Kelley, "Unusual vehicles leave boot camp to join the regular forces," Military and Aerospace Electronics (July 2009), pp. 17-18.

[8] Glen Zorpette, "Countering the IEDs," IEEE Spectrum (September 2008), pp. 27-29.

[9] Editor-in-Chief, "Electric power aircraft," Power Electronics Technology (October 2010), pp. 19-21.

[10] L. G. Austin, "Electrode kinetics and fuel cells," Proceedings of the IEEE (May 1963), p. 820.

[11] Editor, "Metal fuel cells," IEEE Spectrum (June 2001), pp. 55-59.

第 4 章

电动和混合动力汽车电池

4.1 简介

电动车辆 (EV) 和混合动力电动汽车 (HEV) 技术正在发展中, 并且当前正受到高度重视。此外, 汽油成本高, 每加仑 (gal) 汽油的行驶里程低, 汽油车辆产生的温室气体对健康的危害影响, 迫使司机考虑使用 EV 和 HEV 汽车。由于这些原因, 汽车制造商都热衷于采用 EV 技术, 世界各地的许多汽车制造商最近公布了他们最新型号的多种选择的电动车。EV 技术提供了环保、无噪声的交通, 以及从敌对汽油供应商的完全的独立。这些电动汽车和混合动力汽车要求高容量, 根据放电深度 (DOD)、荷电状态 (SOC)、开路电压 (OCV)、放电率 (ROD) 的特定性能需求的可靠的充电电池。由于消费者对电动汽车和混合动力电动汽车的极大兴趣, 几个电池制造企业都在寻找最适合这些车辆的最新设计的充电电池。

电动汽车和混合动力电动汽车的发明早在 1900 年就被证明。贝克电动车, 最高时速超过 22 mile/h, 在 20 世纪初就非常受欢迎[1]。"今夜秀"的主持人杰 · 雷诺 (Jay Leno), 就拥有一辆这样的车, 它仍然可以开动。沃尔特 · 贝克 (Walter Baker) 在第一款混合动力电动车 (鱼雷) 的研发中开发和测试了一种使用电池和充电器的混合动力电动车。在 1902 年这种特殊的混合动力电动汽车表现出了 75 mile/h 的冲刺速度。对于电池的能力而言, 由 Thomas Edison 开发了在能量密度和生产成本方面性能特点与锂离子 (Li-ion) 电池类似的镍铁 (Ni-Fe) 电池。电池设计师预测, 锂离子电池可以持续数十年, 显示了可接受的性能下降。

2010 年各主要汽车制造商大量供应使用天燃气的车辆, 但几种类型的混合动力汽车和几个改进版本的电动车在各大报章也刊登了广告。甚至像零空气污染车 (ZAP) 和特斯拉汽车这样的新贵也正展示自己的力量, 显示出它们在不久的将来加入汽车市场的意图。笔者对这些汽车进行的研究似乎表明它们有显著的优点, 如较低的重心、较高的燃气里程、改进的机械完整性和最佳的性能。由于电动车的电池一般都存放在汽车内地板下, 电动汽车和混合动力汽车会有较低的重心, 这是一个重大的优势, 证明了更好的安全性、更高的可靠性和出色的越野能力。尽管电动汽车和混合动力电动汽车有几个优势, 但充电站的可用性或地点可能是大众接受电动汽车的最大挑战。

尽管与燃气汽车相比, 其销售价格较高和运行范围有限, 电动汽车仍具有不少优点。电动汽车成本较高严格来说是由于在适当的时间框架内, 充电基础设施和较低的销量。混合动力汽车技术的概念允许 HEV 的所有者或用户或可替换燃料的汽车出售电力到公用电网, 如图 4.1 所示。电动汽车的潜在优势远远大于它们的缺点。电动车是最适合涉及频繁停车操作的城市驾驶。这些车辆提供最佳的扭矩力和最低的重心。电动机可以被放

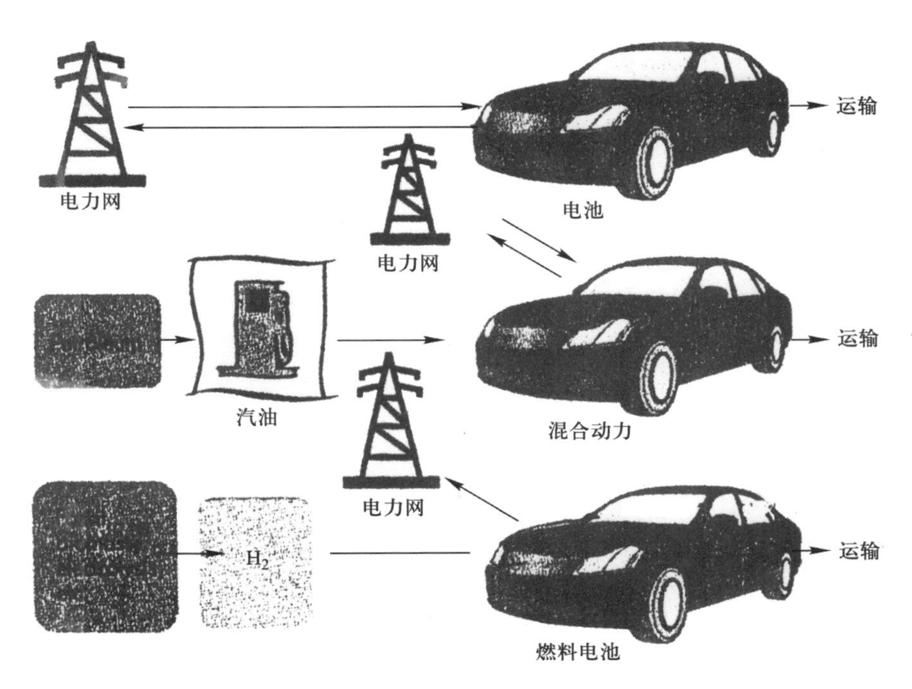

图 4.1 混合动力电动汽车技术概念的扩展范围, 它允许使用电动、混合动力、可替换燃料的汽车向商业电网卖回电力

置到车轮的旁边。主动稳定控制变得更容易、更有效, 因为电动机在最短的时间内更容易控制, 包括能够提供动力或阻断能力。全电动车最重要的设计特点, 包括完全去除了皮带、机油更换和往往昂贵的变速器。全电动车辆提供无噪声、无污染操作。这种车的线路变得非常简单、可靠和便宜。对于全电动车辆, 供暖和空调不依靠发动机, 从而允许其他关键硬件被放置在车辆的不同区域, 可能在未使用的空间。全电动汽车的设计带来了优化分布式系统的可能性。全电动车电池的放置比汽油发动机和动力传动系统更灵活。全电动车辆的内部温度相对更低, 因为没有产生较大热量的内燃发动机 (ICE), 因此行驶时不需要或很少需要空调。

4.2 早期电动汽车的年代发展史及其性能参数

几家竞争者对于在汽车销售市场推出其电动车表现出了极大的兴趣。制造企业如 ZAP 和贝克电器是发展电动汽车的早期开拓者。目前的电动汽车制造商, 即 Aptera 和特斯拉汽车公司, 是当前的竞争者, 他们已经设计了即使在短程驾驶条件下, 都有卓越的燃气里程表现的电动和混合动力电动汽车。领先的汽车制造商, 包括通用汽车公司 (GM)、福特、丰田、日产、本田和特斯拉汽车公司, 都在积极参与设计和开发采用先进的感应电动机技术和高容量、可靠的蓄电池组的电动汽车和混合动力汽车。

低成本和紧凑的电基运输车辆将在 2012 年推出。总结于表 4.1 的电动车辆将改变我们的驾驶方式。这些电动车辆提供较低的运输成本, 提供适度的采购成本, 占用较小的停车空间。这样的车最适合城市里的短途行驶。但这些电动车不会提供一个舒适的旅程, 通常中型或全尺寸的汽车可能会比较舒适。

表 4.1 城市和短距离驾驶的超小型运输车辆

车辆类型	规格	优点	缺点	模型	价格 (美元)
PTV	电池供电, 两座	容易驾驶, 容易停车	有限的空间	Duo, Tango	\$23,000~\$25,000
电动汽车	插入和驱动	\$0.02~\$0.03/mile	50~100 mile 后再充电	Nissan LEAF, Chevy Volt	\$25,000~\$30,000
小型汽车	省油, 四座	再次加满油前可行驶 50 mile	高速时噪声	Ford Fiesta, Chevy Spark	\$12,000~\$16,000

4.3 各种公司较早研发的电动和混合动力电动汽车及其性能规格

本节将简要介绍各汽车公司生产的电动汽车和混合动力电动汽车, 重点是使用电池的类型、充电的时间框架、采用的电动机的类型、每加仑英里数、零售或估计的目前车辆价格, 以及车辆的关键性能参数。

4.3.1 ZAP TRUCK

公开出版的文章表明, ZAP 一直积极为道路运输制造一系列以较小成本和乘客舒适度为目的的电动车。ZAP 生产电动汽车和卡车。早期型号的 ZAP 卡车主要使用铅酸电池, 最适合不超过 23 mile 的短程拖拉。目前, ZAP 采用铅酸电池以及锂离子电池, 实现了接近 50 mile 的行程范围。这些使用锂离子电池的卡车最高时速大约是 50 mile。该 ZAP 卡车采用一个直流马达。但是, 当平台切换到交变电流电机时, 行程范围延伸到 50 mile, 采用这种配置使再生制动成为可能。这些卡车为往返不超过 25 mile 的行程提供最具成本效益的性能。任一配置的电动汽车进行频繁停车的旅行都很理想, 但燃气汽车总是最坏的选择。无论电池类型, ZAPTRUCK 采用充电时间小于 1 h 的电池。这允许必要情况下的电池调换。大多数用户认为, 燃气汽车将永远是远程旅游的最佳选择。笔者所进行的研究表明, 当用户的日常出行不超过 35 mile 时电动汽车将是最合适的选择。

4.3.2 ZAP ALIAS

ZAP 公司已经开发出一种被称为 ZAP ALIAS 的三轮车辆, 它用一对电动机来驱动前轮。三个座位、三个轮子的驾驶机器狭长而稳定。ZAP ALIAS 最高时速超过 100 mile/h (英里每小时), 行程范围超过 100 mile。该车采用锂离子电池组, 安装在客厢下, 可从 100 V 的电源充电。216 V 交流电感应驱动电机安装在前部, 能够驱动前轮。控制电子设备相当先进。电池管理和电池充电技术令人赞叹。ALIAS 零售价约 35,000 美元。

4.3.3 Aptera 汽车

Aptera 汽车公司已经开发了电动汽车和混合动力电动汽车。三轮电动车的行程范围在 100 mile 内, 采用交流感应电机, 用锂离子电池组运行。

电池组可以从一个 110 V 电源充电, 时间小于 1 h。

三轮电动车的混合动力型的电动行驶范围为 50 mile (电动范围意味着汽车可以无需为电池充电运行), 汽油行驶范围 350 mile。简单地说, 这种特殊的汽车提供混合动力的旅程接近 400 mile。它的流线型车身设计提供了以一级方程式赛车为灵感的乘客舱, 隐藏式挡风玻璃雨刷器, 以及低滚动阻力轮胎。车辆配备安装在乘客座椅下方的电池组、感应电动机和锂离子电池组。混合动力型为城市行驶和公路上的长途旅行都提供了具有成本效益的性能。这款车的老款车型使用锂离子电池, 而新车型 (系列 2) 将采用锂离子磷酸盐电池, 以实现更好的总体性能。估计零售价在 55000 美元以上。

4.3.4 特斯拉汽车公司

Roadster(电动车) 被认为是一种地面上高性能的运动车。该公司花费了大量的工程时间和精力来建立它的电机和电池组系统。375 V、三相、四极、空气冷却的交流感应电动机产生的输出功率的峰值超过 288 hp。感应电动机的速度为 14000 r/min, 重约 70 lb。估计最低价格是 128500 美元[1]。电机定子具有高密度的缠绕, 以达到低阻力、高峰值扭矩、最高速度低于 3.5 s 方面性能的提高。高的峰值扭矩提供昂贵的电动汽车预期的性能。

这款跑车拥有时尚的内饰和外观设计, 并且旅程范围接近 235 mile。锂基电池组采用 6831 个单电池, 这是满足三相感应电机的电功率输入要求所必需的。可使用 240 V、70 A 电源在 3.5 h 内对电池进行完全充电。电池组被设计成至少持续 7 年或 10×10^4 mile, 以先到为准。为了达到最佳可靠性, 电池组采用水冷和微处理器管理。这种特殊的 Tesla 跑车模型很昂贵, 设计了两人座, 因此, 该公司不预期这类汽车会大量销售。特斯拉汽车公司计划 2012 年向市场推出 7 座、价格合理的电动车 (型号 S)。

特斯拉汽车公司的 Model S 可容纳 7 人 (5 名成人和 2 名儿童), 售价低于 5 万美元。这种特殊的模型采用了三相、水冷、交流感应电机, 运行范围超过 300 mile。该模型最高时速可达 120 mile/h, 还有一些独特的功能, 如带 3G 互联网连接的 17 in 信息娱乐触摸屏。

这个模型有几种可能的电池充电方案。采用 440 V 的电源需要快速充电时间 40 min。从 240 V 电源充电需要 4 h。它可以从 110 V 电源进行充电, 但需要 8 h 以上。充电器被设计为运行 110 V、220 V、440 V 的电源。8000 个单电池的锂基电池组可以在 5 min 内更换, 如果需要的话, 允许司机购买 160 mile 的电池组并租用一个 300 mile 的电池组。电池组使用锂离子电池技术。

4.3.5 贝克汽车

根据已发表的报告,“第一辆和最著名的电动车”由贝克汽车在一个多世纪前研发。虽然汽车的内部和外部特征不是很时尚和有吸引力,但它提供了一个在短距离内可靠、安全的旅程。没有现成的电动机、充电时间、所使用的电池类型和性能参数的具体细节。这些电动汽车只要电池电源完全充电,就能提供具有成本效益的运输,特别是在城市范围内,包含多趟的。尽管沃尔特 · 贝克的电动 Torpedo 在 1902 年展示了最高时速 75 mile/h,但这种电动汽车只适合城市驾驶,最大里程 35 mile。

4.4 最新的电动和混合动力电动汽车的发展史及其性能和局限性

根据已发表的电动汽车和混合动力电动汽车报告,通用、福特、丰田、日产、本田似乎已经对电动汽车和混合动力汽车的设计、研究、开发和测试做了大量的工作。此外,这些公司已经确定了适合自己汽车的电池。笔者将推荐会显著提高涉及的汽车的电气性能和可靠性的最新电池技术。减少 ICE 产生的烃类污染物以及对昂贵的外国石油的依赖的需要,迫使汽车制造商寻找电动汽车和混合动力电动汽车。大众汽车市场渴望采用适合普通消费者的缩减预算的混合动力汽车技术。笔者对经济承受能力和电池充电基础设施进行的研究表明了一些主要困难。首先,目前混合动力电动汽车价格预测范围在 35,000 ~ 45,000 美元,这对于大多数消费者来说过高。第二个困难是目前的电网基础设施将如何处理显著增加的需要每天充电的汽车电池。第三,21 世纪最先进的大容量电池技术仍然非常昂贵。第四,电池组的成本各不相同,根据电池的类型和它们的寿命和可靠性的要求,从 6,000 ~ 10,000 美元不等。目前,电池组供应商预测运行寿命 7 ~ 10 年。成本高、充电时间长是电动汽车和混合动力电动汽车的主要缺点。消费者必须进行一个简短的权衡研究,以了解电动和混合动力电动汽车的优点和缺点,以确定买这样的车长远来看是否是最适合和最符合成本效益的[2]。

4.4.1 通用汽车雪佛兰 Volt

雪佛兰 Volt 是通用汽车公司应对电动汽车挑战的答案。通用汽车公司在 2007 年设计了这款车的最初版本。雪佛兰 Volt 是增程型电动 (E-REV) 汽车, 在 2011 年首次面市。E-REV 本质上是一种插电式混合动力电动车, 不需要充满气罐的全电动行驶里程 40 km[3]。雪佛兰 Volt 是一个四缸的车辆, 需要 240 V 电源 4 h 的充电时间, 并且使用四缸汽油发动机, 在电池电力耗尽时运行。在雪佛兰 Volt 汽车中, 电池位于后排乘客和驾驶员座椅的下方。电池充电电子监控系统为驾驶员提供充电状态的信息, 以及在电池充电水平达到预定的充电阈值前至少 15 min 发出警告信号声音。它的预计零售价为 25,000 美元以下。

2011 年雪佛兰 Volt 有一个全新的动力序列、拥有专利的电池组、延长的行驶里程和创新的传输系统。通用汽车的工程师们使用了独特的设计理念减少重量和阻力, 显著提高了行驶里程。这种五门车携带 435 lb、16 kW · h 容量的锂离子电池组, 位于驾驶座位和乘客座位下方。GM 的设计者选择锂离子化学而不用金属氢化物技术, 因为它在更小的包装容纳 2 ~ 3 倍的电力。据通用汽车公司的工程师称, 这个特别的电池组在不使用时几乎没有电荷损失, 在重复充电和放电循环后也不容易损失存储容量。电池组中含有分为 9 个模块的 288 个棱柱形电池单元。电池管理系统部署最新的电路诊断技术, 每 10 s 执行 500 个测试, 85% 的测试确保电池安全工作, 其他 15% 是跟踪电池性能参数和寿命的测试。电池组还包含热管理电路和一个液体冷却系统, 根据环境条件加热或冷却电池组。这种热管理系统允许电池在环境温度在 $-13 \sim +122$°F 的范围内有效工作, 并延长电池的寿命。Chevy Volt 携带三个液冷子系统: 一个用于电池; 一个用于牵引、发动机和电子器件; 另一个用于汽油 ICE。

这种车有一个显著的电气和机械性能。3780 lb 的车辆在 9 s 内从 0 加速到 60 mile/h, 最高时速为 100 mile/h。低转速扭矩令人印象深刻, 它使车的感觉就像是一辆带 250 hp V6 发动机的轿车。充电锂离子电池发出的电能通过逆变器到交流 149 hp 牵引发动机, 为雪佛兰 Volt 供电约 40 mile。40 mile 的里程范围会根据道路条件、乘客的数量以及操作者的驾驶风格有所不同, 从 25 ~ 50 mile。一旦电池电量下降到一定程度, 84 hp (62.7 kW), 1.4 L 汽油发动机启动使一个 54 kW 的发电机旋转, 这个发电机为牵引电动机供电。再生制动能力允许牵引电机作为发电机来收回多达 $0.2g$ 的制动力, 将其转换为电能。注意 $1g$ 的加速度等于 32.2 ft/s^2。当雪佛兰 Volt 滑行时, 牵引电机也可以切换到发电机, 这会降低车速以产生更多的电力。牵引电机和发电机的组合, 提供了这款车的独特性能, 至今没有其他任何电动或混合动力电动车显示出这一性能。这款车的另一个独特的经济性特点是, 当商业效用率最低时, 它可以通过智能手机指示进行充电。

雪佛兰 Volt 配备了两个充电选项。它可以采用插件技术利用家用电源, 但对电池充电需要 10 ~ 12 h。这款车还配备了一个 400 美元的选项, 它允许司机使用一个 240 V 的充电站。这种方法需要电池组充电 4 h, 充电站收费范围为 0.10 ~ 0.15 美元/kW · h。进行有意义的经济权衡研究时, 必须考虑全电动或混合动力电动汽车的充电费用加上汽油的成本。锂电池组是汽车最昂贵的一项, 其典型的初始价格范围从 4,000 美元 ~ 6,000 美元不等。因此, 高度机械完整性对于电动或混合动力电动汽车至关重要。这种汽车提供的最大寿命超过 15 年或更长时间。GM 的科学家研发了 16 kW · h 的锂离子电池组, 他们声称, 不完全充电或完全耗尽电池可延长电池的使用寿命。这就是为什么由通用汽车设计和开发的电池组包含 8 年/10×10^4 mile 的保修。最安全、最舒适的乘坐需要降低电动汽车的重力中心, 以及底盘采用高强度的最佳硬度的材料。

4.4.2 福特

福特汽车公司设计和开发了全电动车 (2011 款福特福克斯) 以及混合动力电动汽车 (2012 年的福特福克斯, 2013 年 C-MAX, 和 2013 年的 C-MAX Energi)。型号名称之前的年度, 表示车上市或即将上市的年份。福特汽车采用了最新和最先进的材料, 提供最高的机械完整性和安全性。全电动汽车中使用了先进的、高电压锂离子电池组。据福特的科学家称, 先进的锂离子电池组占据的空间减少了 25% ~ 30%, 紧密了 50%。如果需要的话, 尺寸和重量的减少可使福特的工程师安装其他电子元件, 来改善可靠性、安全、寿命和乘客的舒适度, 提高汽车的性能。

4.4.2.1 福特福克斯

2011 年内华达州拉斯维加斯国际消费电子展宣布了新的全电动福特福克斯汽车的详细信息。福克斯是福特汽车公司的第一台全电动和无燃料、可充电乘用车, 它是福特在 2013 年将在北美和欧洲提供给客户的 5 种新的电动车中的一款。2011 年福克斯面市, 设计目的是提供足够的行程范围以覆盖大部分美国人的日常驾乘习惯。福特的设计师声称, 这款车将提供燃气每加仑比率优于通用汽车的全电动雪佛兰 Volt 和其他电池基电动汽车。福克斯和福克斯电动汽车的亮点可以概括如下:

- 无燃料、零排放、可充电式乘用车。
- 提供比雪佛兰 Volt 更好的里程。
- 福克斯设计提供杰出的能源效率,这将增加充电电池和电动汽车的寿命。
- 福克斯电气提供了一个安静、舒适的汽车,因为没有汽油发动机。
- 福克斯电气将使用高电压、重量轻、先进的锂离子电池组供电。
- 电池系统使用加热和冷却液体,以保持最佳的电池组温度,以最大化电池寿命和汽车的寿命。
- 福克斯采用了再生制动技术,实现最大的能量效率和完全充电状态的电池能量。
- 电池的能量水平设计为 23 kW · h。
- 电动汽车可以使用家用 110 V 电源整夜为电池充电,或可选择 240 V 充电站快速充电不超过 30 min。
- 部分装载车的预计售价约 18600 美元。

4.4.2.2 福特 Escape

福特 Escape 是一款使用汽油远程驾驶,使用电能为城市频繁停车驾驶,以减少驾驶费用的混合动力汽车。这是一款最适合家庭使用的五座、插入式混合动力汽车。Escape 突出的亮点可以总结如下:

- 车辆都采用了 4 缸、2.5L、阿特金森 Atkinson 发动机,其特点是牵引电机运行 177 hp 的电动机,或 6 缸、3 L、流动燃料发动机。
- 再生制动系统捕获制动产生的动能,为 330V 电池组充电,使电池保持完全充电状态。
- 提供几个超声波和电子传感器来改善性能、可靠性和乘客的安全性,并且所有这些传感器由电池供电。
- Escape 混合动力车配备了一个 100 V 电源插座为手提电脑或其他便携式电子设备充电。
- Escape 使用的永久磁铁交流同步电动机的额定输出功率相当于 94 hp。
- 福特提供了一个对电池组 10 年/15×10^4 mile 的有限保修期。
- 这款车配备了一个 330 V、密封镍金属氢化物充电电池组。
- 这种混合动力汽车预计售价约 30,000 美元。

• 混合动力汽车在城市提供 41 mile/gal, 高速上 33 mile/gal。

如图 4.2 所示, 采用一个基本的交流发电机启动机制, 将为 HEV 使用的感应电动机提供最具成本效益的设计。

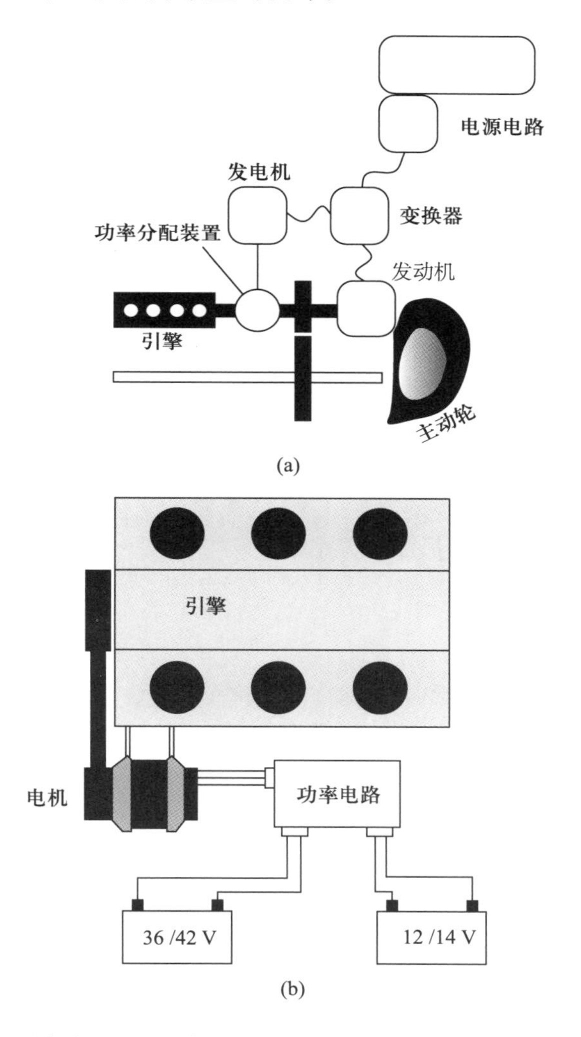

图 4.2 混合动力电动汽车的关键部件 (a) 及基本的替代启动机制 (b)

4.4.2.3 福特 C-MAX 和福特 C-Max Energi

福特汽车公司开发了两款令人印象深刻的、插入式混合动力电动车, C-MAX 和 C-MAX Energi。每一款都表现出令人赞叹的可靠性、舒适性和长寿命。这两款车都采用了功率分流混合体系结构，能够在超过 47 mile/h 运行节省燃料的电模式，并使用先进的锂离子电池系统。据福特称 C-MAX Energi 是插入式混合动力，提供的行驶里程超过 500 mile，并提供比目前插入式混合动力汽车更经济的改进的持续充电燃料。插入式混合动力电动汽车的主要优点可以总结如下：

- 电动行驶里程，最适合无排放和安静的城市驾驶。
- 减少对汽油的依赖。
- 显著节省能源和燃料成本。
- 在驾驶时增加了使用来自可再生能源 (即太阳能电池) 的电力进行锂离子电池组的充电，从而降低了充电成本。
- 使用先进的锂离子电池，电池尺寸减少高达 30%，电池组重量减少 50%。
- 福特提供车载和非车载的功能，即遥控充电及预处理设置，监测电池的荷电状态，延长电动操作模式需要的能量效率的最大化。
- 福特提供"我的福特触摸"驱动连接技术，它提供了有用的信息，如目前的燃油水平、当前的电池电量、为驾驶员安全的即时车辆状态信息，以及平均和即时的每加仑英里数。

4.4.3 日产

日产汽车公司开发和销售其全电动汽车 LEAF。合理的价格范围和令人印象深刻的燃气里程性能吸引了众多客户，他们的重点在价格因素。这种全电动汽车的最吸引人的特点可以概括如下：

- 80 kW 交流同步电动机。
- 容量为 24 kW · h 的锂离子电池组。
- 锂离子电池组提供最佳的能量与重量比，无记忆效应。
- 再生制动系统帮助把制动器应用产生的动能反馈到电池。这意味着减少了充电时间。
- 车载充电器输出功率为 3.3 kW。
- 120 V 便携式涓流充电器电缆。
- 零排放系统。
- 100 mile 充一次电。
- 再生制动系统。
- 电子制动力分配。

- 光伏 (PV) 太阳能电池板扰流器。
- 提供家庭或公共场所 120V、1.4 kW 电池涓流充电 24 h。
- 提供 8 h 家庭 240 V、3.3 kW 的电池充电。
- 提供 30 min 480 V、50 ~ 70 W 电池充电, 在家里或在充电站 (可选)。
- 107 hp 能力的四缸发动机。
- 5 年有限保修。
- 建议零售价 25,000 ~ 30,000 美元。

4.5 不同充电电池的性能要求

笔者对最适合用于电动汽车和混合动力电动汽车的不同类型的电池进行了综合研究。在这些研究中, 认真考虑了成本、重量和寿命。这些研究表明, 不管采用什么类型的电池, 电池耗尽电能的速度很快, 尤其在较高车速下。对于电池类型, 研究建议采用先进的锂离子电池或镍金属氢化物电池组。无论新车和旧车, 这些电池独特的开路电压性能都随放电深度变化, 因此它们最适合全电动汽车和混合动力电动汽车, 如图 4.3 所示。劳伦斯 · 利弗莫尔国家实验室 (Lawrence Livermore National Laboratory) 的科

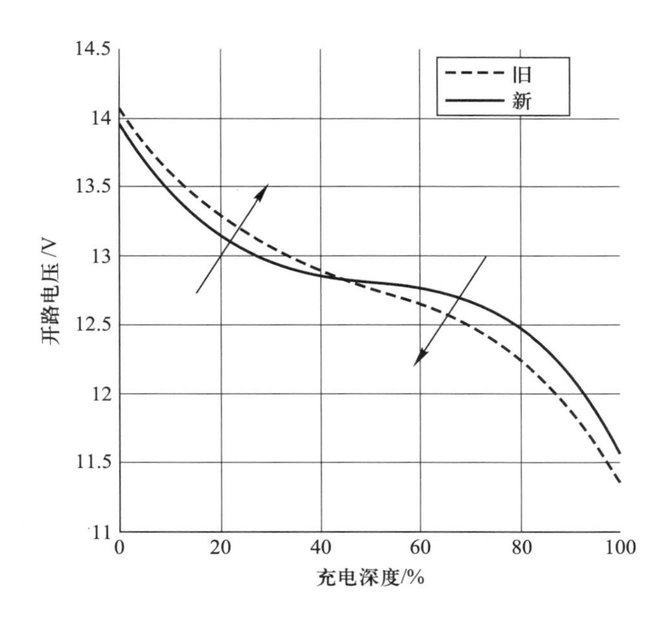

图 4.3 新的和旧的镍金属氢化物充电电池的开路电压随充电深度的变化

学家进行的研究和开发活动表明, 与锂离子电池相比, 锌电池已显示出几个优点。单电池结合大气中的氧或空气与锌球产生电力, 电力可以存储在电池中。当所有的锌被消耗完, 唯一的副产物是氧化锌, 它完全可以被回收利用。可以在 10 min 内给燃料电池补给燃料, 使电池可以立即使用。事实上, 连续供料的电池将永远不必为了补给燃料而关闭。这是锌空气燃料电池最重要的优势[4]。此外, 锌较便宜且可广泛获取。

美国只占有全球锌供应量的 35%, 目前为 18 亿吨 (1.8×10^9 t)。锌空气电池的设计师预测, 全球 21 个月的锌产量可用于制造 10 亿的 10 kW · h 锌空气电池。与此相反, 将需要 180 年的锂材料产量制造等量的锂离子电池。由于大多数锂的产地不在美国, 锂离子电池必须在国外制造。此外, 锂离子电池需要的充电时间为 8 ~ 10 h, 并含有危害健康的有毒元素。这些电池的输出功率在 1 ~ 3 kW 之间。大多数电动汽车和混合动力电动汽车的制造商使用锂离子电池组。无论一款特定的 EV 或 HEV 车辆选择何种电池组, 该电池组必须具有总结在表 4.2 中的性能特征。

表 4.2 EV 或 HEV 主要的电池性能要求

电池组特性
高质量能量密度 (kW · h/kg)
高容积能量密度 (kW · h/cm^3)
高功率密度 (W/kg)
保质期长 (超过 10 年)
在较低的温度下稳定的电池性能 (20℃ 或更低)
简单和更便宜的充电管理
每年在恒定温度下潜在的容量损失 (不超过 2%/年)
每年在低温下工作容量损失最小
高安培 · 小时的电池效率 (充电到放电的比率)

由笔者进行的初步研究表明, 锂离子电池满足总结在表 4.2 中的所有性能特点。

4.5.1 电池组能量要求

1 gal 汽油包含 33 kW · h 的电能, 不管使用何种类型的电池, 约 2/3 (67%) 的能量必须从整个电池组获得。这些估算表明 HEV 要从汽油获得驱动能量, 以及从电池组获得大约 2/3 的能量。

一个高速的昂贵的电动车, 如奔驰, 将需要一个容量为 392 kW 的电池组, 而紧凑的电动汽车, 如雪佛兰 Volt、福特 Fusion, 将需要的电池容量介于 16 kW (Volt) 和 24 kW (Fusion) 之间。大多数小型或中型电动车要求电池组的能量容量范围为 18 kW ~ 35 kW, 而全尺寸全电动或插入式混合动力电动汽车可能需要电池组的容量范围为 40 ~ 55 kW。对于峰值电池容量, 根据电池组的空间分配, 一个单一的包装模块可以设计 15 ~ 25 kW 的电功率输出。但对于所有的电动或插入式混合动力电动汽车, 一个大尺寸电池组应分解成 2 ~ 3 组电池模块, 总容量相当于一个电池组, 因为一个电池组过大不能安置在车上。正如所提到的, 电池组通常安装在最接近车辆地板的位置和两个后轮之间。这种类型的模块安排将能够安装保证乘客安全和车辆的可靠性需要的其他重要部件或设备。

4.5.2 电池材料及相关成本

大部分电动汽车和混合动力汽车制造商使用的是锂材料的电池组。这种材料昂贵, 其未来的可用性存疑。由于这种材料有毒, 暂时储存和处置等费用可能是电池组的初始投资成本的 15% 以上。此外, 有很高的落差费用接近 $1.00/lb。根据电池组容量, 紧凑型和中型客车电动车的锂离子电池组整体重量为 450 ~ 550 lb 不等。全尺寸电动车使用的电池组根据电池容量重达 600 ~ 825 lb。即使是 Chevy Volt 部署的 16 kW · h 锂离子电池组也重达 435 lb (198.1 kg)。这种特殊的电池配备了 8 年/100, 000 mile 的保修。锂离子电池组的成本根据电池容量为 4,000 ~ 8,000 美元。最后, 购买 EV 的理由严格依赖于使用周期成本标准。

4.5.2.1 电动汽车和混合动力汽车使用的充电电池的材料

根据笔者进行的最适合用于制造充电电池的材料的研究, 发现锂、镍、镉、聚合物、锌、尖晶石和锰是最适合用于制造电动汽车和混合动力汽车中广泛使用的充电电池组。尽管锌在锌空气燃料电池的制造中被广泛使用, 它也可以用于电动汽车和混合动力汽车的充电电池组的制造。

锌基电池结合大气中的氧气与锌颗粒产生电力。当所有的锌被消耗时, 唯一的副产物是氧化锌, 这是完全可回收利用的。电池可在不到 10 min 的时间内补充燃料, 从而使电池几乎不间断地使用。这种类型的电池不会要求停机以补充燃料。需要注意的是锌电池有以下几个优点超过锂离子电池。首先, 锌来源广泛。第二, 锌比锂便宜。第三, 全球锌供应量足以制造超过 10 亿的 10 kW · h 锌空气电池。与此相反, 将需要大约 180 年的锂产量来生产等量的锂离子电池。第四, 大多数锂供应商不在美国, 这意味着, 遵循成本效益的准则, 锂离子电池将在国外制造。

锂离子电池被电动和混合动力电动汽车的制造商广泛应用。锂离子电池可能需要的充电时间为 4 ~ 10 h, 取决于车的类型和电池的功率密度和能量密度。因此, 混合动力汽车与全电动汽车相比, 锂离子电池的再充电成本会高得多。

锂离子电池有两类: 锂离子碱性电池和锂离子聚合物电池。锂离子碱性电池组比锂离子聚合物电池便宜。锂离子聚合物电池的性能优于传统的锂离子碱性电池的性能, 特别是在能量密度方面。表 4.3 总结了广泛使用在电动汽车和混合动力汽车上的各种充电电池组使用的材料、具体性能特点以及各种充电电池参数。

表 4.3 广泛用于商业运输车辆的充电电池的性能特点

关键电池参数	关键电池参数		
	铅酸	镍金属氢	锂离子
质量能量容度/(W · h/kg)	30 ~ 50	65 ~ 95	150 ~ 194
容积能量密度/(W · h/L)	80 ~ 90	300 ~ 350	350 ~ 475
标称电池电压/V	2.00	1.25	3.72
循环寿命 (到初始容量的 80%)	200 ~ 300	500 ~ 1000	500 ~ 1250
快速充电时间/h	8 ~ 16	1	2 ~ 4
过充电能力	高	低	中*
每月自放电/%	5	20	3 ~ 5
放电循环工作温度/℃	−20 ~ +60	−20 ~ +65	−20 ~ +75
预计成本/($/(W · h))	0.4	0.5	0.8
* 参数改进仅限于锂离子聚合物电池			

从表中的数值可明显看出, 使用锰尖晶石作为正极的锂离子聚合物电池的质量能量密度、容积能量密度和生命周期参数值可能是最佳的。这些可充电的锂离子聚合物电池的采购成本最高。似乎电池性能越高, 采购成本越高。锂离子充电电池无记忆效应, 已经证明了其自放电率最低, 这提供了高可靠性及长寿命。由于这些原因, 锂离子电池被广泛应用于军事系统、电动汽车和航空航天应用, 在这些应用中高性能和寿命至关重要。

4.5.2.2 道路和驾驶条件对电池充电时间和成本的影响

电动汽车和混合动力电动汽车的运行成本严格依赖于工作条件, 包括道路表面状况、气候环境、城市或高速公路上行驶、插入式充电站以及在合理的时间间隔内的基础设施。根据加州能源委员会的报告, 从 2012 年开始, 加州将购买所有电动车的 12% 和所有混合动力电动汽车的 24%。该报告进一步指出, 到 2011 年底大约有 5,500 辆插入式混合动力和全电动汽车投入使用。加利福尼亚州的全电动和混合动力电动汽车这样的部署将使当地电网输电线路紧张, 并可能损坏配电电源网格线和电源变压器中的薄弱环节。通用电力公司担心, 电动车充电可能会导致在居民区的一些早期 EV 适配器停电, 造成新兴技术一个不好的名声。据负责加州南加州爱迪生公司的电动汽车准备工作的董事称, 几千辆电动车不会使加利福尼亚州地方电网崩溃, 但它们可能造成暂时的电源中断, 那很容易纠正。董事进一步指出, 附近的电路、电源变压器、配电输电线路将强大到足以支持充电站产生的额外电力负荷。

电池寿命严格依赖于电池的类型、环境温度、特定应用对电池的使用以及工作条件。笔者进行的有限的研究似乎表明, 锂离子电池组的电池电荷或能量密度的保持依赖于道路状况、气候环境和电池组的工作条件。此外, 研究表明, 一个最小的容积能量密度为 $8.5\ \mathrm{W \cdot h/in^3}$ 的锂锰二氧化物电池, 通常被称为锂离子电池, 可以维持在一个温度范围 $60 \sim 140°\mathrm{F}$ 或 $15.5 \sim 60$℃。电池设计师声称, 锂离子电池可承受最高温度 75℃ 很短一段时间, 而不会影响电池的性能、可靠性或寿命周期。电动汽车或混合动力电动汽车必须在较高的温度下以低功率水平工作。需要注意的是在升高的温度下充电可能会导致对电池结构的长期损害。此外, 由于锂是一种易损材料, 充电和放电必须遵循锂离子电池组的安全性和可靠性的具体指导方针。

目前还没有电动汽车和混合动力汽车充电电池组可靠的生命周期成本的明晰条款。根据电池容量 $(\mathrm{A \cdot h})$ 和充电电流水平的棱柱型镍金属氢化物电池的性能数据如图 4.4 所示。电动汽车和混合动力汽车的经销商提供有限担保, 带正式文本范围 $5 \sim 10$ 年。如果 EV 涉及追尾碰撞, 则车主将卷入到与保险公司复杂的争论和谈判中。几乎所有的充电电池组都位于两个后轮之间, 对电动汽车或混合动力汽车来说, 容易导致无限制的损坏。此外, 即使损坏有限, 也需要更换电池组。目前, 锂离子电池组根据容积能量密度 $(\mathrm{Wh/in^3})$ 零售价格在 $4{,}000 \sim 6{,}500$ 美元不等。锌空气电池组提供 $17\ \mathrm{Wh/in^3}$ 的峰值能量密度, 但在一个窄的温度范围 $40 \sim 120°\mathrm{F}$ 或 $5 \sim 38$℃。

电动汽车和混合动力汽车镍金属氢化物电池组的类似的可靠性能数据不容易获得。根据 Ni-MH 电池的容量和电流充电水平变化的电池电压

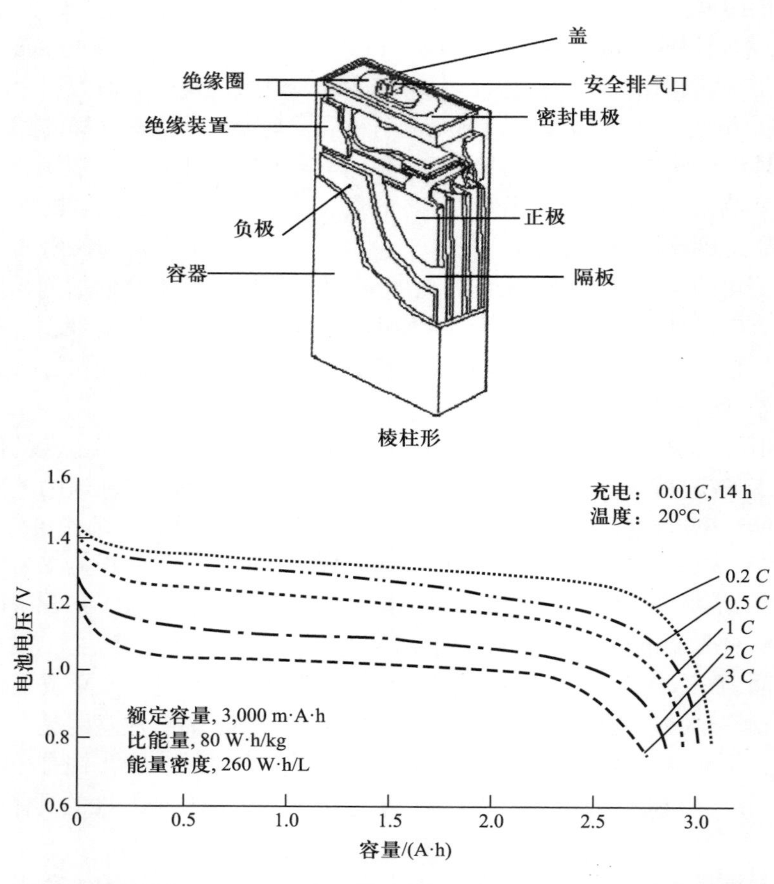

图 4.4 棱柱型镍金属氢化物充电电池组和在不同的充电电流水平下根据电池容量 (A · h) 变化的电池电压

的有限性能数据如图 4.4 所示。新的和老化的镍金属氢化物电池组的开路电压随放电深度的变化令人印象深刻, 如图 4.5 所示。公布的镍金属氢化物电池组的性能数据似乎表明, 与锂离子电池相比, 能量密度减少约 50%。但是, 这些电池组配备了强大的设计功能, 并提供较高的机械完整性。由于获得的锌空气电池组的可靠的寿命周期成本数据有限, 不能与其他电池进行有意义的性能比较。如果要对不同能源进行切合实际的比较, 这些数据将非常重要。考虑根据密封铅酸电池、镍金属氢化物电池、锂离子碱性电池、锂离子聚合物充电电池的功率 (kW/kg) 与质量能量 (kW · h/kg) 比值 (P/E 比率) 对表 4.4 描述的各种储能电池进行比较。

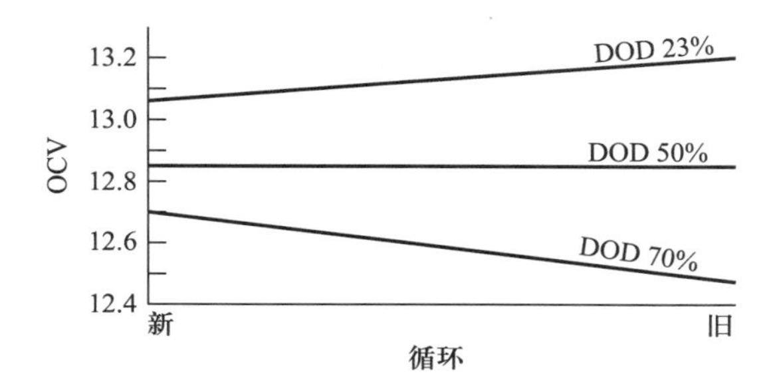

图 4.5 根据放电深度和电池循环变化的镍金属氢化物充电电池的开路电压 (如果需要放电深度为 70%, 那么一个新电池的开路电压是 12.7 V, 旧电池约 12.47 V。如果放电深度为 23%, 一个新电池的开路电压为 13.5 V, 旧电池为 13.2 V)

表 4.4 不同的能源存储设备的性能比较

存储设备类型	P/E	E/P	备注
密封铅酸蓄电池	6.0	0.166	被 ICE 汽车广泛使用
Ni-MH 电池	2.7	0.370	适合小型电动车
锂离子 — 碱	7.0	0.1143	适合电动车
锂离子聚合物	36.0	0.033	最适合 HEV
注: P 为电源; E 为能量			

4.6 充电电池的材料

本节确定了可能应用于电动汽车和混合动力电动汽车充电电池组的最合适的材料。在确定这样的材料的同时, 特别强调材料成本和电池的性能, 包括可靠性和长寿命。由于镍和锂材料为汽车充电电池最为理想的材料, 将重点讨论这些材料在苛刻的温度和机械环境下的可靠性和安全性。之后, 将重点讨论锂离子充电电池。

4.6.1 锂离子电池的三个功能组件的材料要求

在放电循环, 锂离子 (Li^+) 携带电流从负极到正电极, 通过非水电解质和分隔膜。在充电循环, 一个外部电源 (即充电电路) 施加比电池产生的电压更高的相同极性的电压, 从而迫使电流逆向流动。然后 Li 离子从正极迁移到负极, 在那里它们嵌入多孔电极材料, 这个化学过程称为嵌入作用。

锂离子充电电池的三个功能部件是阳极、阴极和电解质。在传统的锂离子电池中, 阳极通常是由碳制成, 阴极是由金属氧化物制成, 并且电解液由锂盐溶于有机溶剂中制成。下列材料用于锂电池的三个不同组件。

4.6.1.1 阳极

大部分市售的阳极材料是石墨, 这种材料不贵。

4.6.1.2 阴极

阴极可以由下面描述的三种材料之一制成:

- 层状氧化物, 如锂钴氧化物 (LiCoO)。
- 聚阴离子, 如磷酸铁锂 (LiFePs)。
- 尖晶石, 如锂锰氧化物 (LiMnO)。

4.6.1.3 电解质

电解质是充电电池中最重要的元素。电解质一般是有机碳酸酯, 如含锂离子配合物的碳酸亚乙酯或碳酸二乙酯的混合物。这些非水电解质, 通常使用非配位阴离子盐, 如六氟磷酸锂 ($LiPF_6$)、六氟砷酸锂一水合物 ($LiAsF_6$)、高氯酸锂 ($LiClO_4$)、四氟硼酸锂 ($LiBF_4$) 和三氟甲磺酸锂 ($LiCF_3SO_3$)。

4.6.2 锂离子电池的主要性能特点

锂离子充电电池的路端电压、电池容量、电池寿命和安全性, 根据对材料的选择和用量发生显著变化。最近, 电池设计师和材料科学家采用纳米技术研究新的电池结构, 表现出电池性能的显著改善。纯锂非常活泼。它与普通水剧烈反应生成氢氧化锂和氢气。因此, 在设计锂电池时通常使用非水电解质和一个从电池组中严格地排除水的密封容器。

由于前面提到的优势, 锂离子电池被广泛用于航空航天、电动汽车和混合动力电动汽车。与其他高能量密度的电池相比, 锂离子电池更昂贵, 但它们能在恶劣的热环境和中等机械条件下运行。更重要的是, 这些电池在很宽的温度范围内具有不寻常的高能量密度, 如表 4.3 所列。锂离子电池较脆弱, 因此, 必须小心处理它们, 需要一个保护电路来限制峰值电压。这些电池比其它相应的充电电池更小更轻。锂离子电池在市场上已经可以购买。这些电池需要很长的充电时间, 高达 10 h, 因此将在适当的地点需要 220 V 或 440 V 的插入式充电站。对于赶时间不能等太久的用户来说, 与镍金属氢化物电池相比, 充电时间长是锂离子电池的主要缺点。

4.6.3 镍金属氢充电电池的特性

笔者对替代充电电池的研究表明，镍金属氢化物电池可用于电动汽车和混合动力电动汽车。它们的质量能量密度水平仅仅是锂离子电池的 20% ~ 25%, 因此, 需要更频繁的充电。由于频繁充电的需求, 混合动力电动汽车用户的充电成本要高很多。此外, 配备镍金属氢化物电池组的混合动力电动汽车需要更频繁的充电, 会导致个人不便以及更高的运行成本。另一方面, 其充电时间约 1 h, 锂离子电池 10 h。由于质量能量密度水平较低, 镍金属氢化物电池比锂离子电池体积大而且更重, 这可能稍微降低车辆的性能。镍金属氢化物充电电池的重要特点和不足总结于表 4.3 中。在相同的能量等级, 镍金属氢化物充电电池的采购成本比锂离子电池低。笔者还没有看到知名汽车制造商在电动汽车或混合动力汽车的生产中广泛使用镍金属氢化物电池组。到目前为止, 丰田的小型混合动力电动车, 普锐斯, 配备了镍金属氢化物电池, 根据这种特殊的混合动力汽车的用户反映, 它已表现出了令人满意的性能。这种电池已表现出了令人惊讶的随放电深度变化的开路电压, 如图 4.5 所示。由笔者进行的对有潜力的电池组的研究似乎表明, 某些类型的电池, 锂锰、锂铁硫化物、锌空气、镍锌和其他电池, 都可以部署在电动汽车或混合动力电动汽车上。但是只获得了有限的可靠性和寿命方面的性能实验数据。

4.6.4 电动汽车和混合动力电动汽车所用的锌空气充电燃料电池

锌空气充电燃料电池可以胜过锂离子电池[4]。锌空气电池结合空气或氧气与锌颗粒来产生电力。当所有的锌被消耗时, 唯一的副产物是氧化锌 (ZnO), 这是完全可回收利用的。燃料电池的设计师和工程师声称燃料电池可在小于 10 min 内加燃料, 因此电池几乎可以立即使用。事实上, 连续供料的电池永远也不会为补充燃料而关闭。锌空气燃料电池具有以下超过锂离子充电电池的优点:

- 目前, 美国有超过 35% 的全球锌供应。
- 21 个月全球锌产量可用于制造超过 10 亿的 10 kW · h 锌空气电池。
- 这将需要 180 年的锂产量生产等量的锂离子充电。这意味着锌空气电池的制造速度快得多。

- 大多数锂供应需要从美国以外地区进口, 因此, 电池的设计师在成本、质量控制和发货方面受制于外国供应商。
- 锂离子电池中含有有毒元素, 而锌空气电池没有。
- 除了锌空气燃料电池或电池组的优点外, 锌空气电池还比锂电池便宜得多。某些电动汽车和混合动力汽车的制造商正研究其他电池组, 如锂铁硫化物、锂锰、镍锌电池组, 如图 4.6 所示。

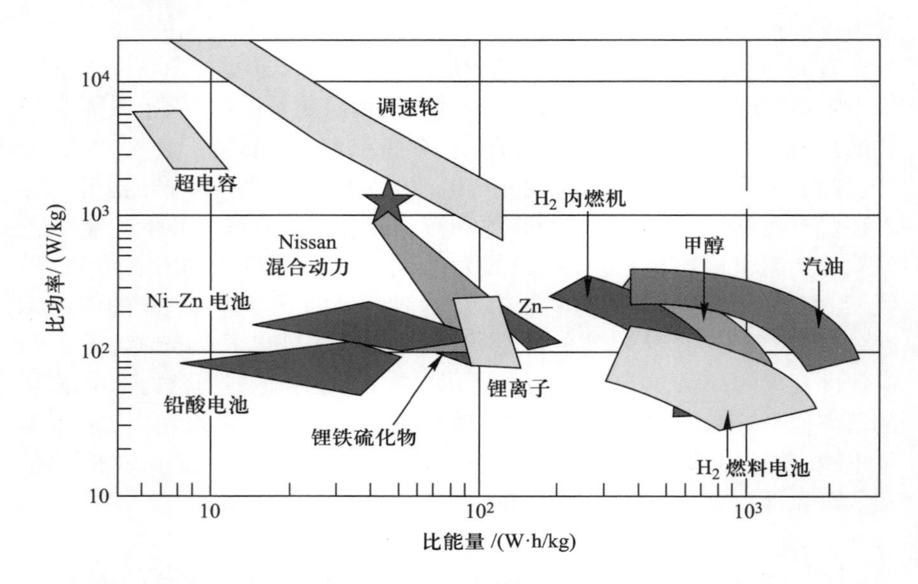

图 4.6 各种存储设备和能源转换技术的比功率与比能量

4.6.5 各种充电电池的能量密度水平

为了读者以及电动汽车和混合动力电动汽车的用户方便, 本节总结了最适合用于电动汽车和混合动力电动汽车的充电电池的重要参数。三种不同的充电电池的关键性能参数示于表 4.5 中。

笔者对各种材料, 包括镍和锂, 进行了广泛的研究, 显示锂似乎是最合适的材料, 它在质量能量密度 (W · h/kg)、容积能量密度 (W · h/L)、每月的自放电率、使用寿命方面提供了最佳的电池性能。此外, 这种材料是现成的, 无记忆效应, 在很宽的工作温度范围内保持着相当不错的性能。但是因为它有轻微的毒性, 需要小心处理和处置锂材料。其毒性不会造成严重的健康危害。由于其能量密度高, 自放电率低, 锂广泛用于军事和航空航天应用, 最佳的电池性能, 高可靠性和长寿命是这些应用最重要的设计要求。

表 4.5 锂离子电池和锌空气充电电池的关键性能参数

参数	电动车的充电电池类型		
	锌空气	锂离子氧化锰	锂离子聚合物
质量能量密度/(W · h/kg)	18.0	8.5	11.5
电池组成本/%	45	100	80
最佳的能量温度范围/°F	50 ~ 100	80 ~ 140	80
充电时间/h	1	4 ~ 10	4 ~ 8
运行费用	最少	中等	中等
一个小电动汽车的电池组的估计重量/lb	421	450	415
近似成本/(US$/(W · h))	0.39	0.83	0.78

锂离子氧化锰电池组的重量估计值为 450 lb, 根据锂离子氧化锰电池组, 插值估计了锌空气电池组和锂离子聚合物电池组的重量。插值法重量的估计误差可能在 15% ~ 25% 之内, 因为不知道准确的锂、氧化锰和聚合物的质量含量。

同样的, 充电电池组的成本是以锂离子氧化锰电池组的预计成本为基础的。简单地说, 重量和成本的估算显示的是各个电池组的 (价格) 趋向。

有时锂离子电池被认为是锂锰氧化物 (Li-ion-MnO)。从本质上讲, 电池是由锂和锰的氧化物制成, 而锂离子聚合物电池使用锂和高分子材料制作。锂离子氧化锰和锂离子聚合物电池组被制造商广泛应用于 EV 和 HEV。如果不特别小心, 锂离子聚合物电池组很容易损坏。这种特殊的电池组需要由高机械强度的材料制成的外壳, 以保护脆弱的 IC 控制电路和电池结构[5]。锂离子电池组具有独特的特点。

4.6.5.1 锂离子电池组的配置

锂离子电池组没有固定的配置要求。电池的额定容量 (kW · h) 严格决定了电池组的配置。将单电池组装成一个 EV 或 HEV 的电池组, 有许多可能的设计。在大多数情况下, 6 ~ 12 个单电池一起被打包成一个单元, 称为一个模块。每个模块都提供控制和安全电路, 以避免因为温度上升而过充造成严重的结构性破坏, 这种破坏会降低电池的性能。电池的性能损失随温度的变化如图 4.7 所示。该模块可被安装在电池组中，调整它的尺寸使其与分配给该车辆的电池组的空间相匹配。例如，日产 Altra 电动车配备的锂离子电池组每个有 12 个模块。每个模块带有 8 个单电池，每个单电池的额定电流为 10 A · h 容量。换言之，电池组的额定容量是 960 A · h。该电池组的整体重量约 365 lb，但不包括控制和安全电路的重量。笔者对重量优化的研究表明，发展电动车电池组的主要目标是最大限度地提高质量能量密度 (kW · h/kg) 或每单位质量储存的电能。锂离子电池组中的每个组件的重量明细如表 4.6 所列。

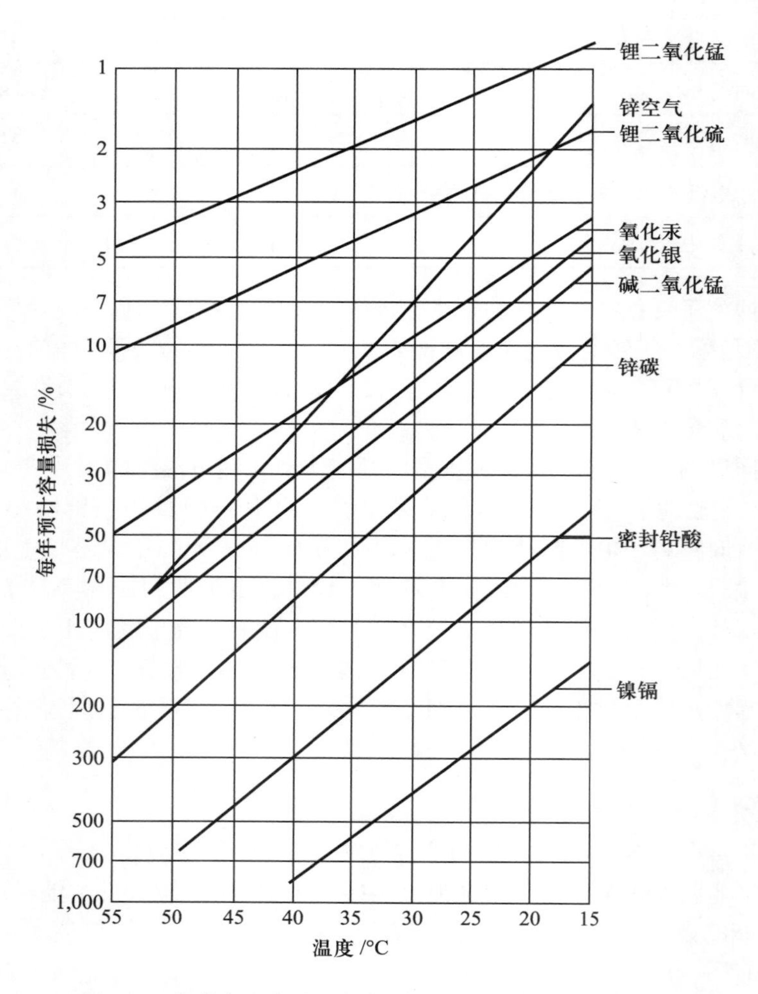

图 4.7 各种充电电池组每年随环境温度变化的容量损失

表 4.6 锂离子电池组中每个组件典型的重量明细

包装材料	由 100 个等级 10 A · h 的电池组成的锂离子电池组	
	组件的重量/lb	重量/%
负极 (干)	56	17.2
阴极 (干)	94	28.8
容器	70	21.6
电解质	44	13.5
分隔器	16	5.0
杂项	45	14.1
合计	325	100

4.6.5.2 与锂离子电池组相关的一些独特的问题

这些电池组有一些优点, 但锂技术也有一些缺点, 特别是在恶劣的热和机械环境下运行时。此电池技术的优点和缺点可以概括如下:

- 锂离子聚合物电池比锂离子氧化物电池有更高的效率。
- 它们最适合于时尚的外形是主要设计要求的应用, 如电动汽车或混合动力汽车[5]。
- 它们提供了独特的设计特点, 消费者可以轻松拆除或更换电池组。
- 这些电池组非常薄。
- 这些电池的组件重量很轻。
- 它们满足多功能应用, 包括数据采集、数据存储、智能电网以及其他商业和工业应用。
- 这些电池比锂离子氧化物电池毒性低。
- 它们最适合插入式混合动力汽车或并联式混合动力型车辆。
- 这些充电电池是商业电子设备, 如 iPod、iPad 和 iPhone 的理想选择。
- 这些电池可以工作的温度范围是 $-30 \sim +60$℃, 没有可靠性和安全性损失, 除了输出功率容量会有所下降, 特别是在 -30℃。
- 当运行电池时, 一旦在较低的温度下开始使用电池供电, 它加热非常快, 但不降低电池的性能。
- 工业用户注意到, 在低温条件下没有严重的问题, 而在高于 40℃ (104°F) 发现了一些可控的问题。如果不使用空气冷却, 可能会损坏锂离子电池, 导致一些安全问题。锂离子电池不应该暴露于某些环境条件下, 如沙漠条件或直射阳光下, 以避免损坏电池中使用的热敏感材料。锂离子电池不应该放在靠近热源的地方, 如正在运行的 ICE、排气轨管或在高温下运行的军事系统。

- 锂离子技术的最大优点是, 随着工作或环境温度的上升, 电池的内部电阻下降。这使得电池性能显著改善, 但这样做会牺牲可靠性。在电池上最接近最高温度点的位置安装一个带红色警告标志或 40℃ 红色标志的精确的温度传感器非常重要。
- 由笔者进行的对锂离子电池可靠性和寿命的研究表明, 在温度超过 40℃ (104°F) 时, 这些电池的寿命会受到严重影响。进一步的研究表明, 当运行在 40℃ 以上时, 要考虑对电池寿命的长期影响。
- 在交通运输应用情况下, 在安全的温度范围内允许使用全功率应用, 但随着电池温度接近平均 35℃, 电动汽车驾驶员应该开始限制输出功率。
- 电池设计者声称, 电动汽车和混合动力电动汽车的驾驶员, 如果必要的话可以连续使用全额定功率, 只要将电池温度保持在 35℃ 以下。EV 或 HEV 的这种类型的操作不会影响该车辆的长期寿命。
- 在某些应用中, 电池组需要进入一个杀菌器以满足特定的性能要求。在这种情况下, 电池可能会暴露在超过 45℃ 的高温下很短的一段时间, 这将不会影响电池的性能、可靠性或生命周期。
- 一些锂离子电池供应商提及他们最大明确的温度范围为 75℃, 但他们建议电池降低功率运行, 最好在电池组的全额定功率的 75%。
- 已经安装在 EV 或 HEV 上的锂离子电池组充电和放电必须遵循电池安全性的具体准则。锂离子电池的用户被警示, 在升高的温度下充电可能会导致长期的电池损坏, 这种损坏随着升高温度和荷电状态的计时而增加。建议用户在高温下充电时降低电池的电压。
- 在较高的温度下, 用户应限制电流, 以确保电池组的长期寿命。
- 锂离子电池能够满足低能量消费者和高能量消费者的要求, 包括电动汽车和混合动力电动汽车的用户。
- 由约 40 MW 的充电电池组成的基于电池的电力系统在全世界范围用来帮助调节频率和热储备, 这将使电力网稳定。
- 电动汽车和混合动力汽车的最小充电成本可以通过避免在峰值能量消耗时间使用充电站来实现。例如, 如果当公共公司真正需要电力时, 你为正常运行支付 0.11 美元/kW · h, 那么公共公司将愿意为那时供电支付 4、5 或 6 倍金额以避免不得不运行另一个电厂以供应能量峰值。

- 目前, 锂离子电池组的成本非常高, 由 \$4,300 ~ \$6,500 不等。电池供应商预测, 当多个行业接受锂离子电池技术的潜在优势, 包括 10 年的寿命, 电池组的价格将回落 (也许在未来 4 ~ 6 年)。
- 电池科学家和设计师认为, 对于很多应用, 空间是十分宝贵的, 考虑到锂离子的优势在其电荷密度, 锂离子电池的高价是可以接受的。
- 目前, 电动汽车的锂离子电池组的重量约 400 ~ 550 lb 不等, HEV 从 500 ~ 750 lb 不等, 这取决于电池的功率容量。这些车辆的重量对于汽车制造商是一个至关重要的问题, 他们愿意为减少重量的和超薄设计的充电电池支付高价。
- 电池设计师认为, 锂离子电池将在环境温度适中的车内维持相当长的时间。电池设计师还认为, 如果应用程序有很多循环, 如果仅仅与铅酸电池比较成本和生命周期, 锂离子电池经过 10 年左右的期限肯定更具成本效益。铅酸蓄电池可以循环, 根据电池的设计师所言, 在高温环境中也不会持续很长时间。用户要求 8,000 ~ 10,000 次甚至更多个循环。据 EV 设计师称, 这些循环预计与运输车辆 10 年的使用周期一致。
- 降低电池成本的技术需要准确平衡的方式, 这将包含平衡电子器件和监测电子器件。这两种技术将最终通向所有电池管理的一个潜在的增长领域。注意, 锂离子电池组认真考虑处理这些平衡问题和其他潜在的可用于平衡的技术。为了解释平衡的概念, 假设流入到每个电池中的电流是相同的。从理论上讲, 平衡技术是基于电池电压。然而, 如果考虑温度对单电池电压的影响, 单电池输出电压的表达式就变得复杂并且需要计算理论。电池设计师认为, 第一代锂离子电池组将不包括主动平衡的概念。更先进的技术, 如主动平衡技术, 将在第二和第三代的锂基电池组的设计中涉及。
- 目前, 锂离子电池、锂聚合物、镍金属氢化物充电电池进行了生产制造, 以部署在电动汽车和混合动力电动汽车上。丰田的普锐斯使用镍金属氢化物充电电池, 运行时 ICE 为它自动充电。此外, 镍金属氢化物电池组的成本略低于锂离子电池组。没有获得镍金属氢化物电池组的可靠成本数据。这款车无需外部充电站为电池组充电, 但充电是由用户车库的一个 110 V 电源插座提供。
- 为了可能在未来的电动汽车和混合动力电动汽车上的应用, 各类锂化学充电电池被研究。进行全面的研究和开发活动, 特别是磷酸锂、磷酸锂铁、锂硫、锂锰充电电池, 最重视成本和轻量化技术。必须全面检验正极材料的重要性质, 以断定选择的特定的阴极材料是否提供最低的成本和其他期望的特性, 如抗失控、防腐和无毒属性。由不同材料科学家进行的研究显示, 磷酸铁锂材料因为不会热击穿提供最佳的安全性。在一般情况下, 单电池往往在升高的温度下经历容量损失, 并在极端的温度上升下遭受热击穿的问题。

- 有必要用先进的算法监测重要的电气性能参数、温度和每一个单电池和模块的结构可靠性参数, 以确保电池组的可靠性以及在车辆中的乘客的安全。必须使用第二代控制芯片同步电流和精确度为 $+/-3\ \mathrm{mV}$ 的电压的测量。必须定义进行可靠性和可维护性的自我诊断的规范要求。安全和维修专家建议全部使用电池管理集成电路和精密模拟电子技术去管理和控制被安装在电动汽车和混合动力电动汽车上的电池组。如果电动汽车或混合动力汽车的最佳可靠性、在各种负载条件下的稳定性能和最佳的安全性是主要的工作要求, 则必须保持作为放电深度和荷电状态的函数的开路电压, 如图 4.8 所示。

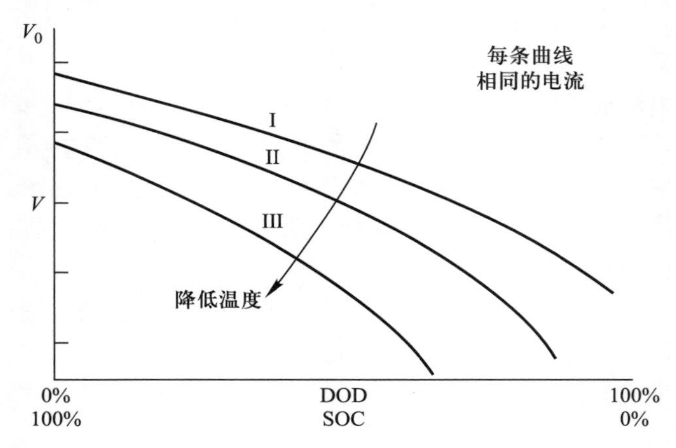

图 4.8 作为放电深度和荷电状态的函数的充电电池的开路电压, 都以百分比表示

4.6.6 结合智能电网技术的设计理念

智能电网技术承诺对老化的能源基础设施进行彻底检修。充电站必须有设施为安装在电动汽车和插入式混合动力电动汽车 (PHEV) 上的电池充电, 将给用户带来的不便降至最低。一个长期的、双向沟通的用户输入将有利于电动汽车和混合动力电动汽车的车主。成功收取客户户外服务费用的能力严格依赖于先进的充电基础设施。智能电网最关键的环节之一,

是电动汽车和插入式混合动力电动汽车的出现。这些移动负载和充电能源将是智能电网系统的不可分割的组成部分[6], 但不在同一位置。想像一下, 几个 EV 用户在商务会议或在一个聚会上, 谁想去给他们的车辆充电。除了突然影响当地的变压器, 电动车和 PHEV 汽车需要与智能电网连接并进行通信, 使车辆可以在最短的时间内以一个有序的方式充电。

可以统称为插入式电动车 (PEV) 的电动汽车和插入式混合动力电动汽车的成功, 很大程度上取决于有效的充电基础设施。这些充电基础设施的位置被明确写在智能电网技术手册上, 它被提供给每一个 PEV 用户[6]。美国联邦政府希望到 2015 年有超过 1 百万的插入式电动车上路。电动汽车的电池充电要求会增加家庭的用电量高达 50% 以上。电力消费需求可以很容易地通过现有的电力变压器和分布式传输线来满足。

4.6.6.1 充电负载对公共电网的影响

根据安装在电动汽车和混合动力汽车中的充电电池, 电气负载对家庭和地方变压器的影响将是完全不同的。对于电池等级而言, 全电动小型轿车将有 22 ~ 25 kW · h 的电池等级。相反, 福特 Fusion 混合动力汽车和日产 LEAF 混合动力汽车用一个 24 kW · h 的电池。对于电力消耗而言, 由于气候的变化, 在家里充电电池在日常使用中消耗的能量可能会有所不同, 在美国亚利桑那州 30 kW · h/天, 在底特律地区 20 kW · h/天。电动汽车充电水平、所涉及的电池的类型, 和不同的电动汽车和混合动力汽车的充电费用总结于表 4.7 中。

表 4.7 电动汽车充电量涉及电池的类型和所涉及的各种电动和混合动力电动汽车的充电费用

汽车型号	充电电平或电压/V	相	充电电流/A 和能量/(kW · h)	充电时间/h	典型的充电费用 (US$)*
GM Chevy Volt (EV)	AC 110	单	16 和 18	2 ~ 3	1.80
GM Chevy Volt (HEV)	AC 240	单	15 和 36	< 1	3.60
Maxima-OptaMotive	AC 420	单	40 和 88	2 ~ 3	7.68
E-Tracer (HEV)	AC 240	单	80 和 92	1.5	28.10

* 充电费用假定商业电力使用收费为 $0.10 ~ $0.11/kW · h。因此, 总的电力消耗是等于电压和电流的乘积。总的充电费用是电能消耗与每单位电力的成本的乘积。对于 Maxima, 电网电压为 AC 110 V, 使用升压变压器更新为 AC 420 V, 因为使用的锂离子电池要求的充电电压是 420 V, 以将充电时间缩短至 1.5 h。除了通用汽车雪佛兰 Volt 是唯一的电动汽车外,

所有的电池基电动汽车都是混合动力电动汽车。

4.6.6.2 充电电池组和电力负荷的典型收费标准

全电动车辆的充电速率与插入式电动汽车不同, 而且, 充电速率是充电地点可用的线电压和 EV 充电器等级的函数。充电器的额定功率为 3.3 kW 或 6.6 kW。低等级的充电器一般用于小型电动车, 而高等级的充电器 (6.6 kW · h) 用于 PHEV 汽车或高功率全电动汽车。例如, 当使用 3.3 kW · h 充电器时 18 kW · h 电池将花费 6 ~ 7 h 充电。Volt 有一个 8 kW · h 的电池, 可使用家用 110 V 电源 12 A 电流充电, 这可能需要 5 ~ 7 h, 或 240 V 商业插入式电源 40 A 电流, 这可能需要不到 1 h 的充电时间。

2015 年后, 几乎所有插入式电动汽车将能与智能电网系统沟通。例如, 通用汽车公司的雪佛兰 Volt 可以利用内置的通信功能, 如 OnStar 子系统, 这是智能电网系统的一个组成部分。美国国家标准与技术研究所 (NIST) 对这项技术表示了极大的兴趣, 并指导所有标准活动的合并。NIST 的智能电网工作标准的框架和路线图, 确定了以下优先级 (见图 4.9)[6]:

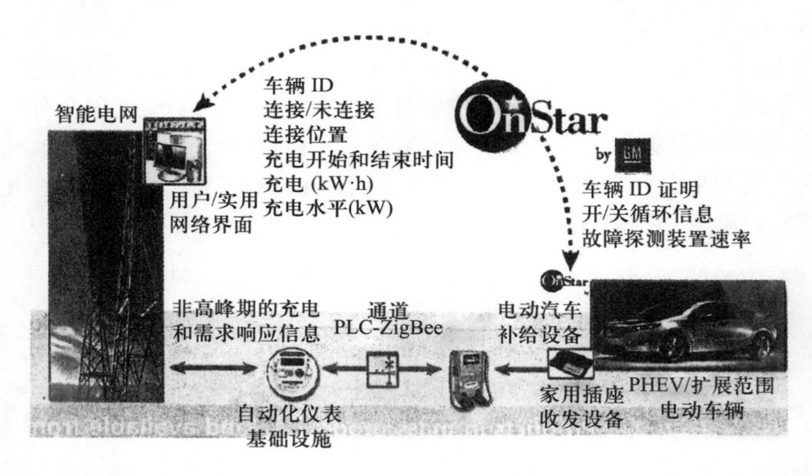

图 4.9 美国国家标准和技术框架和路线图可以与智能电网系统的概念集成

- 需求响应;
- 消费者的能源效率;
- 能源存储的可用性;
- 广域态势感知;
- 电动运输;
- 先进的计量基础设施;

- 配电网管理;
- 网络安全能力;
- 网络通信能力。

4.6.7 最适合充电电池的材料及其性能

笔者对电动汽车和混合动力电动汽车的不同类型的充电电池的研究表明, 锂离子电池被不同制造商广泛使用。最广泛使用的充电电池包括锂离子氧化锰及氧化钛、磷酸锂铁、锂离子硫化物、锂离子聚合物电池。这些电池的性能和其他重要特征, 在本节中进行了详细描述, 特别强调能量密度、自放电率、寿命和功率密度。

无论电池的类型高成本阴极材料、各种电池组件所用的材料的密度以及电池和模块的数量, 用于确定电池的成本和电池总重量。材料成本估计和电池的关键要素所使用的各种材料的密度, 总结于表 4.8 中。电池的总重量严格依赖于所使用的单电池数目, 阴极、电极和电解质所用的材料的密度, 采用的隔板数量, 容器或外壳。日产 Altra 电动车目前使用的高功率充电电池组中电极、阴极、电解质和容器的重量占总重量的 82%。这种特定的高功率锂离子电池组的总重量低于 800 lb。综合重量分析表明阴极占高能量电池单元的总材料成本的约 50%。

表 4.8 材料的估计成本和所使用的各种材料的密度

组件	基本元素	密度		材料成本/lb
		g/cm^3	(lb/in^3)	
阳极 (−电极)	石墨	2.20	0.21	\$7.00~\$16.00 (根据等级)
阴极	钴	8.90	0.868	\$10.00~\$12.00
阴极 (+电极)	镍	8.90	0.863	\$3.00~\$4.00
锂电芯	碳酸锂	5.44	0.528	\$1.00~\$2.50
阴极 (+电极)	锰	7.44	0.725	\$0.10~\$0.92
电解质	锂盐 ($LiPF_6$)	5.22	0.506	\$14.00~\$35.00
模块壳体	聚丁烯塑料	0.92	0.089	\$1.00~\$2.00
包壳/框架	铝	2.70	0.263	\$1.60~\$2.00

注: 材料价格报价只是近似值。根据位置、材料质量、购买的材料数量, 报价误差在 ±10%。铂鲜有在充电电池组的任何组件使用, 因为它很昂贵。但是, 它具有非常高的密度, 这将显著地增加电池组的重量。把材料的密度从 g/cm^3 转换到 lb/in^3, 要乘以一个因子 0.097。

4.6.7.1 100 A · h 高能充电电池组的主要材料成本

电池组的材料成本严格依赖于能量水平、电负载和电池容量要求。活性阴极、阳极、电解质、隔板、单电池和包装容器或壳体的制造和保护必需合适的材料。一个典型的 100 A · h 容量的高能量充电电池组的最新的材料成本估计总结在表 4.9 中[7]。

表 4.9 高能量电 100 A · h 充电电池组的材料成本估计

组件	材料成本/(US$/lb)	组件成本/%
活性阴极	25.00	50.2
电解液	27.30	22.2
石墨	13.60	10.9
隔膜材料	81.80	7.0
容器材料 (Al)	9.10	0.8
铜	6.80	1.5
容器和通风口材料	8.20	2.2
杂项材料	17.70	5.2
合计	材料成本/lb ×100% 材料重量	

4.6.7.2 广泛应用于全电动和混合动力电动汽车的电池组的费用估计

锂离子电池和镍金属氢化物是目前仅有的两个用于电动和混合动力电动汽车的电池。电池组的重量和成本是决定电动汽车和混合动力电动汽车零售价的最重要的参数。对于电池组的价格而言，它从一个小电动车的约 3550 美元变化到一个全尺寸的、设备齐全的 HEV 的 6,000 美元以上。根据电池组供应商所说，锂离子电池组的基础价格可能高达 1000 美元/kW · h，这意味着通用汽车公司的混合动力汽车 Volt 的锂离子电池组的零售价格将为 13 000 ~ 15 000。更高的阴极成本 (51%)、电解质成本 (22%) 和阳极成本 (11%) 是电池组的成本较高的主要原因。换言之，84% 的总材料成本是由于阴极、阳极和电解质的成本。

大多数经济学家认为，电池组的高成本似乎是拥有一辆全电动或混合动力电动汽车最不利的因素。此外，充电和回收的成本也相对较高。而且，税务专家和经济学家认为，如果用户购买了一个电池，新电池折旧，可能会出现问题，因为它是汽车不可分割的一部分。他们进一步认为采用较低成本的电池组，可以减少为了节约成本的燃料回收投资，减轻拖拉重量，未来汽油价格的不确定性的风险也较小。尽管其成本适中接近至 16,000 元，丰田的普锐斯也花了很长时间才达到盈亏平衡点。经济学家还认为, 除了富裕的买家, 高基数的电动汽车和混合动力电动汽车的价格将阻碍大多数客户购买这些车, 但是为了销售这些车辆, 需要电池技术的突破, 它将提供三样东西, 即比目前使用的锂离子电池更高的能量密度、较低的充电电池的成本和更高的整体性能。下节在电动汽车或混合动力电动汽车的成本效益分析所涉及的几个因素基础上, 提供了一个价格合理的例子。

4.6.7.2.1 价格合理的 EV 或 HEV 的范例

在成本效益分析中考虑通用 Volt (PHEV)[8]。根据已发表的报告, 当使用电力时, 这种特殊的车辆将达到 250 W · h/mol 或 402 W · h/L。汽油成本约 3.00 美元/gal, 或 0.79 美元/L, 所消耗的电力成本约为 0.11 美元/(kW · h)。假设充电电池寿命 12 年, 在这些成本下, 这种 HEV 将覆盖约 15×10^4 mile, 或 241000 m。

4.6.7.2.2 分析结果

这个例子指出, 忽略电池充电费用的话, 一个寿命周期大约可节省 4875 美元。超过 12 年的时间扣除这一数额的 10% 来代替借钱买这辆车的费用, 用户可以发现在整个寿命周期车辆的燃料成本可净节省约 3,000 美元。这一节省可通过在家用电流源上运行车辆来实现。阴极和电解液材料的高成本是充电电池组成本高的主要原因。

4.6.8 组件成本对电池组的采购成本的影响

笔者认为组件的成本以及充电电池组的成本将会随着电动汽车和混合动力电动汽车在未来的销售增加而降低。根据一些汽车经销商和充电电池组供应商收集到的信息, 笔者预计锂充电电池组的采购成本在 3 ~ 4 年内会从目前的价格下降 15% ~ 20%。

4.6.8.1 估计当前和未来的组件成本

根据从组件供应商获得的成本数据, 笔者认为锂充电电池组的采购成本到 2015 年将下降 20% 以上[8]。笔者认为当锂离子电池技术完全成熟, 组件设计进行了优化和冻结, 并出现电动汽车和混合动力电动汽车销售的显著增加时, 锂基充电电池组的价格很可能会出现一个显著下降。笔者总结了当前和未来的 100 A · h 高能量、可充电锂离子电池组的组件成本预算和相关的数据, 如表 4.10 所列。充电电池组的成本预算受下列因素影响: 充电电池组的安培 · 小时额定值、电池的输出容量、电池组件的材料成本、电池主要元素的材料类型 (如阴极)、电解液的成本和类型、隔板、包含的单电池和模块的总数、使用的壳体或容器的类型以及需要满足的质量控制和可靠性的保证规范。从表 4.10 中给出的数据可看出, 阴极成本目前似乎是最高的, 并且将仍然保持最高, 因为如表 4.10 中所列, 钴材料短缺且成本高。

表 4.10 额定容量为 100 A · h (US$/lb) 的锂基电池组高能量电池所使用的组件的当前和未来的材料成本

组件和材料	目前的成本和总成本的百分比		未来的成本和总成本的百分比	
	材料成本/(US$/lb)	材料成本/%	材料成本/(US$/lb)	材料成本/%
阴极 (Co)	25.0	50.2	9.1	48.1
电解质 (锂盐)	27.3	22.1	9.1	19.6
分离器 (聚乙烯)	81.8	7.0	18.8	4.2
阳极 (石墨)	13.6	10.9	6.8	14.5
容器/罐 (塑料/铝)	8.2	2.1	7.2	2.6
低损耗线路 (铜)	6.6	1.5	4.6	1.5
容器 (铝)	9.1	0.8	6.8	1.6
杂项 (塑料/金属)	17.7	5.3	8.6	6.8
材料总成本的百分比	100		100	

4.6.8.2 材料成本估计

从电池供应商或汽车制造那里不容易获得每个电池组件的实际材料成本预算。只有对电池的主要组成部分的粗略的成本估算, 其中可能有 10% ~ 15% 的较大误差。这些成本估计至少将显示部件成本以及整体电池组的成本的现实趋势。根据发表的技术论文和报告的研究综述, 笔者总结了当前和未来一个高能量的锂离子电池组使用的每个独立元件的材料成本, 如表 4.10 所列。镍金属氢化物电池和锂空气电池组的每个独立组件的材料及其成本仅有有限的信息。由笔者进行的对广泛使用在电动汽车和混合动力电动汽车的锂离子电池组的初步市场调查显示, 电池组的可能成本范围为, 小型电动车 3000 ~ 4500 美元, HEV 为 6500 ~ 11500 美元, 视电池能量容量和在模块中的单电池的配置而定。

本节中总结的材料价格仅仅是材料的价格, 不包括其他费用, 如进厂检验费、遵守质量控制的费用、材料的质量和数量的验证、如果需要的话炼油成本、如果材料不符合采购规格材料装运的返回。

表中参数的分析表明约 83% 的材料成本包含购买阴极、阳极和电解质的材料。必须尝试使用较低成本的替代材料，只要充电电池的性能、寿命和可靠性不受到损害。有趣的是，在 2015 年采购降低成本的材料仍然占有相同容量充电电池组的材料的相同百分比，但电池组的制造成本将减少 15% ~ 20%。

关键材料及其对电动汽车和混合动力电动汽车的锂离子充电电池的购买力的影响。由笔者对锂基充电电池的最关键的材料进行的研究表明，最合适的材料是锂金属电池芯、钴阴极和锂磷酸氟化物电解液。用于阴极和电解质的材料是最昂贵的。因此，锂基电池组的价格的降低严格依赖于用于充电电池组的阴极和电解质元件的原料成本。如果电解质和阴极材料更便宜，则锂离子充电电池组价格会显著减少[9]。

对阴极材料成本的初步分析表明，三种不同的材料，即钴、镍和锰，可以用来制造阴极。2000 年这些材料小批量的采购成本总结在表 4.11 中。

表 4.11 阴极材料价格 (2000)

基本元素	价格/(US$/lb)*	阴极材料	价格/(US$/lb)*
Co	18.50	$LiCoO_2$	25.40
Ni	3.20	$LiNi_{0.8}Co_{0.2}O_2$	30.45
Mn^+	0.25^+	$LiMn_2O_4$	27.44

注：* 材料价格报价是在小批量的基础上，如果订单量大价格将下降；
+ 锰报价是根据原料矿石中的 Mn 含量。这意味着，精炼金属的价格将根据纯度规格更高。

4.7 稀土材料对电动汽车和混合动力电动汽车发展的关键作用

稀土材料 (REM) 已被广泛地应用于商业、空间和军事产品。重要的是，使用一定的稀土材料，如钴、镍、钸、钕、铽和镝并不加快电动汽车和混合动力汽车的开发，但它提供了显著的组件性能改进和重量与尺寸的减少。电动汽车和混合动力汽车的成本较高，稀土材料的成本较高也是原因之一。笔者对稀土材料的近期研究表明，稀土元素 (REE) 或材料分为两个不同的类别，即重稀土和轻稀土材料。这些材料被镍金属氢化物充电电池组、催化转换器、电动机、液晶显示器 (LCD) 屏幕、照明灯玻璃、混合动力电动机和发电机、光学温度广泛使用, 目前这些正在各种电动汽车和混合动力电动汽车相关的组件中使用。

4.7.1 电动汽车和混合动力电动汽车使用的各种稀土材料的确定

稀土元素被广泛地使用在电动汽车和混合动力汽车的各种元件中。特别是, 镍金属氢化物充电电池组、催化转换器和混合动力电动发电机中的稀土元素的使用, 显著改进了效率和可靠性, 并大大减少了所包含的组件的重量和尺寸。不同 EV 和 HEV 组件使用的稀土元素在表 4.12 中进行了说明。

表 4.12 广泛应用于电动和混合电动汽车部件的稀土材料的确定和它们对组件的性能可靠性和长寿命的具体贡献

EV/HEV 组件	使用的稀土材料	稀土材料的特殊优点和改进
镍金属氢电池	铈, 镧	最小电压衰减
催化转换器	铈, 镧	效率改进, 重量和体积减少
柴油燃料添加剂	铈, 镧	加快燃烧过程和减少有毒污染物
液晶屏幕	铈, 铕, 钇	提供高质量的屏幕参数
玻璃和镜面抛光粉	铈	不损伤表面的高效抛光剂
元件传感器	钇	提供改进的灵敏度, 精度
大灯玻璃	钕	强度增强
混合动力电机和发电机	镨, 铽, 镝	提高电动机和发电机的输出
电机磁铁	钕, 镝, 镨	提供高磁密度

与其他传统材料相比, 这些材料的采购成本非常高, 因为这些元素通常散落在岩石之间的碎片中, 而且必须分离、加工、精制, 并经过质量控制检查。包含一些复杂的过程, 使得这些材料的采购成本非常高。此外, 大量的稀土材料被用于制造电动汽车和混合动力汽车中使用的关键组件。因此, 由于异常高的稀土材料成本, 这些车辆的零售价格高于标准汽油的汽车。例如, 在过去的 3 ~ 5年, 稀土材料铈的价格已经从 4.55 美元/lb 上涨到了 31.82 美元/lb。同样, 其他稀土材料每磅价格也上涨了。这是由于中国产量占全球供应市场的 97% 而且已经限制这些材料的出口, 从而导致

稀土材料更高的价格上涨。除了许多组件的显著的性能改进和显著减少有害废气, 这些材料的使用已实现了在电动汽车和混合动力汽车中使用的必要部件的重量和尺寸的显著降低。

4.7.2 未来稀土材料对电动汽车和混合动力电动汽车性能的影响

本节预测未来稀土材料在电动汽车和混合动力汽车重量和体积的减少、特定部件或子系统的性能改进、在充电时间和成本方面的影响。根据市场调查, 只有少数的稀土材料供应商在经营, 他们不愿意分享这些材料的成本和效益信息。笔者认为, 需要深入研究这些材料的其他优点。这些未知的优点, 不仅增加稀土材料的销售, 而且也确定了这些材料在电动汽车和混合动力电动汽车组件中的应用。

注意一些交流感应电动机及发电机的设计中的关键的稀土磁性材料的重要特性并不完全已知, 如顽磁性、矫顽力和 B-H 特性, 因此, 需要进一步研究这些材料。表 4.13 表明一些稀土材料会对特定的 EV 或 HEV 组件或子系统, 提供特殊的优势。

表 4.13 一类特殊的稀土材料在下一代电动和混合动力电动汽车的设计中的特殊优点

稀土材料	密度/(g/cm^3)	对特定组件的优点和应用
Ce	6.77	电动机, 发电机, 催化转换器
Dy	8.54	电动机, 发电机, 永磁
Eu	5.25	液晶屏幕
Ho	8.78	监控传感器
La	6.16	催化转换器, 镍金属氢电池组
Nd	7.08	磁电机, 发电机
Pr	6.63	交流感应电动机, 发电机
Sm	7.54	微波放大器, 交流感应电动机
Tb	8.23	紧凑型高强度磁铁, 电机
Tl	6.63	低温电子器件

表 4.12 中的数据表明在第一代电动汽车和混合动力电动汽车上使用的稀土材料的最低限度的优点。笔者希望, 总结在表 4.13 中的对潜在稀土材料的积极研究和开发活动将对 2015 年后投放市场的下一代电动汽车和混合动力汽车的组件和子系统带来更大的好处。

4.7.3 稀土材料提炼、加工和质量控制检验相关成本

稀土材料的应用提供了几个优点, 这是其他材料, 如铝、铜和铁没有的。但是, 传统的材料确实不提供其他优势。稀土材料采矿、加工、精炼的困难及其突出的优点可以归纳如下[9]:

- 稀土材料已经成为一个热门的商品, 因为它们被用在各种商业、军事和空间应用。
- 开采稀土材料非常困难和昂贵。
- 大量的泥土必须从矿坑中挖出, 因为这些元素通常散落在岩石之间的碎片中, 必须被分离和处理。
- 从泥土和石块中分离材料, 加工、提炼和质量控制检查, 需要很长的时间, 从而导致材料成本高。
- 得到成品的整个过程每分钟需要数百加仑的水, 消耗大量的电力, 其精炼过程需要有毒材料, 有时需要清除放射性污垢。
- 中国控制全世界这些材料供应的 97%, 没有这些材料的供应链。在这些情况下, 预计在不久的将来这些材料会维持高成本。大多数的矿山位于西藏南部。
- 供应紧张继续限制稀土材料的出口, 违反了世界贸易组织的规定。
- 美国地质调查局已经确定了在南加州的 Mountain Pass 和 Music Valley 的稀土材料储量。这两个采矿设施将需要几年的发展, 才可以生产出能够满足国家需求的稀土材料。
- 目前, 在美国很少有公司可以处理充电电池所需的稀土材料和混合动力电动机和发电机的磁铁。钐钴磁铁最适合用于发动机、发电机和微波行波管 (TWT), 高效率和最小的重量及尺寸是它们主要的设计要求。
- 总部位于加州的 Molycorp 公司, 正计划扩大其业务来生产选定的稀土材料。
- 目前, 日产 Leaf 和雪佛兰 Volt 这两种混合动力电动汽车, 使用稀土磁铁, 它提供了最小尺寸和重量的高磁密度。这些电动车与其他混合动力电动汽车相比, 使用更多的稀土材料。这就是为什么这些车辆的零售价相对高于其他具有相同的电气和机械性能水平的车辆。此外, 镨冷却 (PrC) 稀土材料的使用可以显著改善电动机和发电机的性能, 但显著增加系统的成本和复杂性。这就是为什么笔者建议丰田混合动力汽车的电动机和发电机使用 PrC。丰田的工程师们正在探索使用替

代材料以降低汽车的价格。

- 最新的电动汽车和混合动力电动汽车的制造商正计划从这些稀土材料中，包括钕、镨、镝、铽，为混合动力电动机和发电机选用合适的稀土材料。稀土材料的选择将严格建立在性能的显著改善和汽车尾气的大量减少的基础上。一些汽车制造商正在研究潜在的替代材料，如铜、铝、铁，来更换稀土材料，因为它们的高成本和中国对稀土材料的垄断。
- 更高的稀土材料成本是由于初始地质调查所需的费用来确定位置或地点，在那里地质科学家希望找到稀土材料的沉积物。简单地说，开发稀土材料的新矿的要求如下:

  (1) 综合测量工作;

  (2) 成本效益勘探技术;

  (3) 有关当局施工许可证;

  (4) 经验丰富的人力资源，以最小的努力提取材料;

  (5) 在材料加工、精炼和质量控制检查中包含的费用。
- 最近，稀土材料成本显著增加。例如，被广泛用于催化转换器的铈材料，价格已经从 $4.55 lb 涨到 $31.82/1b。由于这些材料的缺乏和中国的垄断，稀土材料的零售价格有望维持高位。

4.8 结论

由笔者进行的综合研究表明，四种不同的充电电池组最适合电动汽车和混合动力电动汽车运行，即锂锰电池组、锂铁磷酸盐电池组、锂离子聚合物电池组、密封镍金属氢化物电池组。讨论了每种充电电池组的性能和局限性，重点强调可靠性、寿命、成本和复杂性。为这些电动汽车和混合动力电动汽车的购买者提供了各种充电电池组的典型的电池寿命和目前的零售价格。根据 Volt 经销商称，雪佛兰 Volt 使用的锂离子电池组的重量约 525 lb (最大)，具有最长电池寿命超过 15 年，并拥有最高零售价格接近 6000 美元。电池组的重量、价格和寿命都严格依赖于电池组的容量和寿命要求。描述了早期的电动汽车和相关的充电电池组的发展史。介绍了各公司的电动汽车和混合动力电动汽车，重点在所使用的电池类型、关键性能参数和电池组的零售价。充电电池组配备了多个包含在模块中的单电池、热管理电路、液体冷却子系统、在恶劣的工作环境下保护电池的轻质外壳和监测电池表面重要位置的温度以确保电池组的可靠性和结构完整性的电子传感器。大多数电动汽车和混合动力电动汽车使用车库的 110 V 电源插座或在充电站使用 240V/440 V 插座充电。本章提供了大致充电时间、费用和用于各种电动汽车和混合动力电动汽车的电力。

总结了用于商业运输的充电电池的性能特点和要求, 强调容积能量密度、质量能量密度、寿命周期预测、充电时间、每月的自放电、估计成本 (美元每瓦时)。电池的自放电率的简短研究似乎表明最低的自放电率提供增强的可靠性、高寿命和变化的电负载条件下的持续电池性能。更高的可靠性和最佳的电气性能, 只能从锂离子聚合物充电电池组获得。但是, 这个特殊的电池组根据电池的容量可能需要充电 6 ~ 10 h。镍金属氢化物电池组比能量水平低, 但其充电时间是 1 h。此外, 与锂离子电池组相比, 这些电池组需要频繁充电。至于毒性问题, 锂离子电池中含有一些有毒元素, 因此建议在维护周期内要足够通风。电池的设计师和材料科学家认为, 必须考虑尝试在 EV 和 HEV 应用中采用锌空气电池组, 因为其成本较低, 无毒性问题。尽管有这些优势, 制造商目前正在避免使用这种充电电池组。

确定了重要的电池组件, 如阳极、阴极、电解质和电池壳体的材料要求。简要总结了这些材料的重要特性, 强调了热和机械性能。阴极是电池组最昂贵的组分, 其成本占电池总成本的 50% 左右。它是由钴酸锂制成。接下来的最昂贵的组分是电解质, 占成本最低的项目是由石墨制成的阳极。为用户提供了其他的电池组件的材料成本, 包括分隔器、用于电池和模块的外壳以及容器。

充电电池的安全性和可靠性严格依赖于发动机和电池表面温度。为了确保安全的表面温度, 在发动机和电池组重要位置上提供热传感器, 持续监控温度。最先进的算法是必要的, 以监控重要的电气性能参数、温度水平和每个电池和模块的关键结构参数, 以确保电池组的安全性和可靠性。第二代控制芯片可用于同步电流和电压测量。如果可靠性和安全性是主要的设计参数, 则可靠性和可维护性的自我诊断的规范要求必须明确。

笔者考虑了各种锂离子电池的电池组配置。在车辆中的电池组的空间分配决定了一个特定的 EV 或 HEV 的最佳配置。在大多数情况下, 6 ~ 12 个电池一起包在一个单元称为一个模块。在每个模块中提供了控制和安全电子电路, 以避免严重的结构性过充电或过放电。一个电池组, 通常可容纳 8 ~ 12 个模块, 这取决于电池的容量和车内的可用空间。然后, 这些模块被安装在电池组的包装壳中, 该壳体的尺寸与车辆上的电池组空间分配相匹配。电池组通常位于两个后轮之间, 有一个较低的重力中心, 从而在大多数的驾驶条件下产生最佳的机械稳定性。NIST 已经帮助和巩固所有的标准化活动。NIST 框架和路线图与智能电网系统集成, 它提供公共充电的位置和其基础设施以及电动汽车和混合动力电动汽车用户的可用设施。

参考文献

[1] Editor, “Technology report on all-electric vehicles progress to shock the automobile market,” Electronic Design (May 2010), pp. 36-44.

[2] Roger Allan, “Electric and hybrid vehicles technologies charge ahead,” Electronic Design (March 2010), pp. 27-33.

[3] Reporter notebook, “Are you a one-volt Family?” Machine Design (November 18, 2010), p. 22.

[4] Reporter notebook, “Zinc could trump lithium for vehicle batteries,” Machine Design (October 7, 2010), p. 26.

[5] Jim Harrison and Paul Shea, “Energy-saving forum: Batteries and battery controller ICs,” Electronic Products (February 2010), pp. 24-28.

[6] R. Frank, contriburing editor, “Elecrric vehicles: Ihe Smart Grid’s moving target: Electronic Design (June 17, 2010), pp. 61-68.

[7] Ronald Jorgen, Electric and Hybrid Electric Vehicles, Warrendale, PA: Society of Automotive Engineers Inc. (September 2, 1985), p. 142.

[8] Editor, “Winners and losers,” IEEE Spectrum (January 2010), p. 38.

[9] Tiffany Hsu, “High-tech’s ace in the hole,” Los Angeles Times (February 20, 2011), p. 1.

第 5 章
低功率充电电池在商业、空间和医学上的应用

5.1 引言

这一章专门介绍广泛应用于商业、医疗和精密非标设备的低功率二次电池和原电池[1]，本章讨论了微型和纳米电池的关键设计方面和表现能力，重点考虑成本、可靠性和寿命。小功率的电池最适合广泛应用于商业、工业和家庭应用的检测、遥感、监测设备和传感器，如手电筒、便携式收音机、小乐器、视频摄像机、精度红外摄像机、笔记本电脑、全球定位系统和导航设备、摄像机、iPad、iPhone、电子玩具，和大多数家用电子元件等。大多数低功率电池，特别适用于住宅，如周边安全、温度、湿度传感器以及健康监测和便携式诊断装置，如心电图 (EKG)、脑电波 (ESG) 和用于口、鼻检查的其他传感器，这些电池需要密封以此来确保电池的机械结构完整。对充电电池的研究表明，锂离子充电电池组将满足这些要求。进一步的研究表明，这些电池最适合用于收音机及安全设备，它们可在环境温度低至零下 40℃ 的远程地点运行。这些电池对医疗设备最理想，它们需要具备暴露在蒸汽灭菌温度下还能工作的能力。这两个工作要求，其他常规电池组都不能满足。在战场环境中，医疗设备和安全传感器要求能在高温易爆的环境下运行。因此，这些应用使用的电池必须满足在苛刻的机械和热环境下运行的性能要求。本章确定最适合特定操作环境的电池类型、所需材料和设计参数要求，详细讨论各种应用的低功率充电电池的性能要求和设计。自 1960 以来，从真空管到晶体管电路，再到超小型 (集成) 电路，这些巨大的变化导致电池能量密度、效率、使用寿命和可靠性的重大

改进。然而, 与先进的电子电路和设备相比, 这一进展缓慢。

此外, 新型电子系统和部件的发展相对缓慢, 电子电路和设备变得越来越复杂, 取决于新的设备和系统的发展, 这些设备和系统需要安装具有新性能的电池。低功率电池的性能要求随着应用程序的不同而不同。像碳锌、锌空气、镍镉和铅酸等旧电池或电化学系统越做越好, 对于使用这类电池的电子设备领域, 这种电池仍能维持市场份额。最受欢迎的锂电池或锂基原电池在新的电子和光电器件领域逐渐使用, 设计需要更高的电压、更轻的重量、更紧凑的尺寸和更长的使用寿命。市场调查显示, 锂二氧化锰电池主导商业市场。作者的研究表明, 至少 16 个制造商能生产较好尺寸和配置的电池, 从高速率 D 型电池到 50 mA · h 的扁平型薄电池。

严格的环保法规一直影响着电池的使用和处理。这些法规迫使一些电池行业开始考虑开发可以多次使用的二次电池。使用二次电池不仅会免去处理问题, 还会产生最大的经济效益。笔者对低功率汞原电池不做描述, 因为汞对人身健康伤害非常大, 这类电池已被禁止使用。

笔者将讨论现有的和新兴的低功率电池, 特别强调能量密度、保存期限、生命周期和可靠性。能量密度和生命周期视应用情况而定, 而且随着使用中装置的放电率、占空比和工作电压的变化而变化。笔者将描述基于微机电系统 (MEMS) 和纳米技术的原电池的性能优势和局限性, 因为这些电池能提供最小尺寸、最轻重量和最低的功率消耗。换句话说, 集微机电系统和纳米技术为一体的超低功率电池的设计最适合航空和空间系统等应用程序, 在其实际应用中, 电力消耗、重量和空间限制是首要需求。

原电池技术的进步是与电子传感器和光电设备的进步联系在一起的, 最小功率消耗是主要设计需求。如微波频段操作的晶体管和具有严格的性能需求的微电子电路的发展主要强调了电池的高能量密度、长寿命和无电流泄漏。通常, 电池性能的显著改进要靠长期的研究和开发时间来实现。笔者对微型电池的性能研究结果表明, 电池最终尺寸和能量密度受到其系统化学、使用的材料和密封需要的限制, 以满足工作环境下特定的性能要求。

随着材料科学、包装和电子小型化的进步, 需要碱锰和镍镉、铅酸这样的老式电池进行重大的设计改进。最近开发的系统, 诸如原电池和二次(充电) 锂电池、锌空气电池和镍氢电池等已经商业化, 以满足更高的能量密度和较长的保质期要求[2] 。一流的设计工程师和材料科学家相信, 使用固体聚合物作为电解质的锂离子电池提供了比其他锂基电池更高的安全性、可靠性和耐久性。但通常大多数锂离子电池类型并不适合低功率的应用程序。

笔者将以不同的篇幅介绍商业电池类型, 这些电池专为低功率应用设计和开发。通常低功率电池用单位重量的能量和功率来表征, 但是在许多应用程序中, 单位体积的能量和功率更重要, 尤其是便携式电子装置。从特定的电池源获得的能量严格取决于电力退出电池源的速度。而且, 随着电流的增加, 能量的传递减少。这个特性可以用传递能量的对数与功率比作图表示。这个特定曲线图被称为 Ragone 图。电池功率和能量也受制造技术、电池大小、使用的工作循环和制造电池所用的材料等的影响。因为这些因素, 电池制造商用安培 · 小时或瓦特 · 时定义给定的电池组或单电池的容量, 在特定放电率放电直至电压终止。选择放电率、频率、截止电压来模拟某特定的应用程序, 比如视频摄像头、烟雾探测器或安全警报。有时电池容量指定用速率这个术语表示, 单位为安培 · 小时或瓦特 · 小时, 这可能会不好理解。通常, 大多数原电池组或电池额定电流为容量的 1/100, 用安培 · 小时表示, 记为 $C/100$, 二次电池额定电流为 $C/20$, 即二次电池的额定电流为用安培 · 小时表示的容量的 1/20。

5.2 低功率电池结构

低功率的电池设计结构决定电池如何提供最有效的功能, 它的零售价格是多少以及如何满足最小重量和尺寸的要求。重量需求可能要求电池使用低密度材料, 而大小规格必须考虑能够达到所需的最小尺寸的优化配置。

使用水电解质和单一的粗电极的大多数原电池排列成平行或同心形状, 这种类型电池的具体结构包括圆柱形、线轴型、扣式和硬币形状[1]。大多数小型二次电池制成卷筒或果冻辊胶体的结构, 其中长而且薄的电极卷绕成筒状, 放在一个低密度材料做成的金属容器里。由于这种结构使用低电导率电解质, 许多锂原电池需要采用切口设计以提供更高的放电率。越来越多的一次和二次的低功率电池也被制成棱柱形和薄的扁平结构。这些形式因素考虑了最具成本效益的结构, 并且更好地利用装置中配置的空间, 这样会产生较低的能量密度。

5.2.1 圆柱形低功率电池

商用低功率 AA 原电池称为干电池, 主要采用圆柱形状并且通常额定电压为 1.5V。这些电池可提供数百毫微安至毫安不等的电流。它们一般使用铅或碱性电解质溶液。这些电池最适用于模拟摄像机、小型电子设备、电子玩具和手电筒等。表 5.1 对此类电池进行了详细说明。

表 5.1 低功率电池的特性与物理参数

种类	电解液	输出直径		长度
Sony New Ultra, 5 号	铅	1.5 V	11/16 in	113/16 in
Energizer, 5 号	碱性	1.5 V	11/16 in	113/16 in
Ene rgizer, 7 号	碱性	1.5 V	11/16 in	113/16 in
HomeLife (薄), 7 号	碱性	1.5 V	9/16 in	113/16 in
注: 物理尺寸误差约 5%				

5.2.2 碳锌低功率原电池及其特点

电池市场调查表明, 碳锌原电池是世界各地广泛应用的低功率电池。调查还表明, 在过去 90 年中, 它的保质期提高了 750%, 并且电流泄漏大大减少。这一特定的电池采用了两种不同的设计配置: 即标准版, 使用天然二氧化锰 (MnO_2) 作为阴极, 氯化铵为电解质; 另外一种是改良版, 即使用电解二氧化锰作为阴极, 氯化锌作为电解质。后者容量提高并具有超高的可靠性。

碳锌电池大多采用 D 型、C 型、A 型和 AAA 型, 这些电池在欧洲、美国、中国和其他国家生产。美国偏爱生产碱性电池超过碳锌电池。对于全球应用而言, 标准版和改良版广泛为电子器件供电时, 成本、性能和可用性等是主要考虑因素。由于全球需求, 这些低功率电池由超过 250 家公司生产。由于成本低, 需求大, 中国公司每年生产近七十亿碳锌电池。商业出版物表明, 像碳锌这种老式电池的生产减缓, 同时新的低成本电池被开发, 可大量应用。

因为环境控制, 镉、汞和铅逐渐从锌罐中淘汰。由于对健康的危害, 美国的加利福尼亚州限制出售含汞的碳锌和碱性电池。电池中去掉汞使回收过程安全和经济。然而, 去除汞会导致高电压和电流性能变差, 而这对于切割应用极其重要。制造商已在改进这一缺陷上取得了一些进展, 现在碱性电池可以专门用于切割应用。总之, 碳锌电池不适合电气或电子设备, 如磁带、光盘播放器、闪光灯、自动照相机和玩具等, 这是由于它们不能提供足够的电能来满足性能需求。

5.2.3 碱锰电池的性能和局限性

一些先进的微型电动机、显示器和电子设备的功率需求降低, 有助于碱性电池的增长和生产。当输出功率大幅度降低时, 可充电碱性电池性能的显著提高大大减少了购买新电池的需求。

认识到汞对健康的危害和通过以锌为阳极消除汞, 使得对碱性电池的需求显著增长。去掉汞简化了收集、处理和回收过程, 从而显著降低了这些程序的成本和复杂性。消除了汞电池的缺陷就可以允许电池生产销售商销售绿色版本的碱性电池, 此类电池适合低功率应用, 包括电子玩具、自动相机、闪光灯等。

一项有关低功率电池性能的调查结果表明, 碱性电池性能的重大改进缘于引进了塑料技术。在早期制备碱性电池时, 采用纸板隔离裸电池上的管子, 并在薄壁钢管外套上刻有标签。用塑料标签更换旧标签使得活性材料需要的内部体积和空间增长了近 20%, 这一技术主要与电池性能有关。

5.2.4 锂原电池的发展史及其性能参数

市场调查表明, 各种电子和电气设备和传感器使用的锂二氧化锰电池由世界各地 16 家以上企业广泛制造。这些电池的大小和形状范围及其典型特征见表 5.2。

表 5.2 锂二氧化锰电池特征

电池结构	电池特征			容积能量密度/(W · h/L)
	电压/V	容量/(mA · h/cell)	额定电流/mA	
硬币形 (圆形)	3	30 ~ 1000	0.5 ~ 7.2	500
圆柱卷绕形	3	150 ~ 1300	20 ~ 1200	500
圆柱线轴式	3	65 ~ 5000	4 ~ 10	620
棱形	3	1150 ~ 1200	18 ~ 20	490
圆柱 D 形	3	10000	2500	575
扁平形	3 或 6	150 ~ 1500	20 ~ 135	300

最初, 锂电池被大量生产并被多种应用接受。这些电池的电性能给用户留下了深刻的印象。但最终由于安全问题, 这些电池的销售和增长都逐渐减少。据用户反映, 下降的基本原因是电池的工作电压为 3 V。电池大多数被设计成了硬币形状。

同时, 锂电池的新设计经过了开发、测试、评价等阶段, 并且新开发的电池在性能参数方面表现出显著的提高, 包括能量密度、保质期、寿命、可靠性、在高和低工作温度下的没有失效机制证据的持续的电气性能。

锂碘 ($Li\text{-}I_2$) 电池专门为医学应用设计和开发。这些电池一贯表现出最佳的性能和适用性, 特别适用于心脏起搏器, 为期超过 25 年。这种特殊的电池能量密度高, 功率水平低。$Li\text{-}I_2$ 是一种低导电固体电解质, 电流限制在几微安。根据制造经验, 该领域的电池使用寿命已被证明为 7 ~ 12 年。电池供应商声称, 这些电池可以用在其他方面, 比如手表和存储器装置。

已开发了大功率植入式电池, 有可能应用在心脏起搏器、自动除颤设备和其他医疗诊断传感器上。在第 5.4 节电池的医学应用中将对这类电池进行详细叙述。

基于锂二氧化锰电池的销售量和广泛使用等原因, 它们成了最受欢迎的产品。这些电池大批量生产, 在世界各地广泛应用, 价格合理。锂二氧化锰电池, 由全球 18 家以上企业生产, 这些电池有各种尺寸和结构。表 5.3 所列的 AA 型充电电池性能中, 锂二氧化锰电池表现出高质量能量密度和功率以及每月低自放电率。最低放电速率在电池的寿命、保质期和可靠性方面发挥了至关重要的作用。

表 5.3 AA 型充电 (二次) 电池的典型特征

电池类型	电压/V	容量/(mA · h)	循环次数	每月功率损失	
				密度/(w · h/kg)	百分比/%
镍镉电池	1.2	1000	1000	60	15
镍金属氢化物电池	1.2	1200	500	65	20
锂离子二氧化钴	3.6	500	1200	8	8
锂离子聚合物电池	2.5	450	200	110	1
锂二氧化锰电池	3.0	800	200	130	1
注: 总结在本表中列表参数值表示了电池性能参数的估计值, 误差为 ±5%					

根据发表的技术论文和报告, 一度被认为会占锂电池种类主导地位的锂氟化碳 ($LiCFx$) 装置的结构越来越单一, 制造商越来越少, 尽管它被证明是长期、高可靠性、高温工作的最佳选择。产品采用的氟是一种淡黄色、易燃、刺激性有毒气体, 需要小心处理。这种特殊的电池在室温下实时存

储超过 15 年, 同时此期间容量损失低于 5%。这种特殊的电池尽管具备如此显著的性能, 但它并没有得到大量供应商的广泛接受。最初的电池显示电压为 2.5V。此外, 其可靠的成本数据已丢失。然而最近申请的专利说明, 这种装置在氟化碳 CF_x 硬币电池电解质、分隔器和密封性的某些设计改进, 可以提高工作温度至 125℃。没有硬币电池能在工作温度高达 125℃ 时性能和可靠性不受影响。总之, 产品的高成本, 工作电压 2.5V, 而且生产此类产品的数量有限的供应商的利润, 使得此类装置不能被广泛接受。

另一种锂电池, 称为锂硫化铁 (Li-FeS_2)AA 电池, 它的电压等级为 1.5V, 直到 1992 才在加拿大、欧洲和日本等国大量制造。1993 年在美国的零售店里才出现这种电池。此电池具有切口结构布局, 更高的电压等级和高电压终止特性。这种电池最适合光电子应用, 如相机闪光灯单元、便携式电话、光盘播放器和小型电脑等。

使用液体阴极如二氧化硫和亚硫酰氯的锂电池, 能产生更高的能量密度, 更高的额定容量, 与使用固体阴极的电池相比, 低温性能显著改善。这是利用液体阴极的最大优势。原因在于阴极材料也是电解质, 其包装效率高于使用固体阴极的电池, 而且在电化学动力学方面也有许多改进。

尽管电气性能有所提高, 但这个装置的主要缺点是, 锂需要隔离层来防止自放电, 这可能导致在使用的头几秒钟会有一个大的电压降。电池的另一个问题是, 如果保护层破坏或损坏, 或锂在 180℃ 以上熔融时, 与液体阴极的高反应性有关的安全考虑。由于这些缺点, 这种装置的商业市场局限于小型低面积电池。大型电池被广泛应用于军事领域。在军事应用中氯化亚硫酰电池被限制使用或禁止, 而锂二氧化硫电池被广泛应用。根据市场调查, 由于这些原因, 锂基二氧化硫电池存在有限的商业用途。

5.2.5 镍金属氢化物、镍镉电池和锂离子充电电池

最受欢迎的小型低功率充电电池, 包括锂离子、镍金属氢化物、镍镉电池。根据发表的报告, 由于需求较高, 镍金属氢和锂离子电池正在经历快速增长。此外, 它们的需求严格基于相对较低的成本、高寿命和不受任何条件限制的可用性。由于手机、笔记本电脑、迷你笔记本电脑和娱乐设备等使用空前兴起, 使得小型充电电池市场的增长率高于 20%, 详见图 5.1。

尽管镍镉充电电池在功率要求低到中级不等, 在重量轻和体积小的应用中使用, 但笔者的研究发现, 镍镉充电电池和镍氢充电电池都有记忆效应。进一步的研究表明, 镍镉电池的记忆效应高于镍金属氢化物电池。

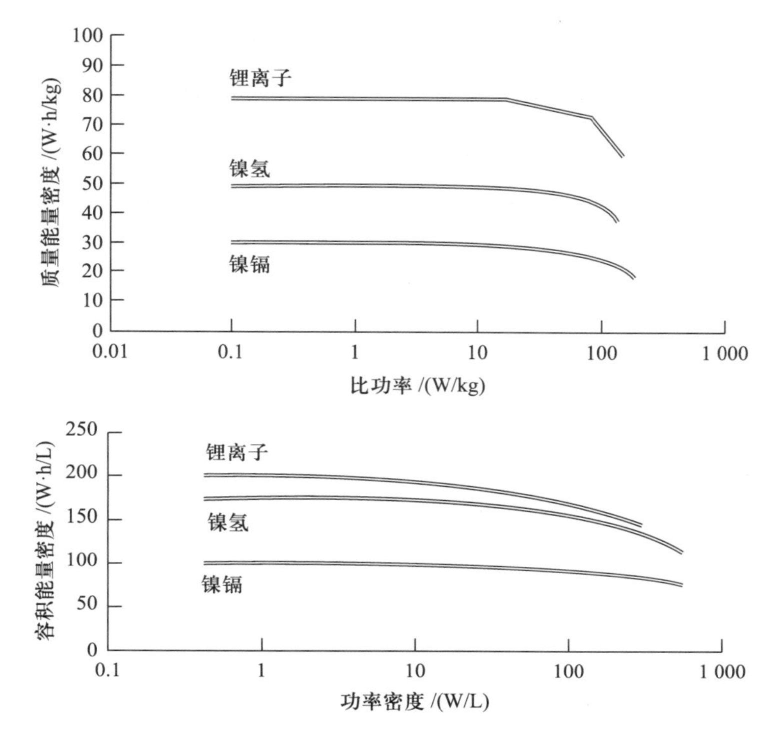

图 5.1 广泛使用的充电电池的能量密度和质量能量密度

严格说来，记忆效应是由电压下降引起。放电循环过程中，电流在 3 个不同的放电深度值 (简称 DOD) 中断，如图 5.2 中的点 1、点 2 和点 3 所示。某些显示电源切断和充电过程的电力负荷模式，对记忆效应负有责任。负载模式包含荷电状态中 (简称 SOC) 重复的窄波段的变化，造成在点 1、点 2 和点 3 逐步的电压衰减，如图 5.2 所示。记忆效应由某些化学物质的浓度增加而产生。电化学理论表明，几次深度放电会消除电压下降现象，但没人能预测深度放电的次数。

此外，深度放电的次数依赖于放电水平、电池容量和性能范围。其中一个范围是指允许的最大放电深度，如图 5.2 所示。这个范围对于防止充电电池使用寿命缩短是必要的。垂直线表示放电深度。电化学理论指出，如果电池为电子器件供电，则另一个性能范围由最小允许逆变器电压造成，用开路电压 (简称 OCV) 波动表示。严格来说是由于电压的下降产生开路电压的降低。在 B 点，所有可用的电池能量都被使用。在 A 点，电池完全关闭，实际电池的荷电状态值远远高于允许值，因此，电池能量尚未完全利用。对于从镍金属氢化物充电电池中得到的可用能量的记忆效应及其影响, 可完全从图 5.2 得到充分的证明。

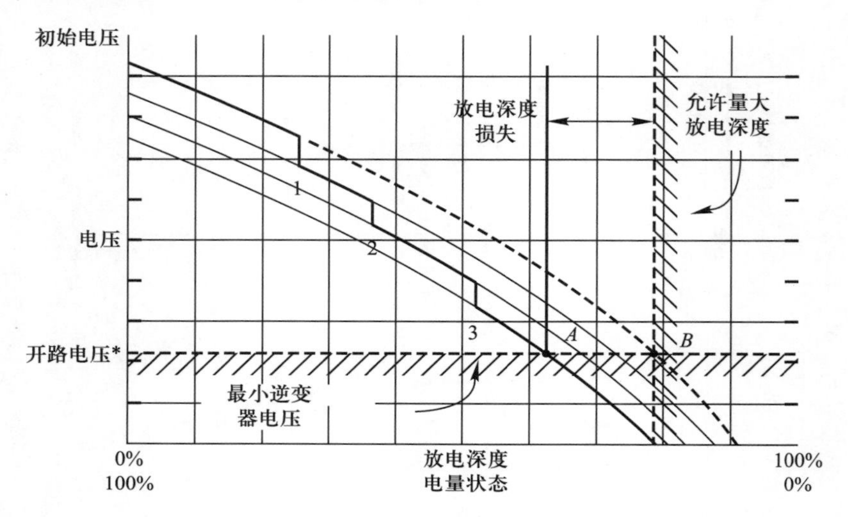

图 5.2 镍氢电池中常见的记忆效应和电压下降效应

由于镍金属氢化物电池具有成本较低、可靠性提高和寿命增加的优势, 被广泛应用于电动汽车 (EV) 和混合动力电动汽车 (HEV)。镍镉电池由于自身的记忆损失和毒性问题应用受到限制。这些电池在具备万无一失的通风条件时使用。在镍镉电池中, 镉做阳极, 镍氧化物做阴极。镍镉电池的典型电气特性可概括如下:

- 电池电压: 1.2V。
- 容积能量密度: 33 W · h/L。
- 质量能量密度: 60 W · h/kg。

因为低开路电压、记忆效应和由毒性引起的环境问题, 镍镉电池不被广泛接受。

镍镉电池能够产生相似曲线表明最大允许放电深度、最小逆变器电压、放电深度损失和由电压波动引起的记忆损失。这种特定充电电池的记忆效应可能更强烈。笔者对记忆效应的性能研究表明, 锂离子电池并不具有这种记忆效应。

5.2.5.1 充电电池的特点

电化学装置如充电电池有时表现出的特性, 例如电压降低、记忆效应和电压恢复, 都严格依赖于放电深度和荷电状态 (见图 5.2) 值。并不是所有的充电电池都表现出这些特性。此外，当电池为混合电动汽车或是插入式混合动力电动汽车这样的大功率电器供电时，这些特点才往往被注意到。通常，小型低功率充电电池没有这样的特点。

5.2.5.2 小型低功率充电电池的设计考虑

许多电极材料和电解液的结合可以产生电池。需要几百个可能的单电池来设计一个高功率电池。镍镉单电池能被用在低功率充电电池的设计中，为小型电子设备如迷你计算机、音乐录音机、照相机的闪光灯等提供能量。对于紧凑型充电电池而言，电池的两个组分对其质量和体积有影响。首先，电池研发中所用的化学成分和材料严格决定其物理参数。其次，包装材料的质量和尺寸也影响着这些参数。

电池质量或重量和体积的表达式如下：

$$总质量=[使用化学物质的质量] + [结构材料的质量] \tag{5.1}$$

$$总体积=[使用化学物质的体积] + [结构材料的体积] \tag{5.2}$$

其中结构材料包括隔板、电极和电池外壳的材料。

几乎所有的电池设计都包含分隔电极的隔板所需的材料。隔板材料可以提供机械强度，保持所需的分隔距离。高导电网格嵌在电极上，用来降低电池所需的内阻以及减少电压降。电池的电压由与电解质连接在一起的一对电极确定。电池能量由整体电池的反应确定。以铅酸电池为例，化学反应方程可以写为

$$[2PbSO_4 + 2H_2O] = [PbO_2 + 2HSO_4{}^- + 2H^+ + Pb] \tag{5.3}$$

上述化学反应方程式仅仅表明化学反应后的生成产物。但电化学是运用比能量或每一种化学物质的单位质量的能量来确定整个单电池或电池组能量。单电池容量和能量是由反应物的质量乘积决定。这些值被称为理论值，是不包含电池制造中使用的包装材料的质量的反应物质量。

5.2.5.3 电池设计中常用的数学表达式

荷电状态 SOC 及其数值以及放电深度 DOD 严格依据电池的能量。换句话说，荷电状态的数值可以写为

$$荷电状态=\{(实际电池能量)/(完全充电电池能量)] \tag{5.4}$$

不考虑电池的类型和容量，方程又可以写成

$$\mathrm{SOC} = 100\% - \mathrm{DOD} \tag{5.5}$$

在不考虑电池的类型和容量条件下, 快速充电和放电是电池最理想的特点。

至于电池开路电压 OCV 和效率而言, 电池的电压降至关重要, 因为它可以影响这两个性能参数。电池电压降的表达式可以写为

$$\Delta V = I\ L\ R/A = R\ J\ L \tag{5.6}$$

式中: I 表示电池电流; L 为电极之间的距离; R 是电池的单位长度的电阻; A 是电池板面积; J 是电流密度。

电参数测试表明, 电极之间较小的分离减小了电池的长度和体积或尺寸。电极之间的空间充满了电解质, 其具有双重功能: 为离子提供传导路径, 即锂离子电池中的锂离子, 并给电子施加高阻抗。迫使电子在外部负载电路中流动或到达通过电池连接的设备上。

另一种可选择的方法是在电极之间使用分隔器材料, 贴着隔板的两侧。分隔器具有两种功能: 保持电极之间特定的间隔和防止短路。分隔器有三种形式, 即液体、固体和半固体。笔者对各种分隔器的研究表明, 固体分隔器提供双重功能, 即机械间隔和离子导电电解质。

5.2.5.4 电池重量的影响因素

对于锂离子电池或锂离子聚合物电池, 电极可以作为锂原子和离子的外壳和空隙 (洞里的小空间)。但是, 增加的重量会降低质量能量密度 (W · h/kg), 这是最重要的电池性能参数。增加的重量来自以下来源:

- 电解液;
- 分隔器;
- 电极;
- 电池外壳或盖;
- 离子导电化学物质 (如锂离子电池的 Li^+);
- 压力释放装置;
- 集电器;
- 安全电子;
- 提高导电性的添加剂。

5.3 电池在小型化电子系统中的应用

空间和机载系统中采用的小型电子电路和器件的现行实践需要最紧

凑、轻质、可靠的微型和纳米电池。笔者进行的研究结果表明, 小型化电池将最适合高性能超音速喷气战斗机、天基监视和侦察系统、武装无人驾驶飞行器 (UAV)、反简易爆炸装置、微型控制器和嵌入式系统等应用。这些研究还表明, 满足嵌入式系统应用的性能需求的二次电池无疑也将满足这些应用的电池要求。

联邦、国防和商业组织迫切需要一类使用微机电系统和纳米技术的电子小型化技术[2]。换句话说, 纳米技术和微机电系统最适合军事和航天应用, 在这类应用中, 尺寸、重量、功耗、寿命和可靠性是主要的设计需求。

国防科学家和规划者认为, 无人机和机器人装置和系统将会是电子小型化技术的最大受益者。尤其是, 由于有效实施了这一技术, 执行监视和侦察任务的无人驾驶飞机将在任务完成中取得重大进展。包括微机电系统和纳米电子的小型化技术是设计和开发微型和纳米电池的关键技术。此外, 碳纳米管 (CNT) 和石墨纳米带的使用在设计和开发电池管理系统中能发挥关键作用。

笔者对用于生产各种低功率电池材料的综合研究表明, 碱性电池最适合用于嵌入式系统。碱性电池用锌 (Zn) 作为阳极 (负极), 二氧化锰 (MnO_2) 作为阴极。制造商通常在制造这些电池时, 使用二氧化锰、锌粉和腐蚀性碱氢氧化钾 (KOH) 电解液。这种电池技术最适合低功率电池 (见图 5.3), 这种低功率电池广泛使用在许多标准化装置中, 如便携式收音机、医疗诊断设备、烟雾探测器、便携式音频设备和高能手电筒等。放电电压为 0.9V 的充电碱性单电池或电池组的额定电压为 1.5 V。

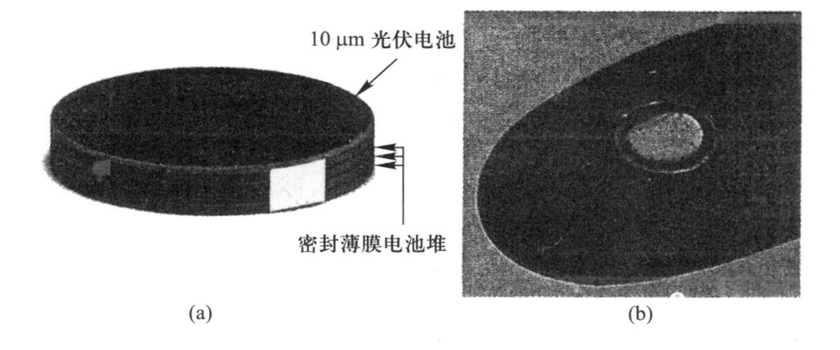

图 5.3 采用薄膜技术的低功率电池的 (a) 等轴和 (b) 平面图, 其典型的性能参数和物理尺寸如下: 直径, 2.5 cm; 厚度, 0.16 mm; 电池容量, 80 mA/放电; 含四个薄膜微型电池的堆厚度: 0.64 mm; 光伏电池的厚度, 10 μm

最适合嵌入式系统应用的原电池和充电电池中, 碱性、碳锌和锂电池也被广泛使用。在碳锌电池中, 锌作为阳极, 二氧化锰作为阴极。在使用这些电池时, 性价比是主要的性能要求。电池的额定电压和放电电压与碱性电池相同。使用锂电池时, 用锂作为阳极, 氟化碳凝胶或二氧化锰作为阴极。锂电池有两种类型:BR 型和 CR 型。BR 锂电池用氟化碳作为阴极, CR 锂电池用二氧化锰作为阴极。两种类型都是用锂作为阳极。锂电池存在不同的形状, 其中硬币型电池配置在几类应用中最普遍。嵌入式系统中应用的最广泛的充电 (二次) 和原电池如表 5.4 所列。

表 5.4 最适合嵌入式系统应用的电池的性能特征

电池类型	正极 (−)	负极 (+)	额定		能量优点
			电压/V	密度/(MJ/kg)	
碱性	锌	二氧化锰	1.5	0.51	使用寿命长
碳锌电池	锌	二氧化锰	1.5	0.13	低电流装置
锂氟化碳电池 (BR)	锂	一氟化碳	3.0	1.3	工作温度范围宽
锂二氧化锰电池 (CR)	锂	二氧化锰	3.0	1.0	稳定的体积性能
锌空气电池	锌	氧气	1.4	1.68	能量密度高
锂亚硫酰氯电池	锂	亚硫酰氯	3.6	1.04	自放电速率低、寿命达 22 年

(资料来源: Oland, K., 电子设计新闻 Electronic Design News, 36-39, 2010。)
本表所列的额定电压和能量密度值是估计值, 可能误差范围在 ±5%。

5.3.1 最适合嵌入式系统应用的充电电池简述

由于嵌入式系统一般是紧凑的, 每个子系统元素的重量、尺寸和功率消耗也必须是这样的, 所有的元素可以容纳在大小、重量和功耗规范或规定范围内。此外, 嵌入式系统的温度可能很高, 这是由于几个小型电器、电子、机械设备在给定的空间内工作。在此基础上进行了权衡研究, 笔者推荐三种不同的电池类型: 一种用于简单的嵌入式系统应用; 一种用于中等复杂的嵌入式系统应用; 另一种用于最复杂的嵌入式系统应用。

5.3.1.1 应用于简单的嵌入式系统的碱性电池的特性

对于简单的嵌入式系统应用, 碱性电池是最理想的选择。这类电池可以使用锌做阳极 (负极), MnO_2 做阴极 (正极), 含苛性碱氢氧化钾 KOH 的锌粉末作为电解质。这种特殊电池有很长的保存限期, 支持高、中能耗应用, 使用成本最低的制造方法。其额定电压和能量密度较低, 如表 5.4 所列。

5.3.1.2 最适合最小复杂度的嵌入式系统应用的电池的性能特点

碳锌电池对于最小复杂度的嵌入式系统应用似乎最有吸引力，这种电池可以使用锌作阳极，二氧化锰为阴极，锌粉为电解质。运行成本低、最小复杂度的制造方法和超低电流消耗等特点，使这种装置最适合最小复杂度的嵌入式系统。电池提供额定电压 1.5 V，质量能量密度 0.13 MJ/kg。

5.3.1.3 最适合最复杂的嵌入式系统应用的电池的特点

笔者的研究表明，锂氟化碳电池 (BR 型) 似乎是最复杂的嵌入式系统应用中最理想的电池。由于嵌入式系统很复杂，含有多个系统元件，如微控制器算法、温度监控装置、脉冲整形 — 形成网络、电流水准测量装置，等等。当几个元件在一个复杂的嵌入式系统中工作时，宽的温度范围成为最迫切的需求。此外，对电池的性能要求越来越严格。电池制造商一般使用氟化碳和锂合金来制造这种装置。这种电池组成提供了在很宽的范围内的良好温度特性、工作周期长、低功率与低自放电特性，这些对于嵌入式应用是最可取的。这样的应用包括热 — 成本分配、水和热量表、电子收费机系统和轮胎压力监测系统等。锂氟化碳 (BR) 电池似乎最适合用于这种嵌入式系统。这种电池提供了 3 V 的额定电压和大于 1.3MJ/kg 的质量能量密度。因为具有较高的能量密度和较高的额定电压，这种电池可以满足几个系统元件的电力需求。在很宽的温度范围，这种电池具有最大程度的可靠性，并提供一个低脉冲电流。

锂二氧化锰 (CR) 电池使用锂做阳极，二氧化锰做阴极。二氧化锰降低了电池的内部阻抗。这种特殊的设备最适合放电过程中高脉冲电流和稳定电压是主要规范要求的应用。锂氟化碳 (BR) 电池和锂二氧化锰 (CR) 电池的额定电压都为 3 V，质理能量密度超过 1MJ/kg。电池广泛用于射频识别 (RFID)、远程键盘输入和手表中，在这类应用中，宽温度范围内的可靠性能和优异的脉冲能力是系统的要求。

如果超低自放电率 SDR 和超过 20 年寿命是主要的设计要求，那么锂亚硫酰氯电池可用于嵌入式系统应用[3]。这种电池使用锂作为阳极，亚硫酰氯作为阴极。电池提供最高额定电压 3.6V，中等质量能量密度 1.69MJ/kg，以及极低的自放电率 SDR，使得保质期超过 20 年。电池平坦的放电曲线在整个服役年限内提供了一个恒定的输出电压。对制造材料的初步研究表明，这种电池技术比其他锂化学电池技术成本昂贵。尽管制造成本稍高，但这类电池在工业和军用电子元器件应用方面有很大的需求，这些应用的主要要求是较高的效率和可靠工作 20 年以上[4]。如上所述，这些电池的额定电压超过 1.4V, 放电电压为 0.9V。

能量容量可以表示为 MJ/kg 或毫安培 · 小时表示。据电池设计师称, 焦耳这个单位能更方便地比较不同化学特性的电池。使用下列表达式和插入相应电参数可以很容易地将毫安培 · 小时转换成电池容量:

$$E = (CV_{\mathrm{T}})(3.6) \tag{5.7}$$

式中: C 是电池的毫安培 · 小时容量; V_{T} 是端电压。

5.3.2 用于航空航天方面的电池的适用性和独特性能要求

电池适合于特定的应用程序需要工程师对关键参数进行有意义的评估。分析中最常用的一些参数是额定电压、能量容量、能量密度、自放电率 SDR 和其他动力学考虑。额定电压是测量的通过电池终端的电压。电池化学依靠电化学反应提供电能。一些空间和军事上的应用[5] 对电池的重量和大小确定特殊的要求。电池的尺寸与能量比被称为能量密度。作为一般规则, 电池的能量密度越高, 电池技术的成本也越高。电池设计师不断努力, 力求找到成本和能量密度之间的最佳平衡点。

无论何种类型的电池, 电池的能量都不能永远持续。即使电池闲置在货架上不用, 电化学反应也会进行, 电池能量也会随之而逐渐减弱。这一过程被称为自放电率 SDR。使用寿命被称为服役寿命 (SL)。碱性电池的服役寿命通常是 7 至 10 年。锂 (锂氟化碳 BR 和锂二氧化锰 CR) 电池从 $10 \sim 15$ 年不等。但锂亚硫酰氯电池的服役寿命超过 20 年。影响电池寿命的自放电率 SDR 和其他退化机制, 高度取决于环境温度和工作循环的特点。而且, 波动的工作循环的要求会对电池的最终放电特性产生不利的影响。此外, 动态物理参数也可能影响电池的性能。电池的温度变化、输出阻抗、工作循环和能量传递会影响电池负载条件。如果这些条件是一阶的变化, 那么有必要对动态物理参数进行适当的修正。

许多电子系统根据能量需求具有高动态带宽。例如, 一个包括先进的计量基础设施类气体或水表的无线传感系统可能具有量级在几微瓦的休眠功耗 (10^{-6} W) 和量级在几瓦的活性峰值消耗。换句话说, 动力系统能量需求带宽在低工作循环睡眠模式达到微瓦级, 在现役和高工作循环无线电传递模式达到瓦级。这种工作情况造成了额外能量传递需求, 就是电池必须能够适应单独的或与其他储能装置共存。在某些情况下, 必须考虑额外的设计问题, 如充电电容器的大小、充电方案、电池渗漏率规格和电池放电概况。

5.3.3 锂电池、碱性电池和锌空气电池的潜在应用

如前所述, 锂氟化碳 BR 电池和锂二氧化锰 CR 电池对于长寿命、波动的工作循环需求和高动态带宽是主要性能要求的应用最理想。动态物理参数包括温度变化、输出阻抗、工作循环和电池能量容量, 影响着电池负载条件和最终形成电池的选择过程。这些锂基电池最适合在高动态带宽的物理参数下工作。

碱性电池在适用于家庭安全应用、配备有一个发射器和接收器的双向通信链路的玻璃破损检测系统的双向无线传感器模式中发挥重要作用。该系统包括一个微控制器装置, 该装置装有集成直流/直流转换器、低于 1 GHz 的无线电收发器、压电震动传感器和一个额定电压为 1.4V 的 AA 碱性电池。家庭安全传感器监测玻璃窗的物理条件, 并将窗户和碱性电池的状态定期报告给主要控制面板。传感器和控制面板之间的无线电通信采用传递 — 接受 — 认可协议, 这本质上减少了传感器发送到控制面板的冗余信息数量。大多数时候, 传感器在低功率模式工作, 以最大限度地提高电池的寿命和能量。玻璃破损传感器状态总结在表 5.5 中。

表 5.5 系统描述的各种传感器元件的各种工作状态、功能和描述

传感器模式	频率	传感器元件的种类和功能
测量	事件驱动	震动传感器连接到输入/输出系统
传输	每 1 次/min	向面板传输传感器和电池状态
接收	每 1 次/min	从控制面板收到确认
睡眠		保持在睡眠模式下的低功率操作和输入/输出功能

5.3.3.1 包含 AA 碱性电池的系统应用

可考虑系统的四个基本假设。首先, 如果一扇玻璃窗破碎, 压电传感器自我供电, 同时产生 3 V 的脉冲信号。如果玻璃破碎, 3V 的脉冲信号触发一个外部中断, 即 “唤醒” 微控制器装置。其次, 微控制器的核心由内部调节器调节到 1.8V。随机存取存储器管理单元和实时时钟可以在电压低至 0.9V 时运行, 所以微控制器可以通过一节 AA 碱性电池工作。第三, 当电压轨道接近最大额定能量轨时, 收发器的发射机中的功率放大器能以更高的效率提供更高的输出功率。第四, 内部 1.8V 的稳压器负责调节低噪声放大器、接收链、定相锁定回路 (PLL) 和无线电合成器。最低工作电压是 1.8V。

5.3.3.2 使用 AAA- 碱性电池的系统应用

让人感兴趣的是,使用额定电压为 1.5 V 的 AAA- 碱性电池如何使同样的系统工作。采用相同的假设,很明确的是,1.5 V 的 AAA- 碱性电池的电压动态调整将会优化功率效率和系统性能。当收发器工作电压为 3 V 时,可以获得最大发射效率。AAA- 碱性电池只有 1.5 V 的额定电压。因此必须采用集成直流/直流增压转换器使工作电压达到 3 V,转换效率约 90%。但是,内部调节限制接收链的电压为 1.8V。这意味接收器的处理过程中提供的 3 V 电压,会导致内部的低信号丢失调节器降低效率至 60%。因此,最好将直流电/直流转换器的输出电压从 3 V 动态调整到 1.8V,提高传感器在接收处理过程中的效率。这说明,电压为 1.8V 的电池最适合这一特殊情况。使用 AAA- 碱性电池,并带有动态电压调节的各个系统元件的能量需求总结在表 5.6 中。

表 5.6 使用 AAA- 碱性电池并具有动态电压调节功能的每个元件的能量需求

模式	频率	持续时间/s	电流/A	电压/V	转换损失/%	能量/J
睡眠	60	0.955	0.6×10^{-6}	1.5	0	$52/10^6$
处理	1	100×10^{-6}	4×10^{-3}	1.8	10	$0.8/10^6$
传输	1	15×10^{-3}	27×10^{-3}	3.0	10	$1.4/10^3$
接收	1	30×10^{-3}	18×10^{-3}	1.8	10	$1.1/10^3$

5.3.3.3 使用锂硬币电池的系统应用

可以比较具有固定电压轨迹的锂硬币电池和采用动态转换技术的碱性电池的系统性能。初步系统设计表明,由于不使用转换模式供应及锂硬币电池的端电压为 3 V,使用硬币电池转换损耗接近零。鉴于电池的容量,并不需要增加电池尺寸来满足峰值电流需求。恢复电池所要求的尺寸会增加其大小、重量和成本。

使用 3 V 锂硬币电池的无线传感器应用程序的每一个元件的能源需求总结在表 5.7 中。睡眠时间是一秒钟减去所有的其他事务总和。处理、接收和传输的功能,每分钟发生一次。表 5.7 显示了锂硬币电池 (CR2450) 的要求,其端电压为 3 V,容量为 620 mA · h,大约 0.62 美元的成本。CR2450 电池的使用期不超过 4.33 年,随着年限增加,电池容量逐步损失。

接下来将确定使用额定电压为 1.5V 的 AAA- 碱性电池的无线电传感应用程序的每一个元件的能量需求。这类电池的成本约 0.25 美元,电池容

表 5.7 使用锂硬币电池并具有固定电压调节功能的每个元件的能量需求

模式	频率	持续时间/s	电流/A	电压/V	转换损失/%	能量/J
睡眠	60	0.955	0.6×10^{-6}	3	0	$0.1/10^3$
处理	1	0.1×10^{-3}	4×10^{-3}	3	0	$1.2/10^6$
传输	1	15×10^{-3}	27×10^{-3}	3	0	$1.2/10^3$
接收	1	30×10^{-3}	18×10^{-3}	3	0	$1.6/10^3$

量约为 1125 mA · h。如前述讨论, 随着年限的增加, 电池容量逐步降低。

AAA- 碱性电池可以持续使用 4.65 年[3]。持续时间显示效率提高了 16%, 这使得电池成本降低 60%的同时, 电池使用寿命增加 7%。通过使用能量转换这种更现代化的动态概念, 这种电池在效率、成本和服役寿命上有明显改进。这些效益或改进严格依赖于从高效率的电源供应中获得最大优势功能的工作循环。随着工作循环的增加, 使用具有转换模式能量供应的碱性电池好处多多。直流电/直流转换器的输出电压是 3.3V, 高于锂基硬币电池。这种高电压将提供更高的输出功率, 并改进动态范围。

随着电池技术和芯片级功率管理技术的发展, 在改善系统的性能、减少系统组件成本方面已有了重大改进。已发表的技术论文表明, 在化学、材料科学、电子电气工程和制造领域中进行的积极研究和开发活动、技术发展和快速创新, 使得电池设计和功能比伏打发明的原始版本复杂千倍。总之, 当面临选择一个合适的电池组或单电池支持下一代嵌入式系统设计的问题时, 21 世纪的系统设计师和建筑师有更多的选择。

系统设计师或建筑师必须为嵌入式系统应用选择电池组或单电池, 它们能够以最低功率要求、成本和复杂性提供最佳效率和可靠性。

5.4 医学应用的电池

笔者的研究表明, 在需要收集患者的相关健康参数的医学应用中, 低功率、紧凑型电池受到极大关注。低功率电池一般认为可以涵盖像手表和心脏起搏器的几个微瓦到满足笔记本电脑和膝上型电脑的功率要求的 10~20W 的范围等级。医疗应用的低功率锂离子充电电池已由各种制造公司设计和开发, 能够满足低功率的电气性能要求, 包括物理需求, 比如重量、大小和几何结构。延长储存期是医疗诊断应用的充电电池的主要要求。

目前, 具有特定的几何结构和尺寸的电池被用于不同的医疗应用。例如, 称为智能救助的透皮给药系统需要硬币型电池提供电流, 在补丁和皮肤之间产生离子转移, 并且使用硬币型微处理器和电池来管理偏头痛药物。偏头痛补丁可以缓解偏头痛。

对于一些医学治疗, 需要电池提供长时间连续使用的可靠性能。对于医疗应用, 电池使用寿命在 2 ~ 5 年是优化经济性的基本要求。

最著名的药物输送方法之一是使用微电子电路和微流控 MEMS 技术的胰岛素泵。这种微型胰岛素泵可以安装在一个处置皮肤补丁的位置, 为糖尿病患者不间断地提供输注胰岛素。用于这种应用的电池必须紧凑、超轻且最可靠。电池必须提供需要的最可靠和最小波动性的电流和电压。一节 AA 或 AAA 型碱性电池可以为泵供电 1 ~ 3 个月。锂基硬币微型电池最适合这种泵长时间持续工作。尽管锂离子电池成本较高, 但由于具有高能量容量、长寿命、高可靠性和安全性的特点, 可使泵工作长达几个月。

美国食品和药物管理局 (FDA) 正在评估最新的、快速、价格实惠、高灵敏度的电子诊断测试系统。该系统可用于医生办公室、其他病人护理中心, 甚至在家里也能使用。这种小型轻便的诊断设备可用于乳腺癌和心脏病的筛查。使用固体电解质的锂基电池和其他的低功率电池可以为这一特定系统供电。

Xen 生物科学和剑桥顾问公司的科学家共同开发了一个采用时间分辨荧光 (TRF) 光谱技术紧凑的、调制解调器尺寸的装置, 这个装置可以用来测试 20 种不同的疾病, 使用最低的成本和不太复杂的程序, 医生就能做出快速的决定。据设备设计师称, 功率需求小于 100 MW, 低功率锂离子电池就可以满足。

几十年前已研制出袖珍或掌上心肺复苏设备 (CPR), 用于使病人从心脏骤停状态 (SCA) 恢复生机必需的初始紧急救援步骤。这种装置已被公认为最有效的救生装置, 并由美国食品和药物管理局 FDA 批准可在柜台销售。已显示出较大程度安全性、可靠性, 能在较宽温度范围内工作的低功率、硬币型锂离子电池, 就能够为袖珍心脏骤停 SCA 装置提供电力。

根据卫生保健提供的资料, 强大的信号处理、更准确和可靠的信息和具有调节输出电压功能的便携式低功率电源, 将使医生能够准确地监测患者的生命体征和做出医疗决定。使用带有微米或纳米电池的模拟前端加载、高速集成电路器件会生产出便携、准确、可靠的心电图 EKG 和脑电图 (EEG) 机器。这些机器将能够快速地监测重要医疗参数, 让医生及时审查和做出医疗决策。以下将会对最适合医疗应用的潜在的电池技术做一定义和描述。重点将放在性能、保质期和可靠性方面。

微型听力设备被老年人广泛使用。根据听觉专家介绍, 微型听力装置作为一个半永久性的装置, 可以放在深耳道内。该装置可以佩戴 4 ~ 6 个月。如果需要, 听力专家可以移除装置, 替换小锂基硬币电池, 重新安装在耳道内。助听器包含微型电子基、高增益放大器, 需要在接近 100mV 的典型电压下低于 100 微安培。因为电流和电压要求是极低功率, 锂基硬币电池最适合用于助听器。

5.4.1 用于特定医疗应用中的最新开发的电池

到目前为止, 已介绍了用于一般医疗应用的电池。现在, 将对用于专业医疗领域和特殊医疗应用领域的低功率电池进行描述, 其中重点介绍用于心脏节律管理 (CRM) 系统的电池[7]。医学专家研究表明, 有三种不同类型的设备能够治疗心脏病: 心脏起搏器、心脏除颤器和左心辅助装置[7]。同时也开发了满足人工心脏功率要求的电池。

通常来讲, 当心律不正常或太慢时, 就要用到心脏起搏器。要矫正这个问题, 医生指定植入心脏起搏器, 检测减慢的心率并利用微电子电路发送脉冲来刺激肌肉。1973 年前研发的结合锌氧化汞 (Zn-HgO) 电池的设备只有 12 ~ 18 个月的寿命。在 1975 年左右锂碘 Li-I_2 电池进入市场, 电池的寿命延长到 10 年以上。使用 2008 年以后研制的电池的设备, 寿命可能超过 15 年。

锂碘 (Li-I_2) 电池的性能特点。锂碘电池的阴极包含碘和和聚乙烯吡啶 (PVP) 的混合物。这种电池的最新制造方法: 往电池里浇注熔融的阴极材料, 最终形成一个隔离层。电池的能量密度很高, 因为 I_2 具有高能量密度, 并且分隔器和电解质没加到电池结构中。该设备能提供微安范围的电流, 能够满足植入式心脏起搏器几十年的电流要求, 而且具有超高的可靠性。电池的高安全性和超高可靠性, 使其最适合用于植入式心脏起搏器应用。出版的文献资料表明, 这些医疗设备使用钛外壳和特殊射频 (RF) 过滤器, 性能得到显著改善。

实施特殊滤波器可以消除电源线、便携式电话、微波炉和附近的其他射频源对起搏器感知放大器的带通区域的干扰。采用可编程起搏器免去了重复手术操作, 因为心脏起搏器的操作参数可以由外部信号调整。随后, 又研发了先进的具有速度响应能力的心脏起搏器, 考虑探测身体运动对起搏器的速率的影响。心脏起搏器可以作为一个反心室纤维颤动装置。采用先进技术的先进起搏器电池可以持续 10 年以上。现代起搏器可作为微型计算机使用, 它可以在设备的内存中直接存储病人的心脏数据, 还可以监测病人的心脏活动。

优异的电池设计为可移植的心律转复除颤器 (ICD) 供电, 这样能够检测和治疗室颤发作事件。这个装置包含一个高压电容器, 在由于心室问题失去规律心速时, 它为心脏提供刺激。需要能够提供高电流脉冲的电池为可移植的心律转复除颤器 ICD 提供动力。

已经研发了可用于全人工心脏 (TAH) 的中等功率电池。全人工心脏是一个机械心脏泵, 基本取代了病人的天生心脏。据全人工心脏设计者介绍, 该装置包含两个心房, 每一个心室每分钟可泵送超过 7L 的血液, 这与心脏的自然泵血率相同。全人工心脏使用了植入式锂离子电池组, 通过病人的皮肤进行充电。

根据医学专家, 所有植入电池必须具有以下特点:

- 超高可靠性;
- 高安全性;
- 高可预测性的整体性能;
- 高能量密度;
- 最小重量和尺寸;
- 低自放电;
- 寿命终止时的清晰停电指示。

与心脏有关的电池调查表明, 以下几种类型的电池可以广泛用于治疗各种心脏疾病:

- 锂碘 (Li-I_2) 电池: 最适合用于可移植心脏起搏器。
- 锂离子电池: 推荐用于全人工心脏 TAH。
- 锂银钒氧化物 (Li-AgVO): 能够传递高电流脉冲, 因此最适用于可移植的心律转复除颤器 ICD。
- 锂二氧化锰 (Li-MnO_2) 电池: 最理想的是用于心脏起搏器。
- 锂氟化碳 ($LiCF_x$) 电池: 最适合用于可移植的心律转复除颤器 ICD。

广泛用于植入式心脏起搏器的锂碘 Li-I_2 电池和聚乙烯吡啶 PVP 电池的放电特性如图 5.4 所示。电池的开路电压 OCV 和电池的容量 $(mA \cdot h)$ 之间的关系也显示在图 5.4 中。在不同温度下进行长寿命测试的镍金属氢化物电池的放电特性显示在图 5.5 中。试验是基于每 30 天 10s、2A 的脉冲, 持续应用背景负载 100 kΩ。

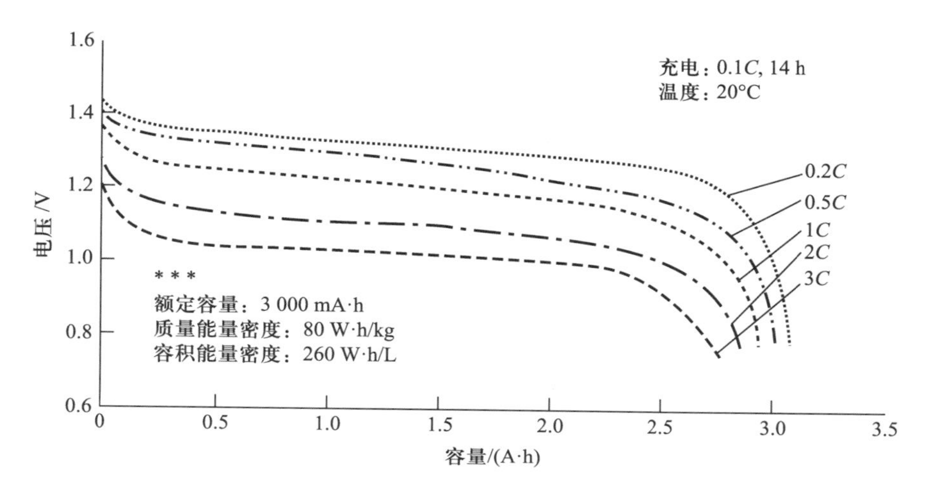

图 5.4 圆柱型 3A · h 电池在不同充电率下的典型放电曲线 (* * *: 采用圆柱结构的 3A · h 电池的电特性)

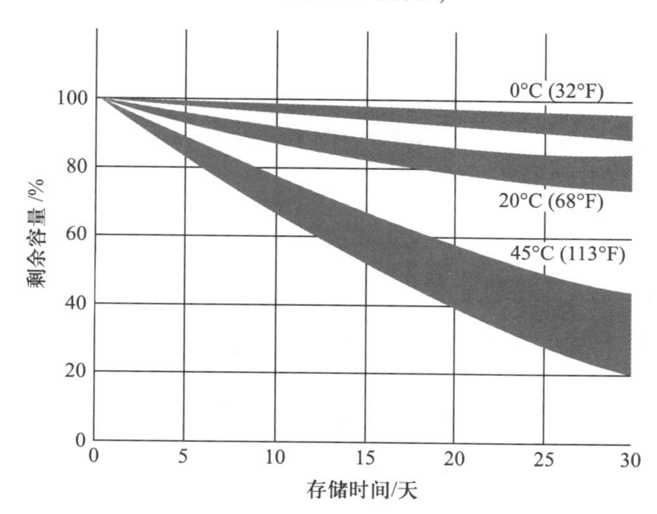

图 5.5 镍金属氢化物充电电池在不同温度下的典型存储特性 (金霸王)

5.4.2 含锂金属的微型电池和智能纳米电池技术在医学和军事上的应用

在医疗和军事应用中, 便携性和可靠性是最重要的要求。在某些应用如战场部署中, 免维护的要求是一项附加的性能规范。医疗和军事用户想要的电池, 除满足最先进的电气性能要求外, 还需采用最新的微电子和轻质材料技术。总之, 便携应用不断变化, 有了为用户提供更多功能的复杂设计。这些新功能对便携式电池的设计提出了挑战。

在过去的几十年中, 由于具有独特的性能和节约寿命成本, 密封铅酸 (SLA) 电池广泛用于医院和临床医疗诊断设备。这些 12V、免维护的锂铁磷酸盐 ($LiFePO_4$)SLA 电池能够长期运行, 电流容量接近 40 A · h, 充电时间快速, 保质期长; 它们属于轻量级 (13.2lb), 包装紧凑尺寸不超过 7.8 in × 7.0 in × 4.9 in。值得注意的是, 锂基阴极提供高性价比的电池性能, 提高了可靠性和使用寿命。

最近, 性能优于密封铅酸 SLA 电池的新型电池已研制成功, 目前多用于便携式输液泵、风机、轮椅和携带便携式诊断设备以及能够提供医生需要的重要信息的工作站医疗车。这些电池将微电子技术和最新的材料结合在一起, 比铅酸电池更紧凑、小型、包装更轻。这两种电池的设计都不能被定性为微型电池或智能纳米电池。

在小企业创新研究 (SBIR) 计划下不同公司研发了微型电池和智能纳米电池。这些电池用在医疗诊断、电脑内存芯片、防御系统和空间传感器应用方面, 其中重量、尺寸和功率消耗至关重要。已发表的技术文章称, 在国防机构研究和发展经费的支持下, 各种纳米技术公司正在完善纳米电池。

已开发出智能纳米电池并很快用于关键的计算机内存应用中。换句话说, 一个研发公司已经完善了一个占用空间小、多节, 3V、锂化学、微阵列的电池设计, 其最低保质期超过 20 年, 并且在这段时间可以提供不间断电力输出。这种电池组在机载导弹、无人机和空间传感器中具有潜在的应用前景, 在这些应用中长期持续时间的不间断电源供应是关键要求。电池科学家和设计师们认为, 采用多个电池和硅基薄膜的结构设计将最适合向手电筒提供恒定电力, 不管是什么天气条件的夜晚, 它都适合用于防御周界安全。

智能锂离子电池。在制造锂金属基电池时, 必须遵循强制性安全防范措施。在这些电池的制造、测试和评估中使用的典型安全装置包括以下:

- 可撕掉的标签 (多余的内部压力);
- 关机分离器 (超温条件);
- 喷口 (多余的内部压力);
- 热中断 (过电流或过充电条件)。

通常, 如果不使用安全装置, 这些电池存在永久的和不可逆转的缺陷。智能锂离子电池安全运行时, 不需要大量的安全装置, 从而大幅度地降低了这类电池的生产成本。

对于电动汽车和混合电动车使用的电池组，成本是一个重要因素。初步成本预测研究表明，锂离子电池比镍金属氢化物电池成本高出 50%，比镍镉电池成本高出 40%。较高的成本预测只适用于电动汽车或混合动力汽车运行所需的高功率电池。

5.4.3 低功率锌空气、镍金属氢和镍镉充电电池

笔者的研究表明，锂电池、锌空气、镍金属氢化物电池和镍镉二次电池最适合低功率水平的应用。因为低劣的性能和工作限制是与锌空气电池和镍镉电池联系在一起的，笔者会花更多的时间去讨论镍金属氢化物电池的性能和局限性。以下各节简要总结了这些充电电池的性能和局限性[8]。

5.4.3.1 锌空气充电电池

具有有效空气管理的锌空气电池具有最低的自放电率。锌空气电池的放电率每月小于 5%。锌空气电池中空气管理系统的存在使它不能作为一个真正的小电池。事实上，小型锌空气电池主要为便携式电脑和小型电动车设计。在电动汽车应用中，电池结合过滤器去除空气中的二氧化碳，并包含一个小泵来循环电解质。去除空气中的二氧化碳是必需的，因为气体往往与氢氧化钾电解液反应形成碳酸钾，最终堵塞氧 (O_2) 电极。为了减少电池的重量尺寸，很有必要除去过滤器或选择一个新的过滤器设计。这类电池的另一个缺点是对电气滥用的敏感。这种电池可以快速充电，如果放电低于约 0.9V 时，电池将被永久损坏。其额定工作电压介于 1.0V 和 1.2V 之间。

为矫正这些缺陷，设计人员对微型内置监测装置和锌空气电池的充电电路进行了整合。第一类是监控每个单电池的电压，当截断接近时发出一个警报信号，并在截断时关闭电池。第二类是在限流电路中以约 2V 的恒定电压为电池充电。当电流逐渐降低到指定值时，充电过程结束。

5.4.3.2 镍镉充电电池

因为镉具有毒性，镍镉充电电池只限应用于已考虑到有适当的通风和其他安全措施的应用中。需要重点指出的是，在整个化学反应中，水在放电中消耗，在充电中再形成，因此，不存在含水的净反应。这意味着溶液的浓度和电导率并没有改变。这些有利的特点被降低的功率密度、快速的自放电和较低的耐过充性抵消了。

对于镍镉电池，出现平稳的固态过程是由于氢离子 (H^+) 的吸收和释

放。这个过程消除了出现在镉电极生命周期内的晶体学、表面形态、机械结构完整性和电导率等方面的负面变化。另外, 由于没有涉及水的净化学反应, 浓度和溶液电导率没有发生变化。这些有利的特点被降低的功率密度、快速自放电和降低的耐过充性抵消。最后, 由于镉的毒性和处置问题, 阻止了这种电池被各种应用广泛接受。镍镉充电电池的主要优点和局限性可以概括如下。

优点:

- 简单的存储和运输: 大多数航空公司都接受这些电池, 没有任何限制或特殊条件。
- 保证电池不得滥用: 镍镉电池机械性能完整, 最适合恶劣工作环境的应用。
- 良好的价值: 市场调查表明, 镍镉电池价格低廉, 即使在延长储存期的条件下, 也能快速、简单充电。
- 使用寿命长: 镍镉电池可以进行大量的充放电循环, 而对性能没有影响。至少可以存储 5 年。
- 优良的负载阻抗: 镍镉电池材料即使在低温条件下也能再充电。
- 镉镍电池能够满足各种性能要求: 这些电池提供多种尺寸和性能选项。

局限:

- 对环境不利: 镍镉电池中含有有毒物质。
- 相对较高的自放电: 这些电池自放电率高, 因此延长使用或储存后需要再充电。
- 低能量密度: 镍镉电池比其他替代品更大更重。这些电池有记忆效应, 必须定期使用。

结论: 各种应用的跟踪记录表明, 镍镉充电电池是唯一能在苛刻的工况下具有较高可靠性的一类充电电池[8]。这些电池最适合用于电动工具。镍镉电池不能长时间充电, 同时也不能工作时间过短。对于双向无线电、紧急医疗设备及广泛应用于各种商业和工业应用的电动工具而言, 这些电池仍然是一个受欢迎的选择。经过快速、简易充电, 甚至在延期使用或储存后, 镍镉电池仍可提供满能量。

5.4.3.3 镍金属氢化物充电电池

已为低功率应用研发和评估了锂电池、镍镉电池和镍金属氢化物电池。这种电池的阳极是一种金属氢化物, 阴极是镍氢氧化物, 电解质是氢氧化钾。这种电池重量轻、尺寸小，但具有卓越的功率和能量性能。

笔者对镍金属氢化物电池的研究表明，这些设备受到电压下降的影响会产生记忆效应。研究进一步表明，与镍镉电池相比，镍氢电池的记忆效应不太严重。然而，精心设计的锂离子电池却没有记忆效应。当电流中断时，有些电池的部分电压可能恢复。电压恢复严格依赖于电化学装置的复杂程度。在充放电循环过程中，氢离子在两个电极之间来回移动，如图 5.6 所示。

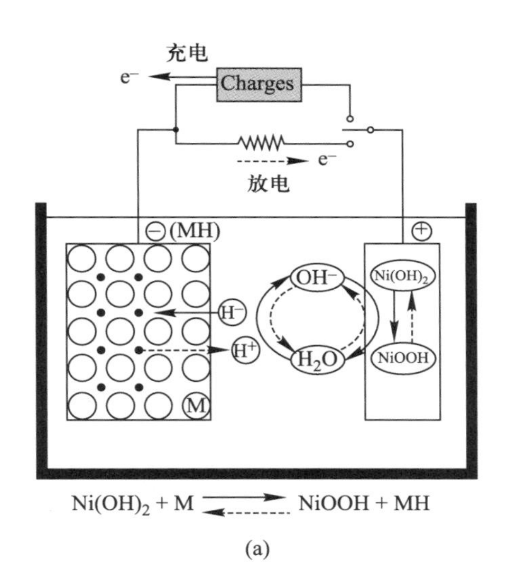

(a)

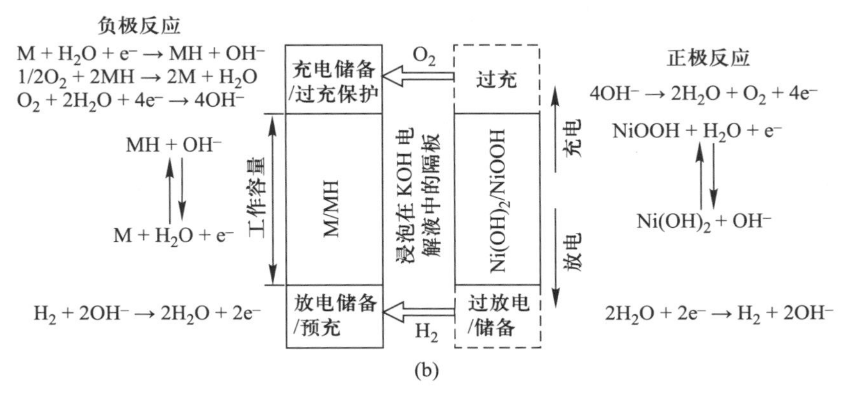

(b)

图 5.6 镍金属氢化物电池的充电和放电原理

(a) 镍金属氢化物电池充电和放电周期过程中氢离子的运动;

(b) 镍金属氢化物电池内发生的化学反应示意图。

镍金属氢化物电池的荷电状态 SOC 的实际定值依赖于荷电状态和开路电压之间的化学反应。如果知道荷电状态和开路电压参数的话, 这个论断是正确的。开路电压临界值的决定依赖于荷电状态、电池年龄和电压衰减的不利影响。通过比较新、旧电池的开路电压 OCV 和放电深度 DOD 的曲线, 可以确定开路电压 OCV 的临界值。这些曲线表明, 随着电池的年龄的增长, 如果所需的放电深度 DOD 为 23%时, 开路电压 OCV 的临界值会增加。低功率电池的寿命严格依赖于以下条件:

- 及早和经常给电池充电。
- 如果电池几个星期不使用的话, 将电池充电至 40%, 储存在凉爽的地方。
- 休眠电池需放置于冰箱中 (不低于零下 40°)。
- 在充电状态接近零时不要深循环。
- 避免接触高温, 这可能导致电池性能的迅速退化。
- 确保准备投入使用的电池的保质期从电池制造开始到保存期限结束。
- 如果使用稀土基镧镍合金 ($LaNi_5$) 制成的薄棱柱密封镍金属氢化物电池的最优性能很理想, 就遵循逐步优化的步骤。如图 5.7 所示的逐

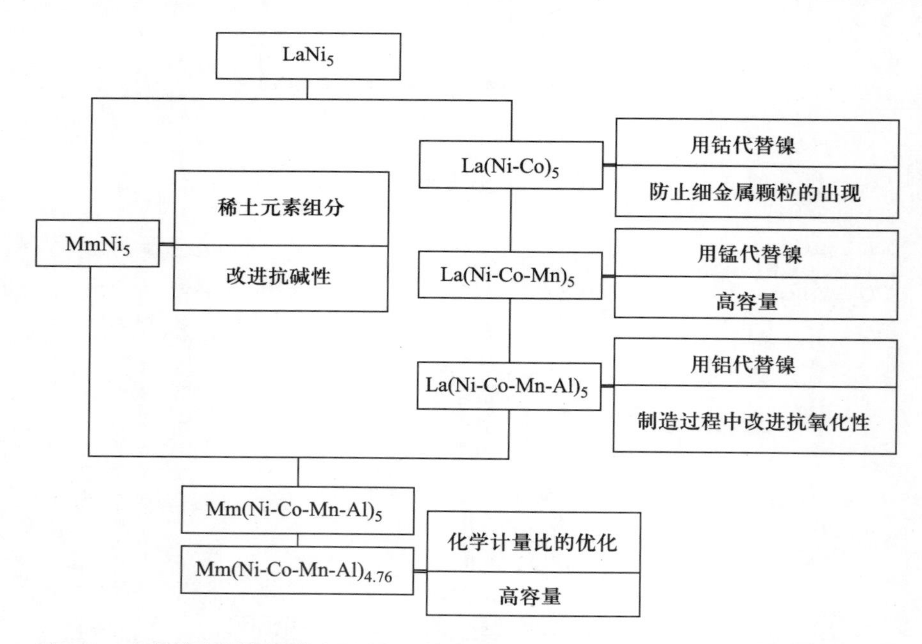

图 5.7 密封镍金属氢化物电池制造中采用的 $LaNi_5$ 合金的逐步优化步骤 (Mm: 混合稀土元素; Mn: 锰)

步优化步骤对于电池满足低温和高温工作条件下所需的放电率是必要的。

5.4.3.3.1 逐步优化中稀土材料的作用

最近调查表明, 用于制造镍金属氢化物电池的合金有 AB_5 ($LaNi_5$) 和 AB_2 (ZrV_2) 两种类型。在评价这些合金时, 材料科学家除了研究放电容量和电池的逐步优化步骤外, 未能探讨合金的关键性能特性。但是, 研究人员在根据路端电压确定充电容量方面做了出色的工作。表 5.8 的数据表明, 即使路端电压发生轻微的变化, 也可以引起使用适当的稀土材料制作的镍金属氢化物电池的放电容量的显著改进。

表 5.8 随着端电压值的变化, 镍金属氢化物电池的放电容量变化情况

电池端电压值/V	电池放电容量/(mA · h)
1.30	200
1.26	400
1.25	600
1.25	800
1.25	1000
1.22	1200
1.20	1400
1.19	1600
1.15	1800
1.00	1885

甚至在路端电压为 1.19V 时, 镍镉电池的放电容量可剧烈下降到 1000 mA·h。在路端电压接近 1V 时, 电池放电容量降低到小于 1325 mA · h。

如图 5.7 所示, 符号 "Mm" 指的是一种混合稀土。这是一种自然生成的混合稀土元素, 如镧 (La)、钕 (Nd)、镨 (Pr)、铈 (Ce)。稀土材料科学家认为, 材料组成 Mm $(Ni\text{-}Co\text{-}Mn\text{-}A1)_{4.76}$ 提供的放电容量接近 mA·h/g, 高于镧镍 $LaNi_5$ 合金即 AB_5 10%。对各种材料成分的综合考查表明, $LaNi_5(AB_5)$ 合金更便宜、更容易使用, 因此, 最适合用于密封镍金属氢化物电池。

材料科学家也考察了其他成分, 结果表明与 $LaNi_5$ 合金相比, 它们耐腐蚀性差、生命周期较短、工作电压较低。总之, 在制造电池过程中使用特定的稀土材料, 将大大提高电池容量。镍金属氢化物电池的整体性能严格取决于好的合金负极 (阳极)、阴极配方和分隔器的独特性能。在过去几年中, 稀土系合金, 即 AB_5 和 AB_2, 取得了重要的研究进展, 主要表现在高容量和能量、宽温度范围、长循环寿命、高电化学活性、可靠性提高和

保存期限较长等方面材料特性的改进。(潜在稀土材料的特殊性能具体见第 4 章。)

5.4.3.3.2 镍金属氢化物电池结构及性能特点

市场调查表明, 薄棱柱型密封镍金属氢化物电池被广泛用于便携性、低功耗、包装紧凑和最低室温储藏损失是主要的指标的多种场合。镍金属氢化物电池的阴极产生氧化钴 CoO, 比 NiOOH 的导电性要高。添加氧化钇 (Y_2O_3) 提高了正离子的利用率。过度充电正极生成的氧气会氧化分隔器元件。因此需要化学性质稳定的分隔器材料来避免分隔器的氧化。不透气聚丙烯是最合适的避免氧化的隔离材料。

密封镍金属氢化物电池的制造设计规格与镍镉电池相似。电极具有能满足较高充电率的高表面能。此外, 电极呈扁平长方形, 最适合圆柱形设计结构, 如图 5.8 所示。圆柱结构是首选, 因为设计简单、制造成本较低。正极是由毡布或泡沫基板组成, 活性材料浸渍其中。负极为多孔结构, 由穿孔镍箔组成, 以支撑塑料黏接的储氢合金。棱柱形镍金属氢化物电池

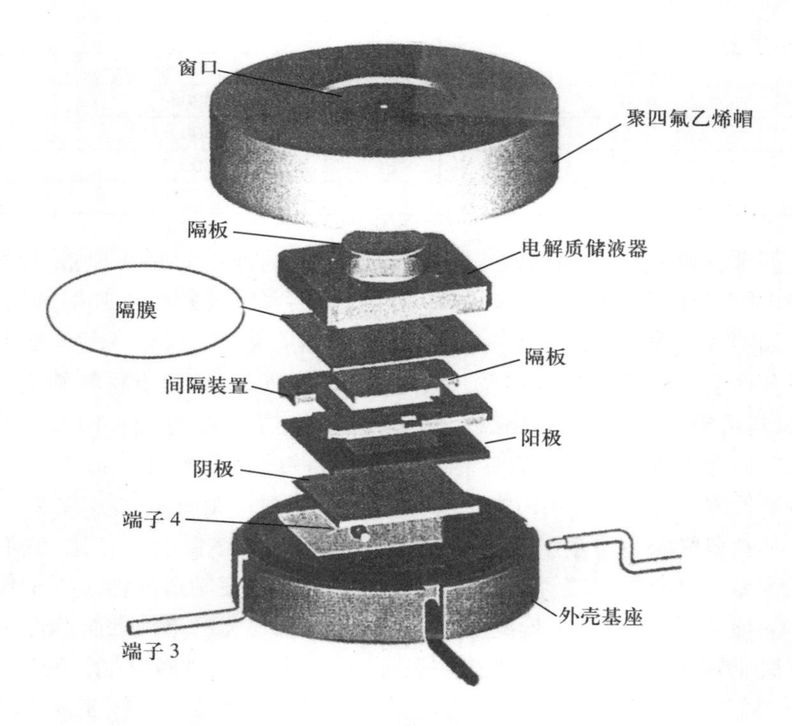

图 5.8 运用碳纳米管膜技术的储备电池的典型设计结构

的电极具有与镍镉电池类似的螺旋绕制结构，并且电极还填充到镀镍钢罐中，如图 5.9 所示。电池顶端含有可拆卸安全阀。

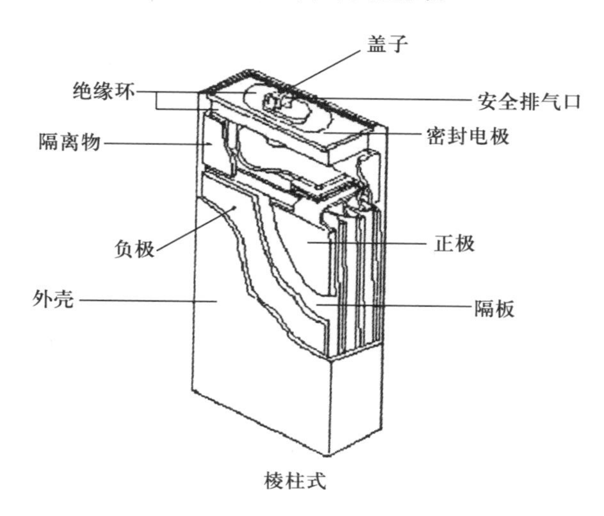

图 5.9 薄棱柱形镍金属氢化物电池的结构细节 (松下)

棱柱形电池具有薄型设计结构，最适合为小型设备供电。据电池设计师称，对于给定空间，这种电池容量高 20% 以上。一个圆柱棱型、3A · h 的镍金属氢化物电池的放电曲线随充电率的变化，如图 5.4 所示。额定容量、质量能量密度、容积能量密度和环境温度的典型值如图左上角所示。从图中的曲线可明显看出，电池在损害平均电压的情况下容量没什么损失。这些电池具有与镍镉充电电池类似的放电反应的放热性质。在这种情况下，电池中由电流流过引起的发热现象得到局部平衡。在较高的放电电流下，重复放电会减少电池的循环。据镍金属氢化物电池设计师称，在 0.2C ~ 0.5C 的放电率下可以达到最好的性能结果。

温度对密封镍金属氢化物电池的放电容量的影响可以由表 5.9 中的数据看出。电池若想达到最佳的性能状态，则应在 0 ~ 40℃ 温度范围内使用。低温下容量的下降严格取决于电池内阻的增加。

圆柱形镍金属氢化物电池的放电曲线随着电池电压和充电率的变化如图 5.4 所示。这些曲线表明，电池通过增加速率会失去少量容量，这是以牺牲电池电压为代价的。镍金属氢化物电池的放电是放热性质，而镍镉电池的放电是吸热性质，因为电池的电流流动被部分平衡。笔者的研究表明，尽管镍金属氢化物电池能维持高放电电流，但在这些电流下的重复放电会减少电池的循环寿命。研究进一步表明，充电率在 0.2C ~ 0.5C 之间，

表 5.9 密封镍金属氢化物电池的温度对放电容量的影响

温度/℃	放电容量/%
−10	65
−20	41
0	89
10	97
20	99
30	98
40	96
50	90

注: 表中的数据为估计值, 误差范围在 5%。放电容量的精确值严格依赖于所采用的稀土合金的性能。

使用如图 5.4 的质量能量密度、容积能量密度、额定容量、环境温度以及充电率值, 可能得到较满意的结果。

5.4.3.3.3 镍金属氢化物电池的充电性能

由于镍金属氢化物电池对充电条件的敏感性, 充电是确定这种电池的电气性能参数和总体状态的一个关键步骤。选择适当的充电率和温度范围非常重要。

一般来说, 镍金属氢化物电池在适当的恒定电流下充电。必须限制充电电流水平, 以避免过热和未充分反应的氧气再结合。此外, 镍金属氢化物电池的电压和温度曲线图, 可从供应商或制造商那里得到, 应咨询清楚最佳充电效率。可在标准电池手册中找到与相应的温度对应的在不同的速率条件下充电曲线的形状。由于大量的氧气参与反应, 电压在充电约 80% 时有大幅提高, 并趋于稳定或达到最高值。与镍镉电池充电相比, 电压下降的现象, 即使存在也是不明显的。这是镍金属氢化物和镍镉电池充电过程的根本区别。如讨论所述, 镍金属氢化物电池充电过程是放热过程 (此过程中产生热或给热), 而镍镉电池则是吸热 (热量吸收)。因此, 与镍镉电池在相同的充电输入条件下相比, 镍金属氢化物电池在充电循环中温度迅速上升。然而, 充电约 80% 后, 由于放热氧气的重组反应, 这两种电池的温度会急剧升高。当电池达到其充分充电状态和进入过充电区时, 温度的增加会导致电压下降。

基于这些考虑, 需控制充电温度来获得较高的放电容量。为保持性能可靠, 温度应不超过 30℃, 大约因为在高温下会发生越来越多的氧气反应。

电池充电的专家认为, 温度在 10℃ 到 30℃ 范围内, 充电效率非常高。这表明如果想获得充电高效率, 则应该避免温度低于 10℃。

电压下降和温度升高被认为是充电完成的指示。值得注意的是, 充电方法是严格依赖于具体的充电条件。当处理快速充电时充电控制是绝对必要的。在温度和压力可能会突然达到很高值的情况下, 必须提供通风口。充电控制方法概述如下:

- 充电输入: 使用电流和时间参数, 充电 (A · h) 可以计算。但这种方法只适用于低于 0.3C 的慢充电, 以避免出现过度充电。
- 电压下降: 这种方法只适用于缓慢的充电过程, 在此过程中, 电荷接近 0.1C 时电压稳定。
- 高温截止: 当环境温度达到过度充电指示的预设值时, 这个特殊的方法可以终止充电过程。
- 升温速率: 这种方法根据时间测量温度上升的速率, 当达到预定值时停止充电过程, 用 1℃/min 表示。这是阻止高速充电, 确保更长的循环寿命的首选方法。另外, 本方法能比电压下降法更早地感知过度充电的开始。如果反复过度充电, 镍金属氢化物电池性能会变差。避免过充电以及保护电池不被彻底毁坏是应遵循的最重要的标准。

5.5 为特殊应用选择一次和二次 (充电) 电池的标准

如果你对市场上的电池具有相当不错的认识, 那么就能针对具体应用选择特定的电池类型。此外, 你可能不知道关键性能参数的近似值, 如可靠性、生命周期和储存期间的自放电率。电池是无所不在的, 但为特定的应用选择正确的电池至关重要[8]。

笔者对目前各种商店出售的不同的一次和二次电池进行了研究。着重强调了最根本的特性, 如循环周期、自放电、典型的电池电压、近似电池成本和每次循环的费用。表 5.10 为读者提供了 5 种不同的电池的对比数据。表中的数据误差在 ±5%。

如何针对特定的应用选择电池: 有时, 为特定的应用选择合适的电池是很困难的。但是如果知道了一些最关键的参数 (如成本、维护要求、寿命周期, 如表 5.10 所列), 用户就能选择合适的电池了。本节为特定的应用程序确定了特定的电池, 并简要讨论了与其工作要求相匹配的性能规格。例

表 5.10 现时可用的电池类型及其典型性能规格

特性	电池类型				
	铅酸电池	Ni-Cd	Ni-MH	锂离子	锂离子聚合物电池
质量能量密度/(W · h/kg)	30 ~ 55	45 ~ 85	60 ~ 120	110 ~ 160	100 ~ 135
快速充电时间/h	8 ~ 16	1	2 ~ 4	2 ~ 4	2 ~ 4
循环寿命 (充至 80%)	200 ~ 300	1500	300 ~ 500	50 ~ 1000	300 ~ 500
电压/V	2	1025	1025	3	306
自放电/月/%	5	20	30	10	~ 10
工作温度/℃	−20/ + 60	−40/60	−20/60	−20/60	0/60
维护要求/月	3 ~ 6	1 ~ 2	2 ~ 3	无	无
预估成本/美元	25 (6V)	50 (7.2V)	60 (7.2V)	100 (7.2V)	100 (7.2V)
每循环成本/分	10	4	12	14	29

如, 使用移动电话或手机时, 体积小巧、重量轻、高能量密度是主要需求。其他的重要特征可能包括服役寿命、负载特性、维护要求、自放电、成本、安全性和可靠性。针对这类特定的应用, 推荐使用镍镉充电电池。然而, 21 世纪类似锂基电池这种最流行的设计, 也在各种应用中得到采用, 但人们购买它的成本要高得多。因为不管在何种应用中, 锂电池的寿命都是最长的[9], 笔者将侧重于描述各种锂基原电池, 它们的特点如表 5.11 所列[9]。这些电池具有最长的保存期和最高的运行可靠性。

表 5.11 五种锂基原电池的重要特性

特性	锂基电池				
	$LiMnO_2$	$LiSO_2$	$LiSOCl_2$	$Li(CF)_n$	$LiCF_X$
质量能量密度/(W · h/kg)	300 ~ 450	240 ~ 320	500 ~ 700	360 ~ 480	500 ~ 700
容积能量密度/(W · h/L)	500 ~ 650	350 ~ 450	600 ~ 900	500 ~ 600	700 ~ 1000
温度范围/℃	−20 ~ 60	−55 ~ 70	−55 ~ 150	−20 ~ 60	−60 ~ 160
典型保质期/年	5 ~ 10	10	15 ~ 20	15	16
安全性 (高速放电)	是	否	否	是	是
环境影响	中等	高	高	中等	中等
价格/性能	一般	良	一般	差	良

对各种锂电池的性能比较, 是以能量密度、功率密度、工作温度、保存期、安全可靠性、环境的影响以及价格和性能等作为基础的。经过价格与性能分类方面的比较, 锂氟化碳 $LiCF_X$ 电池比所有其他电池具有更大

的优势, 如表 5.11 所列。这些电池参数一定会帮助客户选择合适的、满足个人要求的锂基电池。

在动力工具的应用中, 镍镉电池是首选, 因为它们具有在苛刻工况下的可靠性和安全操作性。事实上, 镍镉电池是能在苛刻工作条件下使用的唯一电池类型。同款电池仍然是用于双向无线电、紧急医疗设备、电动工具的最受欢迎的选择。即使延期使用, 它的快速充电能力仍被认为是最有利于电动工具和应急医疗设备的。在优异的耐久性和低成本方面, 没有别的化学电池可以达到或超过镍镉电池。

锂二氧化锰电池成本低、安全、可靠, 最适合用于消费电子、军事通信、射频识别 RFID、运输、自动抄表、医疗设备的校准、医疗除颤和记忆备份装置等。

锂硫氧化物原电池是用于军事、航天、卫星通信的最理想类型。这些低成本的电池最适合用于高脉冲功率能力和较宽的工作温度范围 (从 $-55 \sim +70$℃) 是基本性能要求的应用领域。

锂亚硫酰氯电池是设计目标包括超宽的工作温度范围 (从 $-55 \sim 150$℃)、高容积能量密度、高脉冲功率能力和长保质期的应用的最有吸引力的选择。这些电池广泛应用于商业和消费电子、军事通信、交通运输、射频识别 RFID 和记忆备份。

锂聚氟化碳酸酯电池广泛应用于低中功率的消费电子产品、军事通信、射频识别、运输、自动抄表和医疗除颤器。

锂氟化碳电池提供高能量和功率密度, 在超宽温度范围 (从 $-60 \sim 160$℃) 具有持续的性能和长服役期或保质期。这些设备最适合用于便携式电子、军事搜救通信、交通运输、射频识别和医疗去纤颤器。

$LiFePO_4$ 磷酸锂铁电池应用广泛, 包括电网稳定、电动工具、混合动力电动汽车、激光、海军作战、飞机和直升机等。还研发了称为过磷酸锂铁电池的升级版本, 它消除了常规电池的缺点。这个升级的版本提供更高的功率和能量密度, 最适合用于可靠性和超高功率和能量密度是主要要求的军事应用。最适合军事系统应用的各种电池类型和性能在第 6 章介绍。

5.6 结论

这一章专门介绍了广泛用于商业、医疗、某些工业和空间应用的低功率充电电池。简要总结了用于消费电子产品的低功率电池的类型和性能要求。讨论了各种低功率应用的电池的设计结构, 重点是尺寸、重量、可靠性、寿命周期、安全性和自放电。根据电解质的要求和物理尺寸明确指出了圆柱形结构的低功率电池的性能和局限性。简要总结了广泛应用的低功率碳锌电池的性能特点。这些电池有两种版本: 使用二氧化锰作为电解质的高级版和用氯化锌作为电解质的标准版。高级版本提供了增强的可靠性、高容量, 并显著提高了整体性能。明确了碱锰电池的性能和局限性。因为不会危害健康和不含汞, 碱性电池被广泛使用。对低功率锂二氧化锰电池的性能特点和电池结构做了详细讨论, 因为它们被大量用户广泛使用。这些电池有不同的配置, 如硬币、圆柱、圆柱绕线筒、扁平、圆柱 D。描述了镍金属氢化物、镍镉充电电池和锂离子电池的性能和主要优点, 重点强调其可靠性、长寿命、DOD、SOC 和 OCV 特性。有人已开发了各种电池的化学反应方程, 确定了反应产物。电池的重量来自不同来源, 如电解质、电极、分隔器、外壳、减压装置、集电器、安全电子和添加剂。减少电池的重量, 必须尽量将重点放在重量的贡献来源上。笔者强烈建议在空间系统、机载传感器、空对空导弹和无人机的电子电路和设备中使用小型化、轻量化的微型电池或薄膜电池, 在这类应用中, 它们的重量、尺寸和功率消耗至关重要。联邦、国防和安全组织不断呼吁, 利用含微机电系统和纳米技术的电池设计, 使其重量和尺寸大幅减小。用氢氧化钾做电解液的碱性电池的特性决定了它适用于嵌入式系统的应用, 原因在于它的保质期长、可靠性高, 且制作方法简单。如果超低的自放电率和寿命大于 20 年是基本设计目标, 锂亚硫酰氯电池也可以用于嵌入式系统。笔者明确了微型电池和智能纳米电池可用于关键计算机内存和敏感的医疗诊断设备。这种电池在 SBIR 小企业创新研究项目的支持下, 进行了设计、开发及评估。参与开发这些电池的科学家和设计师极力推荐这些电池, 使用在便携式医疗诊断系统、计算机的内存芯片、无人机和空间传感器的应用上, 在这些应用中重量、尺寸和功率是至关重要的指标。智能锂离子电池针对电动汽车和混合动力汽车应用而专门设计和开发。智能锂离子电池不需要大量的安全装置, 从而显著降低了重量、尺寸和成本。这些电池由于容量高、安全和寿命长的特点, 较适合电动汽车和混合动力汽车。用于电动汽车和混合混合动力汽车的电池寿命大约 10 年左右, 电池的成本约 4500 美元。寿命超过 15 年的锂碘电池适合用在心脏病治疗设备上, 如心脏起搏器、心脏除颤器和人工心脏。锂氟化碳电池适合可移植心律转除颤器。探讨了特种稀土材料在最适合医疗和空间应用的特殊电池的性能重大改进方面发挥的作用。确定了最适合为微型医疗设备供电的薄型棱柱电池的性能特点, 重点强调其可靠性、生命周期和安全性。

参考文献

[1] Robert A Powers, "Batteries for low power electronics," IEEE Spectrum 83, no 4 (April 1995), pp. 687–693.

[2] Courteny E.Howard, "Electronics miniaturization," Military and Aerospace Electronics (June 2009), P. 32.

[3] Keith Oland, "Selecting the best battery for embedded-system applications," Electronic Design News(November 18, 2010), PP. 36–39.

[4] John Keller, "Smart power requirements are looking to improve the ei∼ciency and to reduce power-system-development-cost," Military and Aerospace Electronics (March 2011), PP. 39–10.

[5] Editor, "Technology focus," Mifltary and Aerospace Electronics (June 2009), P. 39.

[6] Editor, "Engineeringfeature," ElectronicDesignNews (March24, 2011), PP. 26–27.

[7] Pier Paolo Prossini,Rita Mancini at al, "$Li_4Ti_5O_{12}$ as anode in all-solid-state, plastic, Lithium-ion batteries for low-power applications," SolidState Ionics (September 2001), PP. 185–192.

[8] Kerry Lanza, "What is the best type of battery" Electronic Products (March 2011), P. 40.

[9] Eric Lind, "Primary lithium batteries," Electronic Products (September 2010), pp. 14–18.

第 6 章

用于军事用途的充电电池

6.1 简介

将盐和碱性电解质合并的高技术充电电池正在开发中。这些电池很适合用于低小重量、尺寸和成本以及高可靠性至关重要的各种军事应用。在某些战场应用情况下，便携性、效率和可折叠是额外的设计要求。笔者进行的初步研究似乎表明，铝空气 (Al-air) 电池一般被认为最适合大多数军事应用。采用最先进的电子和数字元件的军事武器系统和传感器不断推进在恶劣的环境中运行时性能、便携性、安全性、冷却性、可靠性方面的界限。这样的系统或传感器需要的电池必须在充电电池的设计中结合先进的技术，如微电机械系统 (MEMS) 和纳米技术，以满足军队特定的性能规格。结合 MEMS 和纳米技术的电池将提供最紧凑的尺寸、轻重量和超高的可靠性，从而使它们是空对空导弹、空对地导弹和其他航空航天应用的理想选择。部署在所有军事武器系统和电子传感器的电池对可靠性和安全性要求最苛刻。在恶劣的热和机械环境工作的执行关键任务的军事系统如战场坦克、无人水下车辆 (UUWV)、监视和侦察任务的无人驾驶飞行器 (UAV)、配备光电传感器和复杂导弹的无人驾驶飞机、无人地面作战车辆 (UGCAs)、进行秘密监视和侦察任务的微型通信卫星和其他军事系统采用的充电电池必须满足严格的可靠性、安全性和寿命要求。对于专为战场应用的武器系统，充电电池必须提供军事采购规格要求的最佳的可靠性、安全性、恒定的输出电压、最低的电池容量损失。对于数字系统或电路，电池必须在采购规格指定的期间内提供不间断的电力。对于军事隐蔽通信设备，充电电池将被用来保护关键任务的语音和视频数据的真实性。在电池出现故障的情况下, 不考虑军事应用, 关键任务的数据可能会丢失, 因此, 建议安装备用电池或多余的电池, 以避免关键数据的灾难性故障。对于战场部署的机器人系统, 电池应设计成有效的、可靠的, 在恶劣的热和机械环境不中断地运行。此外, 充电电池必须在采购规格所定义的冲击和振动条件下有效运作。

国防官员和军事方案管理人员移动到一个多层建筑, 该建筑允许几个离散的电子设备合并, 以实现成本、重量、大小和充电电池容量的显著降低。如果军事策划者正在寻找这样的建筑, 就必须探索独特的电池技术, 以满足多个设备从单一的电源获取电力的需求。战术通信设备的电池必须能够自动地不断地适应网络的变化, 并应支持时间关键的任务, 以及以最大的保险性和安全性提供不间断的电源[1]。美国电池供应商正在考虑发展下一代充电电池, 特别是为军事应用。这些新一代电池将具有先进的技术和独特结构, 能够提供更高的可靠性、便携性和安全性, 同时最大限度地降低成本、尺寸和重量。

最适合用于反简易爆炸装置 (C-IED) 设备的电池将具有特殊的性能要求, 包括便携性、重量轻、尺寸紧凑、更高可靠性, 以及适当的容量。由于 C-IED 设备由士兵携带, 当检测埋在敌对战区的简易爆炸装置时, 便携性、重量轻、安全性高和小巧的包装是对该设备使用的充电电池的基本设计要求。

对于无人机和无线电遥控飞机, 充电电池必须严格符合在严苛的空气动力环境下的设计要求, 即紧凑型封装、重量轻、超高的可靠性和安全性。

此外, 这种电池必须没有有毒气体和化学制剂。简单地说, 这些充电电池必须没有温室效应, 因为无人机或电子无人驾驶飞机没有排除有害气体的设施。

军事运兵车、战地坦克、无人地面战车 (UGCV)、UUWV 的充电电池, 必须有更高的效率、小巧的包装和在恶劣的热和机械环境下的超高的可靠性。这些车辆的运行可能会经历内部温度高达 125°, 高振幅的振动和无法忍受的冲击。因此, 需要在这些苛刻的工作条件下运行的充电电池必须包括不会影响阳极、阴极和电解质的电气性能、可靠性和安全性的合适的材料。

本章介绍需要高电流和高电压精度的, 空间有限和成本敏感的应用的充电电池的充电管理控制设备。这些充电管理控制设备使用微芯片技术和算法, 将提供恒定电流和恒定电压调节、电池温度监测和预处理、高级安全定时器、自动充电终止和当前充电状态指示等功能。

为了在这些操作环境下获得更长的寿命和更高的安全性，电池平衡技术必不可少。电池平衡必须对应于使用该电池的方式和它们运行的环境。电池组的一个单电池的热失配仅仅是包含的很多因素中的一个。大多数充电电池温度每上升 10°，自放电率加倍。这反过来又影响电池的荷电状态(SOC)。为了确保温度的影响最低，必须小心确定电池组放置的位置。电池组越接近它供电的设备，与设备直接接触的电池过热的风险就越大。过热的影响及其对能量存储能力的影响不同电池各不相同。电池材料科学家认为，锂离子电池比传统的镍金属氢化物电池可储存更多的能量，体积小约 30%，重量轻 50%。但是，当过度充电或在深度放电时锂离子电池会过热，因此单电池较多的锂离子电池组需要安全保护功能。总之，电池平衡提供了更高的效率和更长的电池寿命。

由笔者进行的电池平衡研究表明，有两种不同的平衡技术，即主动和被动。主动技术是复杂的，最适合于单电池数量较多的锂离子电池组。主动技术支持超过 300V 的高电压操作，因此最适合电动和混合动力汽车和 UPS 车辆广泛使用的电池组。进一步的研究表明，主动电池技术避免了能量损失，从而电池组效率高。在这种主动方法中，电荷以最小的能量损失从一个电池转移到另一个电池。

相反，被动电池技术使用结合集成电路元件的线性技术。单电池平衡比主动技术简单。然而，在这种被动技术中，在多电池串联堆栈，跨越各电池使用分流电阻器，以减少完全充电时电池堆栈的不平衡电流。电池不平衡有几个因素，包括所包含的电池单元、电池之间的阻抗失配、循环次数、电池组的电池配置和电池组的大小[2]。对于为战场上的 C-IED 应用设计的便携式电池组，电池平衡就显得尤为重要。以下各节将说明用于特定的军事系统应用的电池平衡技术。

6.2 各种军事系统应用的有潜力的电池类型

本节重点介绍最适合空军、陆军和海军在不同任务应用中部署的各种军事系统和传感器中使用的下一代充电电池。介绍最适合于各种军事系统应用的先进的电池技术和设计架构。本节还总结各种军事系统应用的最理想的充电电池的设计和关键性能要求，包含合适的平台，如电子无人驾驶飞机、UUWV、无人机、便携式 C-IED 系统、战场隐蔽通信系统、战场应用的机器人系统。本章第 6.7.2 节归纳用于情报、侦察和监视任务的无人机的电池要求。一些电池供应商正在使用最新的电解质来开发高性能盐和碱性电池，特别针对军事应用。战场应用中，电池必须轻质、可靠、便携、无毒和安全。电池设计人员正在寻求充电电池的可折叠性。研究电池的科学家认为，铝空气充电电池、碳纳米管基锂离子电池、银金属氢化物 (Ag-MH) 电池特别适合于军事系统的应用[3]。笔者将在随后的章节中讨论这些电池和其他充电电池的性能和局限性。

6.2.1 铝空气充电电池的军事应用

一些电池制造企业正在探索充电电池发展的设计理念，特别是用于军事用途的。加拿大铝电源有限公司一直积极参与设计和开发一些这种应用的盐和碱性电解质铝空气电池[3]。这些充电电池相比锂和其他充电电池的一个主要优势，就是具有非常高的质量能量密度，超过 550 W · h/kg。这些电池可折叠，高度便携，因此，可以以最小的成本运输。在作业现场，它们可以用水填充。碱性铝空气电池的另一个优点是它超过 125 W/kg 的高比功率，这使得它对于战场应用很有吸引力。例如，如果一个士兵正在战场上寻找埋藏的简易爆炸装置，士兵可以将电池背在身上，因为它重量很轻。盐水电池最适合于中等功率需求以及多功能应用，因为它们有能力在使用周期之间给电池充电。在战场上和偏远地区，由自给自足的、单兵携带的、使用碱性电解质的铝空气电池来提供卫星通信是最为理想的。

当电池的输出在 5 ~ 400 W，质量能量密度低至 430 W · h/kg 时，这些充电电池将满足 −40℃ 在 30 min 内冷启动的要求。这些电池的激活可通过排空电池顶部包含电解质的储液器完成。建模和实验室测试表明了非凡的电气性能，包含可靠性和安全性。由于提高了可靠性、高便携性和安全性能，这些充电电池对战场通信、无人机、微型飞行器 (MAV) 和无人地面车辆 (UGV) 的应用最具吸引力。

铝空气电池使用铝阳极，空气阴极。由材料科学家最近开发的铝空气电池提供了独特的电池配置，与早期版本相比，电池性能大大改善。有两种类型的便携式铝空气充电电池，即盐电解质充电电池和碱性电解质充电电池。盐电池最适合于多功能应用，其中水是现成的，而电池可干燥运送和折叠。碱性电池被广泛用于高功率应用，在实际使用之前通过加入碱性溶液激活。这两种类型的电池在干燥状态下存储，并具有长的储存寿命。干燥状态是长时间储存的主要要求。对存储的反应物的质量能量密度进行的研究表明，铝空气电池具有的质量能量密度仅次于锂空气电池。进一步的研究表明, 质量能量密度的降低是由于在它们的热力学势下无法运行铝阳极和空气阴极电极, 因为在产生能量的反应中水被消耗。尽管有这些限制, 铝空气电池的实际质量能量密度水平也在 200 ~ 400 W · h/kg 的范围内, 超过了大多数电池系统。总的化学反应以及在阳极和阴极电极发生的化学反应如下列化学方程式所示:

阳极的反应: $Al = [Al^{+3} + 3e]$ (6.1)

阴极的反应: $[O_2 + 2H_2O + 4e] = [4OH^-]$ (6.2)

整体的化学反应: $[4Al + 3O_2 + 6H_2O] = [4Al(OH)_3]$ (6.3)

图 6.1 表示了化学反应的具体细节。

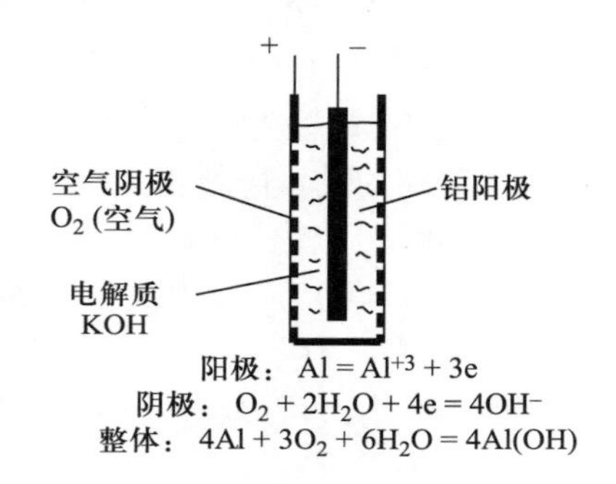

图 6.1 盐水再生电池中阳极, 阴极, 和电解质的化学反应

6.2.1.1 电池的关键要素说明

为读者和设计工程师考虑, 本节明确说明了这些电池的关键要素。阳极电极制造中使用的铝合金以合理的价格在市场上大量供应, 用量没有限制。这种特殊的合金与其他合金相比, 在较宽范围的电流密度下, 以高库仑效率工作。高库仑效率对这种电流密度水平的电池至关重要, 以避免单电池内部过热。对于阴极电极, 一个低成本高性能空气电极可以以最低的成本大量生产。延长放电后的阳极的性能非常重要。换句话说, 在较宽范围内随着阳极电流密度变化的腐蚀速率, 必须保持在最低限度, 以避免降低电池的效率和寿命。高级铝合金在市场上可售, 必须在这些电池的设计和开发中使用, 以在整个阳极电流密度范围内保持腐蚀显著小于 2%。腐蚀反应不仅影响效率, 而且还产生必须从电池系统排出的氢。随着阳极电流密度变化的不同铝合金阳极的性能, 如图 6.2 所示。1960 年 — 1990 年的 30 年间使用各种合金, 使阳极的性能得到了提高。从图 6.2 明显可看出, 加拿大铝业公司专有的合金提供了最佳的阳极性能。阳极的电流密度

范围在 10 ~ 1000 mA/cm^2 时, 腐蚀电流密度一直保持在 2 mA/cm^2 以下。通过系统检验 1990 年 — 2010 年开发的先进合金, 仔细选择适当的合金, 阳极性能的进一步提高是可能的, 那也是笔者想通过全面研究完成的事情。

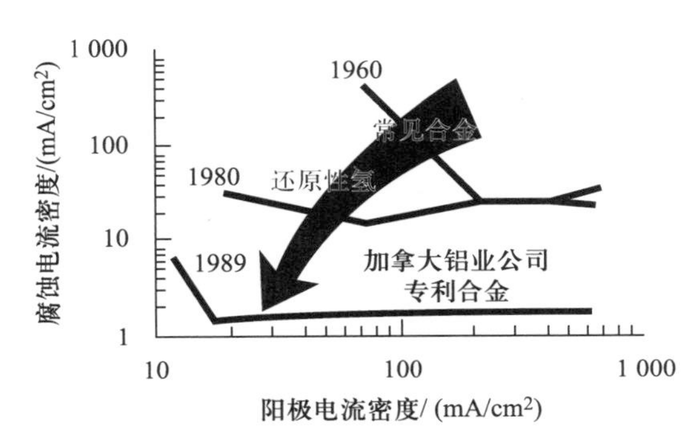

图 6.2 以腐蚀电流和电流密度为函数的阳极延长放电后的性能

6.2.1.2 盐电池的性能、局限性和使用

从图 6.1 可明显看出, 盐水再生电池生成的反应产物为氢氧化铝 ($Al(OH)_3$), 分散在盐溶液中, 被认为是安全和环境温和无害的。在这些条件下, 电池可以很容易地、安全地在部分使用后清空, 并为后续的放电操作再补充电解质。如果可能的话, 为了保持有效性和化学亲合性, 在使用的间隙给电池再充电是可取的。为了提供多个应用使用, 输送足够量的普通盐会更好。携带足够的干燥盐以实现完整放电的干电池的质量能量密度预计高达 600 W · h/kg。这些电池最适合用于野战通信设备、无人机和无人地面车辆, 以及镍镉电池 (Ni-Cd)、镍金属氢化物电池和铅酸电池组的现场充电系统。先进和高容量型号的盐水电池是镍镉、镍金属氢化物电池、铅酸电池现场充电所必需的。

6.2.1.3 碱性电池的性能和用途

碱性电解质的铝空气电池比传统的盐溶液电解质的铝空气电池具有更高的导电性。此外, $Al(OH)_3$ 在碱性电解质中具有较高的溶解度。碱性铝空气电池最适合高功率应用。碱性铝空气电池质量能量密度可高达 450 W · h/kg。

自给自足的、单兵携带的铝空气碱性电池, 被广泛应用于战场和远程军事地点。电池组最初在单电池中包含无水碱, 当需要电力时, 可以添加水。这些模块可以为移动收容所、命令和控制通信中心以及野战医疗设施提供暂时的电力。单兵便携式铝空气电池可作为无人驾驶车辆电源。自给自足、单兵便携式铝空气电池所使用的组件的具体细节, 如图 6.3 所示。这种电池在大约 15 年前为无人机和 UUWV 设计和开发, 能够提供 1.6 kW 的额定功率, 峰值功率为 4 kW。但是, 使用高品质合金的下一代的这样的电池预计将有超过 5 kW 的峰值功率。

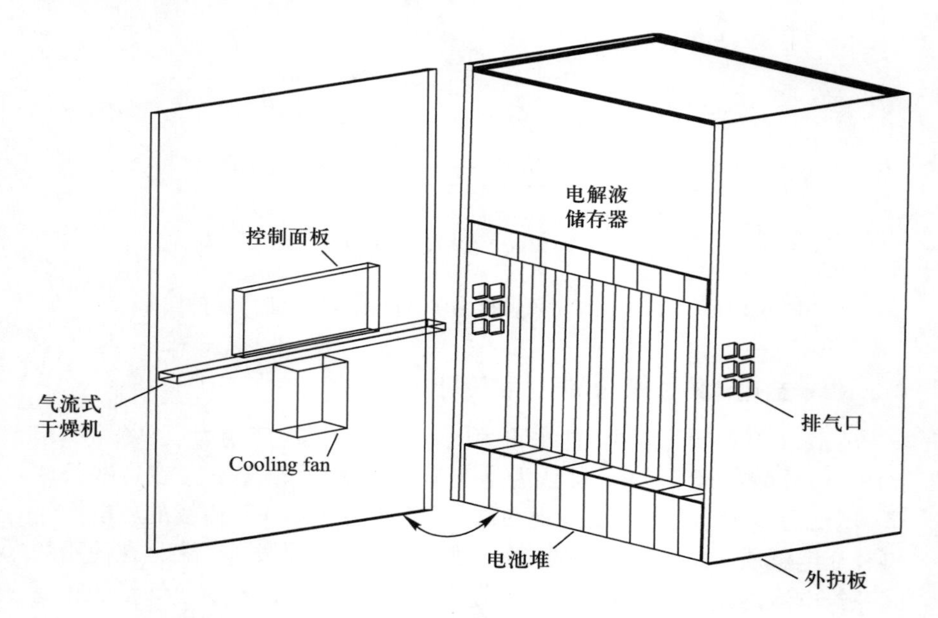

图 6.3 一个自给自足的单兵携带铝空气充电电池的布局

电池的安静操作、储存寿命长、无有害气体和化学制剂、高能量、功率容量大、最少的维护、超高的可靠性和安全性、快速充电 (机械) 周期是铝空气电池最显著的特点。由于这些特殊的工作特征, 这种充电电池最适合军事应用, 如战场应用。由于低的声学特征, 这种电池最适合水下监视和侦察任务。这些自给自足的、单兵便携式电池已在卫星通信中用了二三十年。这些电池对于紧急情况下提供电力也最具吸引力。一个 300 W、12 V、12 h、包含 10 个电池的碱性铝空气电池模块的典型的电池性能特征, 可以总结如下:

- 最大能量密度: 450 W · h/kg。
- 最大输出功率: 425 W。
- 冷启动: −40℃在 30 min 之内。

- 典型的电池输出功率: 300 W。
- 典型的电池额定电压: 12 V。
- 最佳性能的持续时间: 12 h (最低)。
- 电池模块中的单电池数: 10。

在 −40℃冷启动是至关重要的, 尤其是在战场条件和远程军事地点, 那里卫星通信网必须在紧急情况下建立。

由笔者进行的性能研究表明, 当放电时间增加时, 电池的路端电压将略有下降。300 W、12 V、12 h 碱性铝空气电池输出的, 作为放电持续时间函数的路端电压的变化, 示于表 6.1 中。

表 6.1 作为放电周期函数的电池路端电压的变化

放电时间 (从开始)/h	电池的输出电压/V
0	11.2
1	13.3
2	12.9
3	13.3
4	13.1
5	13.0
6	12.6
7	12.4
8	12.2
9	11.7
10	11.4
11	10.8
12	9.7

表中的数据表明, 电池输出电压的降低发生在运行 8 h 后, 不含启动时电压的减少。零小时的减少可能是由于电池在 55℃ (131°F) 的不完善的热稳定性。随着工作温度接近 −40℃, 路端电压在深冷温度下会有显著降低。随着放电时间延长, 电池的输出电压会减少, 这是很自然的事。即使放电 8.5 h 后电池的路端电压仍保持非常接近额定的 12V。如果设计的电池结构的额定电压为 14 V, 那么经过 12 h 放电后电池的输出电压将大于 12 V。

盐和碱性电池提供了独特的性能,包括在干燥失活状态下超过 500 W · h/kg 的高能量密度、长寿命、由于重量轻的便携性和高可靠性。铝空气充电电池使用碱性电解液得到了更好的性能，因为碱性电解液 (KOH) 比盐溶液 (盐水) 具有更高的导电性，而其副产物 $Al(OH)_3$ 在碱性电解质中具有更高的溶解度。由于这些独特的性能特点，使用碱性电解质的铝空气电池尤其适合各种军事应用，如战场通信、无人机、无人地面车辆、无人作战飞行器 (UCAV)、微型飞行器 (MAV) 和镍镉以及铅酸蓄电池的现场充电。

6.2.1.4 军事应用的双极银金属氢化物电池

双极银金属氢化物充电电池包括正电极和负电极、一个正的接触面、一个分隔器和一个绝缘边缘封条。从本质上讲，银金属氢化物电池使用晶片单电池，以导电塑料薄膜作为单电池表面[4]。晶片单电池在 1991 年左右由康涅狄格州丹伯里的电能源公司 (EEI) 开发，密苏里州 Joplin 的 Eagle-Pitcher 工业公司在 1992 年首次报道了它的性能评价。

6.2.1.4.1 简介

电池设计者声称，对覆盖塑料薄膜的晶片电池的全面实验室测试结果促进了双极银金属氢化物电池的成功发展。单电池有纤细的结构元素，它可以像一副扑克牌堆叠形成双极 Ag-MH 电池，如图 6.4 所示。双极板由两个反向的压缩电池面组成，以形成纤薄的双极 Ag-MH 电池。EEI 在 1993 年的会议上首次公布单晶片电池和多晶片电池的性能测试结果。

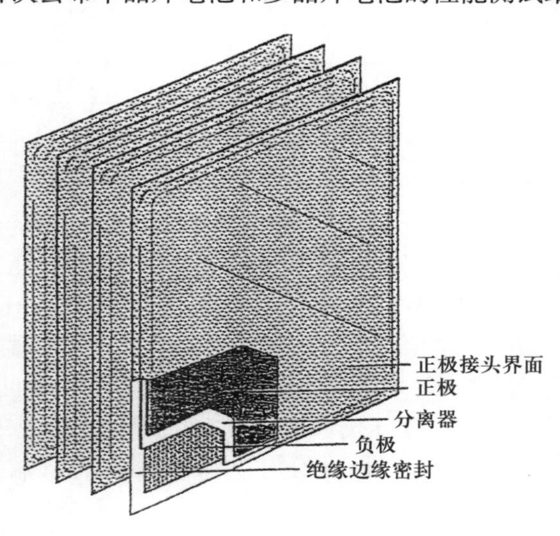

图 6.4 最适合于某些应用的双极型电池的结构

使用镍金属氢化物 (Ni-MH) 电池系统对单电池和多电池进行了实验测试, 以获得性能特征。试验结果表明其能够广泛应用, 包括用于电动汽车 (EV) 和混合动力电动汽车 (HEV)。初始测试成功后, EEI 探讨在此双极型电池系统用银电极更换镍电极的可能性。在下一代的双极型电池中用银电极更换镍电极, 将表现出显著电性能、可靠性和循环寿命的改善。

6.2.1.4.2 Ag-MH 电池的结构细节与特色

电池的结构细节和关键要素如图 6.4 所示。电池的关键要素或重要组成部分, 包括正电极和负电极、隔板、一个接触面和一个绝缘边界密封元件。EEI 科学家宣称, Ag-MH 电池与 Ni-MH 电池相比可提供更高的能量密度。此外, 虽然只能在一个相对短的循环寿命中这样, 但 Ag-MH 电池改善了电荷保持能力。由于其独特的性能特点, 在能量密度高、便携性、工作温度范围宽、可靠性是主要设计要求的重要的军事和商业系统中, 这种电池具有应用潜力。然而, 在商业应用中, 电池的成本可能不具有吸引力。最初的性能特点由 Eagle-Pitcher 工业公司于 1992 年评估, 使用传统的单极电池设计, 结合烧结银电极对应烧结氢电极或在充满的电解质介质中的糊状泡沫镍。1994 年, 同样的科学家进行了实验室阻抗测量, 表明 Ag-MH 电池的总阻抗严格由银电极控制。为了提高电池性能, 制造了内置双层分离器的密封棱柱形电池, 实现了在 $10C$ 充电速率下电池的转换效率高于 90%。使用隔板层使这种高转换效率成为可能, 它本质上对电池的阻抗做出了很大贡献。

EEI 的电池科学家在这种双极电池的设计中采用晶片电池。使用这种方法发现, 与传统的单极电池相比, 基于堆叠晶片电池设计概念的双极型 Ag-MH 电池的商业发展将显著提高电池的性能, 同时也降低了制造成本。塑料黏结氢化物电极的单步混合程序使得成本降低, 这证明了极性设计方法的固有的高设计灵活性。这种特殊的设计方法允许以最低的成本和复杂性制造棱柱形电池的量化生产工艺。这种方法并不限制电池是方形、圆柱形或环形几何形状。

6.2.1.4.3 设计分析

EEI 设计工程师通过严格的设计分析, 获得了以双极 Ag-MH 电池替代 0.5 kW · h 容量的银锌电池 (Ag-Zn) 的初步设计, 后者曾在载人航天飞行应用的舱外移动单元 (EMU) 上使用。约在 1992 年, 低容量的银锌电池被部署在空间应用中。典型的 EMU 电池性能要求可以概括如下:

- 电池输出电压: 16 V (最小), 22 V (最大)。

- 电池容量: 大于 27 A · h。
- 循环寿命: 100 次。
- 湿寿命: 425 天 (最低)。
- 电池外形尺寸: 12.7 cm (高) × 26.8 cm (宽) × 9.5 cm (长)。

美国航空航天局的工程师指定了电池的外形尺寸, 使电池可以安装在由项目管理人员指定的可用空间。

6.2.1.4.4 EMU 电池的电气参数和电池组装程序描述

根据电池设计工程师所述, 需要 18 个晶片电池来满足最低的电池输出电压 16 V。选择 25 cm × 10.6 cm (270 cm^2) 的电极尺寸来满足电池的电气性能要求。在 67% 的利用率基础上, 50 孔隙度的银电极提供了一个 29 A · h 的容量。EEI 定制的金属氢化物合金保守评估为 200 mA · h/g。没有优化电池单元来满足这个特定应用的重量规范要求, 但它们可以在其他应用上进行优化。每个密封晶片电池释放的能量密度为 87 W · h/kg 或 274 W · h/L。高体积能量密度证明了在一个低电压电池系统如 Ag-MH 电池部署双极电池的设计方法的一个特别的优点。最终计算该电池的体积能量密度为 270 W · h/L。

EEI 使用市售烧结银粉末在 1 mm 厚的电极与含稀土材料的 AB_5 型金属氢化物合金 (也称为镧镍合金) 制成的内部电极上为初始实验室电池测试评价。引入稀土材料在合金制造过程中提高了耐氧化性。AB_5 型金属氢化物合金被广泛应用于密封 Ni-MH 电池。稀土金属镧的使用将提高电性能、可靠性, 以及密封 Ni-MH 电池和 Ag-MH 电池系统的超高寿命。

总结在表 6.2 中的密封 Ag-MH 电池单元的各种关键元素的物理参数 (重量和尺寸), 证明了双极密封 Ag-MH 电池的极度便携能力。如表 6.2 所

表 6.2 各种电池元件的物理尺寸和近似重量

电池元件	厚度/cm	重量/g
氢化物电极	0.234	218
银电极	0.094	88
KOH 电解质 (液体)	N/A	35
分隔器	0.060	14
导电塑料薄膜	0.010	4
芯	0.025	2
导电塑料薄膜	0.010	4
合计	0.433	365

注: N/A 为不可用

列是一个容量不超过 30 A · h 的密封 Ag-MH 电池的参数值。这些值是估计值, 并可能有 ±5% 范围内的误差。这些物理参数表明密封 Ag-MH 电池的电池单元是较紧凑和高度便携的, 因为其低重量。该电池具有 3 in × 3 in (7.62 cm × 7.62 cm) 的正方形横截面和 25 cm × 11 cm (275 cm^2) 的电极尺寸。由于其紧凑的尺寸和较轻的重量, 用于双极型电池的单电池非常适合空中运输、航空航天、无人驾驶航空器和空间系统应用。

电池元件的物理参数值用于在实验室测试阶段。在制造过程中, 晶片电池在两个丙烯酸压缩板之间压缩。电流通过分别面对外部导电电池表面的两个镍箔面以一个双极模式移动。导电塑料薄膜保护电池表面。屏障和毛细作用隔板和无机材料可以邻近银电极使用, 以减轻纤维素的氧化。如果需要进一步缓解, 应使用聚丙烯腈芯与金属氢化物负极相邻。为了提高整体的电池性能, 在银电极和外导电塑料电池表面之间建立高导电性界面是可取的。尺寸为 6.35 cm 的标准正方形阳极电极已被用于初步的电池设计, 由电池设计工程师进行最初的实验室评估。

KOH (35% 左右) 电解质的存在会使银氧化, 并形成一个电阻表面屏障。0.001 in 厚度的银箔已被热铸造成多孔的银电极, 以防止 KOH 电解质渗透银电极和到达界面。一种导电性的疏水屏障必须放置在银和外电池之间, 以防止 KOH 泄漏。

6.2.1.4.5 Ag-MH 电池的初步评测结果

初始测试结果表明: 当电池以完全的双极模式运行时, 晶片电池的循环寿命接近 80 个周期。为获得有意义的测试结果, 必须避免银电极的氧化。必须进行两种操作模式的测试。已证明电池的理论容量为 4.6 A · h。也证明了银电极的典型利用率为 67%。

在实验室测试中, 电池的设计者注意到, 在电池的充电和放电过程中, 银电极经历了两种不同的氧化和还原反应, 对应的银从 +2 价氧化态还原到 +1 价状态, 并最终还原成金属银。评价试验进一步表明, 在低的速率, 这两个主要的反应最有可能出现在充电和放电曲线中。在放电周期中, 氧化银 (Ag_2O) 还原到金属银增加了银的电导率, 从而导致一个非常平坦的放电曲线。

电池的放电电压特性检验清楚地表明了在放电电压曲线中一个双平稳状态的存在, 它提供了作为测试持续时间 (以小时表示) 的函数的电池电压。在 16.5 mA/cm^2 的放电时这种双重平稳状态是一个令人严重关切的问题。第一个平稳状态发生在具有均匀振幅的 1.4 V 左右, 第二个平稳状态发生在约 1.1 V。初始电池容量接近 2.75 A · h, 这是理论容量的约 60%, 因为银电极没有进行容量优化。在双极性模式下约 80 次充放电循环后, Ag-MH 晶片电池已证明并保持电池容量的 80%。

总之, 这些实验室试验已经证明使用 Ag-MH 电池系统的一个单晶片电池的双极模式循环的预期性能。在设计工程师和科学家获得的初始实验的测试数据、电池设计计算和建模结果的基础上, 可以说明双极性配置的 Ag-MH 电池的能量密度性能在延长的周期和潮湿寿命上至少与 Ag-Zn 有可比性。发表的技术报告显示, 全面的研究和开发活动集中在提高分隔器性能、提高银电极的性能、减轻银电极界面的氧化、实现最大的循环寿命上。简单地说, 在这些方面的努力取得成功, 将带来下一代的 Ag-MH 电池的电气性能、可靠性、安全性和寿命的显著改善。1995 年发表的技术论文, 揭示了最适合用于便携性、可靠性、寿命、安全性是主要设计要求的军事和航空应用的低成本塑料黏合的双极型 Ni-MH 充电电池的设计和开发。

6.2.1.5 用于军事用途的充电银锌电池

电池科学家和设计工程师们认为, 银锌充电电池技术完全成熟, 这些电池能够提供最高的每单位体积和质量的功率和能量。银锌充电电池对于最小重量、尺寸及可靠性至关重要的军事应用最为理想。因此, 这些电池已经被部署在航空航天、战场和国防系统的应用中, 高能量和高可靠性是它们的基本性能要求[4]。

6.2.1.5.1 医疗领域应用的银锌电池

在过去, 银的成本和低的生产量限制了银锌电池的商业应用。对先进的医疗设备进行的初步临床研究显示, 延长的周期和寿命, 提供了更好的性能 (包括可靠性和安全性, 降低运行成本), 可能使大范围的未来医疗设备得到增强。临床研究表明, 在要求最高的安全性和可靠性的关键的医疗程序中采用这些电池可以挽救许多生命。

医学专家认为, 医疗应用中使用充电电池的主要考虑因素是安全性、易用性和可靠性。美国食品和药物管理局 (FDA) 已经对医疗应用中所用的电池提出了安全性和可靠性要求。背离这些要求将不会被 FDA 和医疗机构接受。银锌电池是工作最安全和最简单的系统之一, 因为它容忍处理不当和意外事故。即使这种电池使用的电解质有腐蚀性, 电池也不排出有毒烟雾或化学药剂, 除非暴露在非常高的温度下或火灾中。此外, 医疗应用的电池的可靠性是最关键的要求, 因为它可能会在救生医疗程序中使用, 例如, 心脏骤停时。

6.2.1.5.2 军事、国防、空间应用的银锌电池

银锌充电电池系统是航空航天、国防、军工供电设备的一个组成部分。通常在国防、航空航天和战场应用中的恶劣环境中工作时，银锌充电电池能够提供精确的电压控制下的高能量输出。这种电池技术完全成熟，并且根据设计者和供应商提供的数据，单电池的可靠性超过 99.99%。Ag-Zn 系电池的重量为等效的镍基电池 (Ni-Cd 和 Ni-MH 电池) 的约 1/2，等效的铅酸电池的近1/4。这种银锌电池系统的重量优势使得它尤其适合战场系统的应用，如 C-IED 应用。

这种特殊电池的可靠性是毫无疑问的。由于其超高可靠性 (单电池的可靠性超过 99%)，银锌电池一直被部署在载人空间飞行项目中，并在从 1961 年首次美国航空航天局载人亚轨道飞行 “水星 — 红石” 以来的每次飞行中使用。这种电池需要安全的环境处理，以满足公认的、安全的处置要求。

高的质量和容积能量密度非常重要，只有电池被设计为最小的重量和尺寸时才可能实现。电池的便携性至关重要，尤其是当电池被战场环境中的军事系统使用时。采用一个小电池需要高速充电和放电，使得电池的结构应力变高。

Eagle-Pitcher 工业的电池设计师在过去的 45 年中，对数以千计的银锌电池和电池组进行了全面的测试。所涉及的电池从 $0.8 \sim 800\ \mathrm{A \cdot h}$，涵盖了低和高速率的设计。报告中的测试数据，包括重要的特征，如安全性、可靠性、处置和性能特点。这些特征将在第 6.2.1.5.2.1 到第 6.2.1.5.2.4 节中讨论。

6.2.1.5.2.1 安全测试

电池设计者通过施加内部短路、外部短路、高温和故意的机械损伤对银锌电池和电池组进行安全性测试。这些试验表明在所述的反应中电短路的结果类似。对于非常小的单电池，反应开始放出少量热能。对于较大的单电池，由于热过量，释放的热量足以使塑料电池软化，蒸汽排出，以及电解液泄漏。从来没有发现火灾或爆炸。银锌电池在高温操作时产生少量气体，因此，这些电池必须被安置在一个通风的电池外壳或容器中。

6.2.1.5.2.2 可靠性测试

为验证这样的操作环境中，如温度、湿度、冲击和振动下的装置的可靠性，可靠性测试必不可少。可靠性数据表示相对于一组特定的工作或操

作条件的整体成功或失败的概率。对于任何设备, 不管其类型, 可靠性不仅定义在设计和制造的基础上, 也在要执行的工作条件上。例如, 电池可能只有几个组件, 如电极、电池壳体、电解液、隔板等。但是, 一个系统或子系统可能会包含几个组成部分。例如, HEV 可以有几个组成部分, 即一个充电电池、交流电 (AC) 感应电动机、前后反射镜、轮胎、制动器、油箱、方向盘、空调等。可靠性可以根据故障率, 或平均故障时间, 或出现故障的平均时间, 或失效模式, 或失效的概率来定义。采购规范明确定义了质量保证和可靠性目标。说明中的质量保证段落将清晰说明以下内容: 所需要的可靠性为 99.7%。明确地说, 声明应如下所示: 100 h 的操作, 可靠性应为 99.7%。

简单地说, 可靠性指相对于一个特定服务的一组特定条件下的整体成功概率 (无故障)。通常情况下, 对于军事和航天项目, 电池的可靠性应超过 0.9999。商业或非国防应用的操作条件将不会太苛刻, 因此, 可靠性将更高。

6.2.1.5.2.3 处置的要求

二次电池或充电电池通常没有处置要求, 但在其使用寿命结束时会被回收。这可以通过将废旧电池返回制造商进行回收服务。这项服务包括将银轴承废料运输到进行贵金属银回收的独立的废料回收承包商那里。电池的用户可以使用其他回收服务。

银锌电池中银的含量足以证明这些回收服务是正当的。当银被独立承包人或政府回收中心回收, 电池的化学组件必须根据当时有效的环境保护署 (EPA) 法律和法规处理。

制造商的材料数据表透露了银锌充电电池或电池组中所含的确切的材料。该材料的内容如下:

- 锌氧化物 (ZnO), 含铅、镉和铝;
- KOH 溶液;
- 氧化银 (Ag_2O);
- 水银。

在银锌电池中微量水银嵌入 ZnO 中, 这会在电池的正常工作期间抑制排气。军事和航天项目使用的大功率银锌电池的处置程序会更严谨。

6.2.1.5.2.4 二次银锌电池的性能和局限

本节明确了银锌充电电池的重要电气性能, 重点是在恶劣工作环境下的能量密度和可靠性。中型银锌电池的电气性能特性示于表 6.3 中。中型银锌充电电池的典型范围为 40 ~ 30 A · h。在一般情况下, 较大的电池将超过这些安培 · 小时等级, 反之亦然。设计改进可以优化特定的性能参数, 但这些修改可能降低一些其它可能具有重要意义的性能参数。在这些情况下, 必须进行比较研究或计算机建模, 为了一个特定的性能参数的优化, 获得一个可行的选择。在某些情况下, 必须追求一个共同的权衡, 降低电池的循环寿命或日历寿命来提高能量密度。

表 6.3 中型充电电池的典型的电气特性

特性	电池类型		
	银锌	镍镉	镍金属氢
输出电压/V	1.8	1.25	1.25
质量能量密度/(W · h/kg)	80 ~ 110	55 ~ 100	60 ~ 120
容积能量密度/(W · h/L)	180 ~ 220	85 ~ 125	90 ~ 135
功率输出/kg	640	165	178
循环寿命 (循环数)	50 ~ 100	1000 ~ 2000	350 ~ 680
日历寿命/年	2 ~ 3	3 ~ 5	2 ~ 4
快速充电时间/h	1	1	2 ~ 3
成本/循环 (cents)/美分	14	4	12
损失/月/%	13	15	20

6.2.1.5.3 银锌充电电池的应用

银锌充电电池可提供最高的每单位容积和质量的功率 (W) 和能量 (W · h)。由于这些突出的特点, 这些电池被广泛部署在国防和航空航天应用中, 已经表明了它们的高可靠性。最近这些电池已经表明了它们适合新一代复杂的、便携的、先进的医疗设备, 超高的可靠性和带严格电压要求的能量输出是这些设备的主要考虑因素。

通过延长循环寿命和日历寿命, 实现了性能的显著改善和较低的运行成本, 这可以打开各种商业应用渠道。由笔者进行的与重量相关的比较研究表明, 银锌电池的重量是镍镉和镍金属氢化物 (Ni-MH) 电池重量的约 50%, 是铅酸电池重量的近 25%。由于高可靠性和较低的重量, 这些电池尤其适合战场、空运、航空航天和卫星系统应用。如表 6.4 中总结的低充电率, 在某些应用中可能是一个障碍。

表 6.4 中的数据表明, 即使在低充电方案下充电 3 h 后, 电池的输出电压也没有增加。充电 5 h 之后, 可以看见输出电压的一些改进。实际上需要花 9 h 输出电压水平才接近一个恒定值 1.95V。此后, 输出电压保持在 1.95 V 左右。在快速充电方案, 约 2 h 内出现满额输出电压。银锌电池的典型的自放电率总结在表 6.5 中[5]。12 V 电池的输出电压随着放电时间的典型降低如图 6.5 所示。放电 12 min 后电池的输出电压约 7.2 V。

表 6.4 作为充电时间的函数的典型的充电电压

充电时间/h	电池输出电压/V
0	1.50
1	1.51
2	1.51
3	1.52
4	1.53
5	1.54
6	1.55
7	1.58
8	1.68
8.5	1.80
9	1.95
10	1.95
11	1.95
12	1.95

表 6.5 在 75°F, 根据天数变化的典型的银锌的放电率

天数/月	额定容量的百分比/%
0	100
30(1)	97
60(2)	92
90(3)	90
120(4)	88
150(5)	86
180(6)	76

表 6.5 的检测数据表明, 6 个月后放电率约 24%, 每月约 4%。这意味着 Ag-Zn 电池可以使用很长一段时间, 而电池的电性能几乎没有劣化, 从而表明它适用于长持续时间的地面和空中军事任务。

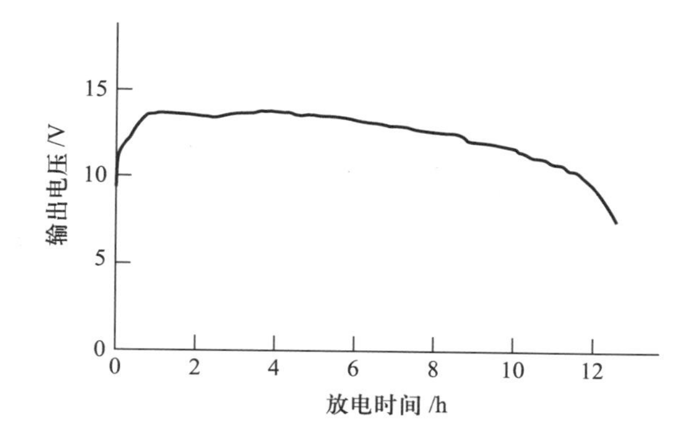

图 6.5 一个 12 V 电池的输出电压随着放电持续时间的变化
输出电压的准确值示于表 6.1 中

6.2.1.5.4 银锌充电电池的商业和军事应用

本节将说明银锌电池的潜在商业和军事应用。通常银锌和镍锌充电电池不轻。但是, 相对于铅酸和镍金属氢化物电池, 它们仍然是便携的。如所讨论的, 银锌电池的重量是镍镉和镍金属氢化物充电电池重量的约 50%, 是等效铅酸电池的近 1/4。银锌电池特别为国防、航空航天、军事上的应用设计和开发, 可靠性和便携性是这些应用的主要设计要求。这些电池最适合于高可靠性和严格电压控制的高能量输出极为重要的商业和军事应用。已有人为新一代复杂的、便携式医疗设备开发了这种电池的紧凑型版本。

6.3 低功率电池的各种应用

本节论述采用先进的技术, 如薄膜技术、显微技术和纳米技术的低功率电池。结合这些技术的电池特别适合用于需要低功耗、紧凑包装、轻重量、可靠性和便携性的应用。这些电池对于空间、电子无人驾驶飞机、无人机、导弹和空间应用最为理想。

6.3.1 使用 MEMS 技术的薄膜微型电池

低功率和小型化的电子、电气、红外、光电传感器需要小型化电源或电池, 以保持它们的大小和重量到最低限度。小型化的电源都是三维 (3D)、

薄膜微型电池 (MB)。这种电池的特定结构描述如图 6.1 所示。采用共形的薄膜结构提供了比传统的小型化结构更显著的优势。此外, 平面两维 (2D) 薄膜电池不能被归类为微型电池, 因为它们需要占用几个平方厘米的大空间以达到一个合理的电池容量。由笔者对小型化结构进行的研究表明, 从薄膜电池获得的最大能量密度为约 2 J/cm^3。占用 3 cm^2 空间的商业薄膜电池的容量为 0.4 mA · h, 达到约 0.133 mA · h/cm。因此, 3D、薄膜、锂离子电池、微型电池可满足低功率、小型化传感器的功率要求。

6.3.2 使用纳米技术概念的微型电池

笔者进行的研究表明, 使用纳米技术设计微型电池是可能的[6]。桑迪亚国家实验室集成纳米技术 (CINT) 中心设计和开发了一种比锂基电池更强大的电池[7]。该实验室的科学家们称, 他们已经制造了世界上最小的充电锂电池, 称为纳米电池 (NB)。纳米电池具有一个单一的锡氧化物 (SnO_2) 纳米金属线阳极, 它的直径为 100 nm, 长度为 10 mm。金属线是人的头发直径的约 1/7000。这种电池由 3 mm 长的散装锂 — 钴氧化物和离子液体作为电解质。电池设计者期望观察到充放电循环过程中电池的原子结构的变化, 使他们能够探讨如何提高锂离子微型电池的能量输出和功率密度。这项研究的科学家实际观察到了锂离子的前进, 当它们沿着纳米线前进, 由于锂穿透晶格创建高密度的活动位错, 导致纳米线弯曲。科学家认为, 锂渗透使纳米线保持锂化引起的应力而不破坏纳米线, 从而使纳米线适用于电池电极。

在实验室评估中, 研究小组发现, 纳米电池的二氧化锡纳米线棒在充电周期内变长, 但直径没有增加, 这是研究小组预期的。延长可避免电池设计中的短路。材料科学家们相信, 锂化反应引起的体积膨胀、塑性和电极材料的粉碎是降低电池的电性能和减少锂离子充电电池的高容量阳极寿命的主要机械缺陷。材料科学家认为, 结构动力学和无定形化的观测, 有显著的意义, 尤其是对高能量电池的设计和减少电池故障来说。

6.3.3 薄膜微型电池的关键设计方面和性能要求

笔者所进行的初步研究似乎表明, 3D、薄膜、锂离子微型电池将能够满足一个小型化电源的动力需求。3D、薄膜微型电池的关键要素已在第 4 章进行了描述。微型电池的关键要素, 包括集电器、石墨阳极、阴极和混合聚合物电解质 (HPE)。微型电池的结构细节, 可以从该装置的剖视图中发现。阴极厚度和体积决定最大能量密度和电池容量。材料科学家完成的研究表明，几何区域和阴极体积的显著增益可用穿孔基板来实现，而不是用传统的基板。研究进一步表明，区域增益 (AG) 严格依赖于孔或一个多通道 (MCP) 基板的微通道、基板的厚度和孔的长径比 (高度与直径)，如图 6.6 所示。数学模型表明，倾斜不同几何形状的孔的占位区域可以提供更大的 AG。换言之，被多孔基板的恒定厚度的壁分隔的六边形几何形状的孔，提供了最佳的 AG，使得电池容量和能量密度达到最佳。

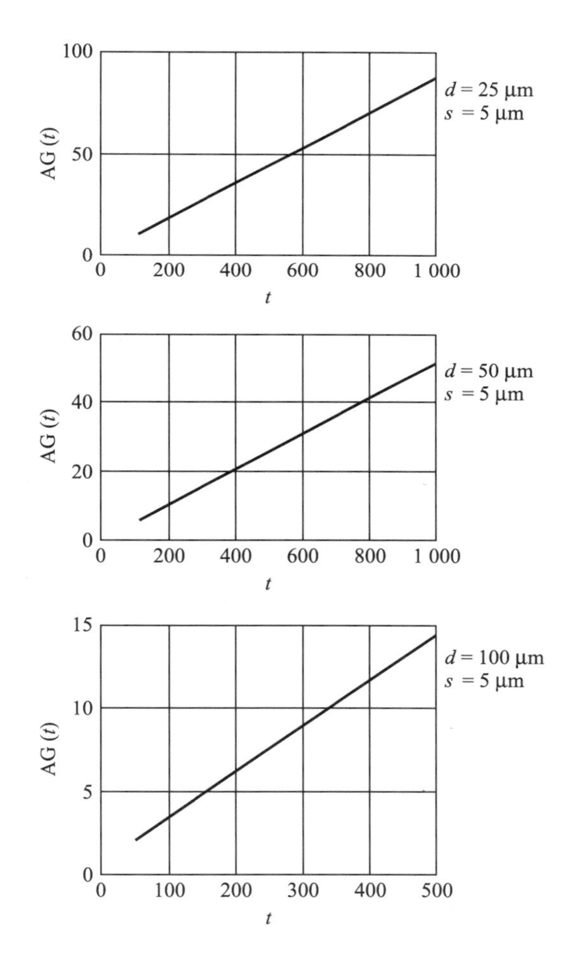

图 6.6 作为基片厚度 (t)、孔直径 (d) 和孔间距 (s) 的函数的区域增益 (AG)

(所有尺寸以微米表示)

AG 作为孔直径 (d)、孔间距 (s) 和基板的厚度 (t) 的函数, 可以使用下面的数学表达式来计算:

$$\mathrm{AG}=[(22/7)(d)/(d+s)^2][(t-d/2)+2] \tag{6.4}$$

所有尺寸以微米表示。作为孔直径、间距及基板厚度的函数的 AG 的计算值如图 6.6 中所示。从图 6.6 的曲线可明显看出, 孔的直径越小, AG 值越高。

6.4 用于军事用途的高功率锂热电池

高容量锂基和热电池被广泛应用于各种军事上的应用, 如典礼、飞机应急电源以及战斗机液压动力。最初, 开发高容量的热电池系统是为了更换银锌、海水和铅氟酸电池[8]。热电池的应用, 大部分是为了典礼。但后来, 这些电池被限制仅在军用飞机座椅弹射系统使用[6]。大约在 1988 年, 美空军要求卢卡斯航空航天公司开发热电池, 专为飞机应急电源的应用。大约在同一时间, 硫化亚铁锂 [Li(x)/FeS_2] 被认为是开发严格为典礼使用的热电池选择的系统, 因为其长寿命和高电容量。在 20 世纪 90 年代初, 为非指定应用开发了另一个使用锂铝硫化亚铁 ($LiAl/FeS_2$) 的电池系统, 目前部署在战斗机上为应急电子和液压系统供电。由于锂基和锂离子基充电电池被一些应用广泛采用, 下文简要描述这些元件或部件的化学性质。

6.4.1 最适合高功率电池的阴极、阳极和电解质的材料要求

高功率充电电池的三个组成部分是阳极、阴极和电解质。这里简要介绍阳极、阴极和电解质的材料及其特性, 着重于性能以及可靠性和安全性的局限性。

6.4.1.1 阴极材料及其化学成分

锂具有进入某些金属氧化物材料的晶格中的低能量位置的倾向。锂离子电池最先使用氧化钴 (CoO_2), 并被使用超过 15 年, 因为它具有达到最新技术发展水平的化学特性。自 2000 年底, 其他掺杂材料, 即二氧化锰 (MnO_2)、氧化镍 (NiO_2) 和氧化钒 (VO), 因为其高可逆性, 已被用于阴极的设计和研发。嵌入作用被定义为嵌入现有的化学元素的能力, 基本上是一种包含各种化学变化的物理过程。必须选择能够产生高能量的阴极材料。最流行、最适合和被各种锂电池设计师广泛使用的阴极材料, 包

括锂钴氧化物 ($LiCoO_2$)、锂钒氧化物 ($Li_4V_2O_5$)、氧化锰锂 ($LiMnO_2$), 因为它们最大的比容量等级电池分别为 0.265 A · h/kg, 0.503 A · h/kg 和 0.282 A · h/kg。对于运行寿命, MnO_2 基阴极比 CoO_2 基阴极寿命短。对于电压平稳状态位置而言, CoO_2 和 NiO_2 只有一个电压接近 3.8 V, 而 MnO_2 材料具有一个电压平稳状态约 2.8 V。在稳定性方面, NiO_2 阴极与 MnO_2 和 CoO_2 阴极相比稳定性较差。总之, 在选择高容量电池的阴极、阳极和电解质材料之前, 必须仔细评估平稳状态电压、稳定性和比容量等级参数。用于高功率电池的阴极、阳极和电解质的材料必须满足一些特定的电气、机械、化学和热性能要求。一些材料科学家正在探索充电电池的锂氟、硫系阴极在成本效益性能、安全性和可靠性方面的全部潜力。

6.4.1.2 阳极材料及其化学成分

阳极材料包括锂金属、碳结构、一些可以在接近某些金属氧化物的电位嵌入锂的独特的材料和可以与锂形成合金的金属。阳极材料必须在恶劣的机械环境, 包括冲击和振动下保持其机械完整性。电池的设计人员认为, 干聚合物电解质, 将大大减少这些危害。石墨阳极 (LiC_6) 提供了最大比容量接近 30.375 A · h/kg。至于安全方面, 具有高表面积的阳极碳提供最佳的安全性。初步研究似乎表明, 用于锂电池的阳极材料必须具有高质量比容量、高体积比容量、延长的循环寿命。硬质碳材料提供质量比容量 0.425 A · h/kg, 体积比容量为 0.550 A · h/cm^3, 约 1000 次循环寿命。石墨材料能提供 0.333 A · h/kg 的质量比容量, 体积比容量约 0.652 A · h/cm^3, 1000 次循环寿命。考虑的其他材料似乎在这三个不同的领域性能不佳。如果充电电池考虑金属合金电极, 就要确保在较高的工作温度下的体积膨胀不会造成任何可靠性或安全问题。锡锂合金 ($SnLi_4$) 充电时体积膨胀 300% 左右, 相比之下石墨膨胀只有 10%。

6.4.1.3 电解质及其化学成分

笔者进行的简要研究似乎表明, 由于可靠性和安全性方面的原因, 锂化学倾向于使用固体电解质或非水电解质。必须避免会产生可燃和有毒产物的电解质。大部分有机电解液会产生安全问题, 不予推荐。应避免某些可能破坏石墨阳极的电解质。新开发的阳极材料可能需要不同类型的电解质。由不同化学家对锂盐进行的研究表明, 这种材料存在稳定性和危险问题, 因此应尽量避免。研究进一步表明, 有机锂盐将改善电池性能, 但这些盐相对昂贵。选择的阴极和阳极材料必须与作为电解质的锂基盐显示出非常好的性能。目前, 大多数电池制造商推荐最低水体污染的电解质六氟磷

酸锂 ($LiPF_6$)。这个特殊的电解质材料在没有水污染的情况下提供良好的整体性能。这种电解质最适合广泛应用于军事系统的可靠性、安全性和任务的成功至关重要的高功率电池, 水体污染最小。

过量的水存在时可能会产生 $LiPF_6$ 的污染。电解质降解可能是由于水的存在, 从以下化学方程式可看出:

$$LiPF_6 = [LiF + PF_5], \text{ 没有水污染} \tag{6.5}$$

$$LiPF_6 + H_2O = [LiF + 2HF + POF_3], \text{ 水体污染} \tag{6.6}$$

从公式 (6.6) 明显看出, 电解质 $LiPF_6$ 在水污染下不太稳定。科学家们已经研究了包含两种不同类型的材料, 如均匀的干材料和聚合物基质材料的高分子电解质的化学性质。但是, 这两种高功率充电电池的电解质材料还没有被广泛使用。均匀的干燥材料为低功率通信系统应用。总之, 在各种工作环境下满足全面的性能规格的高功率电池的特定的电解质材料是不存在的。

一旦为阳极、阴极和电解液选择了合适的材料, 就很容易开发高功率的普通电池和热电池, 为战斗机和其他军用武器系统提供应急电源。研发热电池系统作为一种为战斗机提供应急电源的氧 — 甲醇或肼应急系统的替代。设计、开发和测试了两种不同的热电池: 一个电池系统设计作为 TB1, 为电动液压泵 (EHP) 提供动力, 另一个设计为 TB2, 为飞机的电子系统和传感器提供电力。

采用热电池有三个不同的原因, 可概括如下:

- 与其他电池系统, 如氧 — 甲醇和肼电池系统相比, 热电池具有更低的维护要求。
- 热电池比其他电池系统对环境的危害更小。
- 热电池系统在整个运行寿命期间, 在极端的工作温度 (范围从 −40 ~ +80℃) 可以快速上升 (小于 1.5 s) 提供所需的电力。

6.4.2 针对特定应用的热电池的设计要求

应急系统需要为电动液压泵和直流应急母线提供直流电源。两种电池致力于提供两种不同的源动力。第一种热电池系统 (TB1) 用于电动液压泵, 这需要一个在它的整个工作寿命期能够模拟电动液压泵功能的方波电流脉冲负载。第二种热电池 (TB2) 为直流母线提供电力, 在其整个运行寿命中必需满足一个恒定的功率。对于这两种热电池, 工作寿命必须保持高可靠性和所需的一致性。

6.4.2.1 TB1 电池系统的设计要求

电池设计人员认为, TB1 电池的基本要求是提供电流的能力超过约 91000 A · s。一个总的电能约 9 min 或 540 s 764 W · h, 在 −40℃启动时间小于 1.5 s, 在 +80℃低于 1.1 s[8]。这些热电池的性能要求归纳于表 6.6 中。确保电池电压维持在 26 ~ 38V 极为重要, 如图 6.3 中所示。因为电池被用于军事和商业飞机, 电池的重量至关重要。TB1 总质量或重量小于 24.50 kg 或 50.3 lb。因此, TB1 电池的质量能量密度是 31.18W · h/kg (764/24.5=31.18 W · h/kg)。

表 6.6 TB1 热电池的性能要求

性能特征	值和单位
最低电压	26 V (DC)
最高电压	38 V (DC)
上升时间	1.1 s, 25 ~ +80℃; 1.5 s, −40 ~ +25℃
工作寿命	9 min
电池容量	91000 A · s
平均功率 (CW 等级)	5.1 kW
平均电流	168 A
最高表面温度	325℃

(资料来源: Kauffman, S., and G. Chagnon, "Thermal battery for aircraft emergency power," IEEE 会议论文集, ©1992 IEEE, 已获授权。)
注: CW 为连续波。

6.4.2.2 TB2 电池系统的设计要求

TB2 电池的主要目的是在整个工作寿命期为电子系统和直流应急母线提供直流电源。简单地说, TB2 热电池需要提供的电流容量为 45000A · s, 9 min (540 s) 相当于 300 W · h 的总能量, 在 −40℃启动时间小于 1.5 s。TB2 电池的性能要求总结在表 6.7 中。TB2[8] 电池的电压要求为 3.5 ~ 23 V, 在

表 6.7 TB2 热电池的性能要求

性能特征	值和单位
最低电压	23 V (DC)
最高电压	31.5 V (DC)
上升时间	1.1 s 25 ~ +80℃1.5 s −40 ~ +25℃
工作寿命	9 min (540 s)
电池容量	42000 A · s
平均功率 (CW 功率)	2.0 kW
平均电流范围	64.5 ~ 87.0 A
最高表面温度	325℃

2000 W 的恒定功率下, 如图 6.4 所示。这种电池的总质量必须小于 10.4kg。因此, TB2 电池的电能要求是 28.85 W · h/kg (300/10.4=28.846)。

6.4.3 热电池系统的环境要求

两个热电池系统的环境要求是相同的, 可以归纳于表 6.8 中。

表 6.8 环境测试参数和条件测试的说明

环境参数	参数值和附加条件
工作温度范围	−40 ～ +80℃
操作振动规范	10.75 g RMS 10min./轴× 3 轴
非操作规范	10.75 g RMS 1.5h/轴× 3 轴
冲击规范	30 g, 3 轴, 2.5 m.s., 1/2sine/7.5 g RMS, 3 轴, 40 m.s., 1/2sine
碰撞冲击规范	1000 冲击× 3 轴, 40 g, 6 m.s., 1/2 sine

实验室测试必须在规定的温度、冲击和振动的环境条件下, 证明这些电池在战斗机的应用中合格。两种热电池必须证明完全符合冲击、振动和温度规格。在这些要求中, 最关键的是在三个互相垂直的轴上 1.5 h 随机振动或非操作性振动试验。这种振动测试的主要目的是模拟经过一段指定的时间后飞行器的结构健康和机械完整性。在这两种热电池中氧化锂 (LiO) 在阴极中使用, 作为一个电压抑制器。这允许电池的峰值电压进行微调, 以最大化实际的电压调节。在两种电池中, 使用的单电池直径为 12.7 cm, 并且单电池的平均厚度为 0.356 cm。一个不锈钢的外罩或外壳用于两种电池的设计。电池设计的不同之处仅在于每个设计中使用的和并联部分使用的电池的数目。

6.4.4 电池的结构说明和它们的物理参数

本节介绍每个热电池的结构细节和物理参数。TB1 电池由两个相同的圆柱形单元组成。每个单元直径为 15.4 cm, 长度 26 cm。每个电池单元包括 3 个并联连接的电压部分。并联连接的总共 6 个电压部分每个部分有 20 个电池。6 个并联部分提供的电池总面积为 755 cm^2。TB1 电池系统所计算的平均电流密度是 0.224 A/cm^2。

TB2 电池系统的设计与 TB1 相比略有不同。TB2 电池由一个单一的圆柱形单元组成。该单元直径为 15.4 cm, 长度 21.0 cm。TB2 电池由三个并联部分组成, 每个部分包含 16 个单电池。单电池总面积为 377 cm^2, 能够产生的平均电流密度为 0.120 A/cm^2。

6.4.5 通过实验室测试获得的性能参数的实际值

测量的热电池 TB1 和 TB2 的电学性能参数表明, 通过实验室测试[8]获得的实际值, 似乎超过分别总结在表 6.6 和表 6.7 中的 TB1 和 TB2 电池系统的指定要求。TB1 电池系统的质量能量密度在测试期间在试验温度为 +20℃ 时最高为 70.2W · h/kg, 其中电池的质量约 24.3kg, 如表 6.9

表 6.9 电池设计师通过对 TB1 电池系统的测试获得的实际性能参数

性能参数	值	测试温度
质理能量密度/(W · h/kg)	56.6	−40℃
峰值电压/V (DC)	36.3	@140A
质量/kg	24.3	N/A
启动时间/s	1.3	N/A
工作寿命/(s/h)	1040/0.2889	N/A
质量能量密度/(W · h/kg)	70.0	+20℃
峰值电压/V (DC)	37.0	@140A
质量/kg	24.3	N/A
启动时间/s	1.06	N/A
工作寿命/(s/h)	1318.5/0.3663	N/A
质量能量密度/(W · h/kg)	67.4	+80℃
峰值电压/V (DC)	37.3	@140A
质量/kg	24.3	N/A
启动时间/s	1.06	N/A
工作寿命/(s/h)	1210.5/0.3363	N/A
质量能量密度/(W · h/kg)	67.4	+80℃
峰值电压/V (DC)	37.3	@140A
质量/kg	24.3	N/A
启动时间/s	1.06	N/A
工作寿命/(s/h)	1210.5/0.3363	N/A
注: N/A 为不可用		

所列。供应商对 TB2 电池系统进行的实验室测试表明，当电池的质量为 9.97 kg 时，在试验温度为 −40℃ 时最低的质量能量密度为 39.3 W · h/kg，如表 6.10 所列。通过对 TB1 和 TB2 电池系统测试所获得的实际的电气性能参数分别总结在表 6.9 和表 6.10 中。

表 6.10 电池设计师通过对 TB2 电池系统的实验室测量获得的实际性能参数

性能参数	值	测试温度
质量能量密度/(W · h/kg)	41.2	−40℃
峰值电压/V (DC)	29.6	@ 断路
质量/kg	9.97	N/A
启动时间/s	无记录	N/A
工作寿命/(s/h)	694.8/0.1930	N/A
质量能量密度/(W · h/kg)	54.2	+20℃
峰值电压/V (DC)	29.0	N/A
质量/kg	9.83	N/A
启动时间/s	1.19	N/A
工作寿命/(s/h)	959.21/0.2664	N/A
质量能量密度/(W · h/kg)	52.0	+80℃
峰值电压/V (DC)	31.3	@ 断路
质量/kg	9.83	N/A
启动时间/s	0.07	@ 断路
工作寿命/(s/h)	943.17/0.2620	N/A
质量能量密度/(W · h/kg)	39.3	−40℃
峰值电压/V (DC)	28.3	N/A
质量/kg	9.97	N/A
启动时间/s	1.39	N/A
工作寿命/(s/h)	690.65/0.1918	N/A
注: N/A 为不可用		

6.4.6 热电池系统的结论

由笔者进行的调查和应用研究似乎表明，热电池最适合于高可靠性、长保质期和高能量密度的最苛刻要求的应用。可行性研究表明，具有高能量密度水平的热电池，尤其是应急电源系统和在恶劣的沿海区域进行秘密监视和侦察任务的水下航行器的理想选择。热电池系统也适用于战场情况下 C-IED 的搜索任务，这些任务中长时间的高能量密度至关重要。

6.5 水下航行器的高功率充电电池

高能量密度和高能量容量的充电电池最适合水下航行器、鱼雷推进器和小型潜艇的应用。水下应用的电池必须符合严格的性能要求，如超高的可靠性和需要较长的时间里成功地完成任务的特定电力。水下运输工具推进器的充电电池必须能够提供高速的、持续时间长的放电能力。法国科学家对使用硫酰氯 (SO_2Cl_2) 基流动电解液的沃尔特堆栈电池设计进行了研究和开发。这种特殊的电池设计配置表明了持续放电时间为 20 min 时输出功率远高于 50 kW[9]。使用流动电解液的下一代电池系统，预计产生的输出功率超过 650 kW，这将能满足鱼雷和反鱼雷武器系统的功率要求。这些武器系统要求电池放电持续时间长达 30 min。这些电池系统将采用先进的技术，达到优化的质量能量密度、较低的输出功率、长时间放电和更紧凑的系统。采用锂基液体阴极技术，如锂硫酰氯 ($Li\text{-}SO_2Cl_2$) 电池系统，达成这些改进是可能的。

6.5.1 $Li\text{-}SO_2Cl_2$ 电池系统的性能和设计

这种特殊的电池设计配置使用 SO_2Cl_2 作为液体阴极，这种阴极具有很多优点，例如接近 1410W · h/kg 的非常高的质量能量密度，高达 200 mA/cm^2 的放电率，放电持续时间超过 25 min。长持续时间的放电是可能的，只是因为与 Zn-AgO 和 Al-AgO 电池系统相反，$Li\text{-}SO_2Cl_2$ 电池系统阳极腐蚀较低。更长的放电也是由于沃尔堆栈设计配置中较低水平的泄漏电流，因为其低的电解质电导率 13 mS/cm，而不是 KOH 电解液的 600 mS/cm。该电池系统的开路电压为 3.95 V，质量能量密度高达 1410 W · h/kg。放电循环过程中的整体的放电化学反应可以由下面的表达式给出:

$$2Li + SO_2Cl_2 = [2LiCl + SO_2] \tag{6.7}$$

公式 (6.7) 所示的碳电极的化学产物不溶于电解质，沉淀在电极的多孔结构中。SO_2Cl_2 溶于电解液，并通过氯化铝锂 ($Li\text{-}AlCl_4$) 的形成，参与锂离子 (Li^+ 离子) 的生成。因此，在整个放电循环，电解质的组成被改变。

与亚硫酰氯电池系统相反，放电循环期间没有硫的形成，简化了 $Li\text{-}SO_2Cl_2$ 电池系统中的循环。这种简化优化了电池的能量密度，改进了电池的可靠性。事实上, 提高系统的可靠性只需要一个泵和一个热交换器。电池设计师们预测, 使用先进的材料和液体阴极将显著提高 Li-SO_2Cl_2 电池系统的功率输出性能。电池设计师们预测功率水平在不久的将来将超过 650 kW。下一节将说明改善 Li-SO_2Cl_2 电池系统的电化学的各种因素。

6.5.2 电化学改善所需的电解质的特性

SO_2Cl_2 既充当溶剂又充当阴极材料。此外, 电解质溶液中含有 Li-$AlCl_4$ 作为盐, 浓度约 1.5 ~ 3 mol/L。化学家认为, 微量的游离路易斯酸 ($AlCl_3$), 范围从 0.25 ~ 0.80 mol/L, 通常在开始放电时被用来增加速率, 以及部分与放电循环过程中碳阴极端产生的 LiCl 络合。溴溶液加入到电解质中将提高速率, 这是因为该化合物有催化 SO_2Cl_2 溶液还原的作用, 这从公式 (6.7) 可明显看出。

6.5.3 流动电解质的热特性的影响

用来冷却电池系统的流动电解质的热特性, 比如比热容和热导率, 必须根据放电深度 (DOD) 和温度进行周期性的测量。电解质的检验表明, 这些特性一般随电解液中的化学成分的变化而变化。电解质的检验进一步揭示热导率和比热容有增加放电深度的趋势。只有热容或比热容随温度显著改变, 但是这一特性随着温度变化的降低, 可以由放电深度的增加来补偿, 如表 6.11 中的数据所列。这些数据表明, 电解质的热特性在放电循环期间不会受到严重影响。如果高可靠性、长循环寿命和长 DOD 持续时间是主要的设计要求, 流动电解质的比热容和热导率就至关重要。电解质的冷却效率在放电期间不会发生变化。电池设计师对两种不同的电解质即 SO_2Cl_2 和 $LiAlCl_4$(见表 6.11) 进行的全面实验室测试似乎表明, 随着放电深度和电解质温度, 电解质热导率有轻微变化。作为温度和 DOD 的函数

表 6.11 电极热导率 (W/m · K) 随温度和假定的放电深度的变化

温度/℃	基质	
	SO_2Cl_2 (DOD=60%)	$LiAlCl_2$ (DOD=40%)
20	187	176
40	182	172
60	178	167
80	174	163

的电解质的特性变化总结在表 6.12 中。表 6.12 中的数据表明, SO_2Cl_2 基质的比热容的变化似乎最小, 这表明电池的输出功率水平的变化也会相对较小。

已经证明 SO_2Cl_2 电解质提供作为电解质温度的函数的更高的热导率, 这将同时产生更高的热效率和高温下工作的输出功率。此外, 使用流动电解质如 SO_2Cl_2 的充电电池的可靠性和寿命与固体或半固体电解质相比, 将要高得多。

由笔者进行的对 SO_2Cl_2 流动电解质比热容的变化的初步计算似乎表明, 根据表 6.12 中所列的数据, 比热容随温度和 DOD 变化很小。在最低温度似乎误差特别高。在一般情况下, 在起始温度比热容数值有更多的误差, 因为任何材料或物质的属性不是完全稳定的。另外, 开始时需要时间使材料完全达到其最高的热稳定点。

表 6.12 作为温度和放电深度 (DOD) 的函数的硫氯化物电解液的比热容的变化

温度/℃	DOD/%			
	60	40	25	0
20	0.268	0.258	0.971	0.204
40	0.271	0.255	0.210	0.182
60	0.266	0.257	0.224	0.213
80	0.262	0.259	0.233	0.228

6.5.4 使用流动电解质的沃尔特堆栈电池输出功率随放电时间的变化

因为沃尔特堆栈设计配置中降低的阳极腐蚀和水平较低的泄漏电流, 长持续时间的放电是可能的。泄漏电流较低是因为小于 12 mS/cm 的, 相对于 KOH 电解质 600 mS/cm 的, 较低的电解质电导率。使用优化 SO_2Cl_2 电解质获得长时间的放电和更高的功率输出是可能的。使用优化电解质的电池设计的改进的性能示于表 6.13 中。

使用优化 SO_2Cl_2 的 10 kW 的电池的能量性能在放电持续时间显著改善, 范围从 $2 \sim 17$ min。

这证明了在沃尔特堆栈电池设计配置中, 使用流动和优化的 SO_2Cl_2 电解质, 可以显著提高电池的输出。

表 6.13 作为放电持续时间函数的 20 kW 和 10 kW 等级的沃尔特堆栈电池的输出功率和使用优化的电解液的表现能力

放电时间 /min	20 kW 电池的输出/kW	10 kW 电池的输出/kW	使用优化的电解质的的电池输出/kW
0	0	0	0
2	13.5	6.8	7.8
4	14.1	7.3	8.1
6	14.1	7.5	8.2
8	14.1	7.8	8.3
10	13.9	8.0	11.6
12	13.9	7.9	11.4
14	20.0	9.6	10.8
16	16.2	9.3	8.8
18	10.4	6.1	6.6
20	9.8	5.9	5.2

主流电池设计人员认为，通过循环电解液来增强电池性能是可能的。设计师进一步认为，电解质溶液的循环，将减少或消除由空间电荷以及电池和电解质边界的电压梯度，以及充电和放电过程中不同的电解液密度分层引起的不良影响。换言之，在充电和放电过程中，在电解质和电极之间的边界层中存在空间电荷。

电池科学家建议，电解液的循环可以通过减少上述负面影响来提高电池性能。性能严格依赖于电解液的循环是通过强制循环还是自由循环。电池设计师获得的实验数据表明通过强制循环性能显著改进，电池的功率输出可能提高 16%。电解液的循环被认为是液体电解质最有效的优化技术。这种性能增强技术对任何使用液体电解质的电池系统都有效。从表 6.13 第四列中的数据可明显看出电解质优化的影响。电池设计者相信，提高电解质的温度也会使采用液体电解质的电池获得额外的性能改进。

6.5.5 温度和放电深度对热电池中使用的电解质的热导率和比热容的影响

笔者进行的研究似乎表明导热系数和比热容都可以随电解液循环改变。因此，影响输出功率的电解质的优化，随着工作温度和放电深度变化。SO_2Cl_2 和 $LiAlCl_4$ 电解质的热导率随温度和放电深度的变化示于

表 6.14 中。

表 6.14 温度和放电深度 (DOD) 对电解质的热导率的影响

温度 (℃)/DOD	热导率 (W/m· K)		
	60%	40%	24%
20	187	176	165
40	182	173	161
60	178	169	155
80	174	164	150

这两种电解质的热分析似乎表明, 电解质的热导率的变化, 当放电深度值为 60% 时只有 0.0225%, 而放电深度为 24% 时大约是 0.028%。总结在表 6.14 的数据表明, 在表中所指明的温度下, 较高的 DOD 值将产生更好的电解质性能。在所示的温度下, 电池的效率和性能显著提高。

作为温度和 DOD 函数的电解质的比热容的变化示于表 6.15 中。如表中所示, SO_2Cl_2 电解质的比热容随温度和 DOD 的变化较小, 对电池性能的影响并不显著。电解质溶液的比热容的变化是非线性的, 但难以预测非线性对电池性能的总体影响。

表 6.15 作为温度和放电深度 (DOD) 函数的电解质比热容的变化

温度/℃	DOD/%			
	60%	40%	25%	0%
20	0.268	0.258	0.202	0.204
40	0.271	0.255	0.210	0.192
60	0.264	0.257	0.224	0.213
80	0.262	0.259	0.233	0.228

6.5.6 放电时间对电池输出功率的影响

电池的功率输出在持续时间开始时是零, 并仅在放电持续的前 2 min 内保持低水平, 如表 6.16 中数据所列。功率输出保持相当稳定, 尤其是一个 20 kW 的电池在 3 ～ 13 min 的持续放电时间范围内, 如表 6.16 中所列。

表 6.16 放电时间对电池的输出功率水平 (kW) 的影响

放电时间等级/min	20 kW 电池等级	10 kW 电池等级
0	0	0
2	13.5	6.8
4	14.0	7.3
6	14.0	7.5
8	14.0	7.8
10	14.0	8.1
12	13.9	7.9
14	20.0	9.8
16	16.2	9.2
18	10.3	5.9
20	9.8	1.5

这些数据表明, 在放电持续时间 2 ~ 12 min 范围内, 电池的输出功率保持相当稳定, 这段时间是每种情况下持续放电时间的 60% 左右。在最后的 2 min 之间, 电池耗尽约 50% 的输出功率。

6.5.7 电解液的电导率和电解液的优化

SO_2Cl_2 的优化严格依赖于电解质的电导率。电解质的电导率越低, 电池的性能及其输出功率越高, 如表 6.13 第四栏所示。笔者对此电解质进行的调查研究似乎表明, 对电解液的电导率与盐浓度有一个全面的认识是绝对必要的。进一步的研究表明, 在高放电速率下, 液体阴极材料的还原过程被碳阴极的多孔结构中的扩散现象所限制。在该电池中, 在碳电极上产生 LiCl, 它不溶于电解质, 在电极的多孔结构中沉淀。在该电池系统中, SO_2 易溶于流动的电解质。流动的电解质的化学组成, 在整个持续放电时间经历变异。在放电期间没有硫生成, 从根本上简化了循环系统, 在放电持续时间、更高的功率输出和能量密度, 整体电池性能得到更好的优化, 从而使得可靠性更高。在包含 24 个电池的 10 kW、400 V 沃尔特堆栈电池的设计配置中使用的优化的电解液, 在低功率端提供 7 kW 电池的输出功率 10% 的增加, 并提供全功率为 11 kW 的更长的放电, 如表 6.13 中最后一列所示。清楚地了解电解质的特性, 电池科学家和设计师便能开发能够产生输出功率接近 600 kW 的电池系统, 这样的系统尤其适合重量级鱼雷和水下航行器推进系统。电解质优化技术可以在超过约 20 min 的长放电持续时间提供更高的输出功率。

6.6 能够在商业电厂关机相当长的时间内提供电能的高功率电池系统

笔者研究了能够在商业电源关闭的情况下满足电力需求的各种高功率电池系统的性能和局限。能够满足应急电源要求的高功率电池, 包括六氟砷酸锂 (Li-AsF_6)、Li-PF_6、碳酸二甲酯 (DMC)、二甲氧基乙烷 (DME) 和二乙基碳酸酯 (DEC)。这些电池在较长持续时间上的功率输出容量有一定的限制。最适合在紧急停机期间提供电力的高功率电池包括锂金属硫化物 ((Li-M-S) 和锂硅铁硫化物 (Li_5-Si-FeS_2) 电池。硅化锂被用于阴极电极, 而硫化亚铁用于阳极电极。陶瓷或硅材料被用来作为分隔器, 用于锂和锂硅合金的稳定接触。这些高功率电池提供质量能量密度范围为 $150 \sim 225$ kW · h/kg。Li_5SiFeS_2 电池的典型成本估算约 35 美元/(kW · h)。2500kW ·h 容量的电池已生产出来, 它可以产生输出功率接近 1000MW · h。通常这种电力由蒸汽涡轮发电机所产生, 足够为超过 10 万户家庭供电。

材料科学家和电池设计人员一直在研究容量在 $15 \sim 20$ MW · h 范围的高功率电池的设计, 它可以为多达 2000 户的家庭提供电能。氧化还原液流电池基本上是大型的钒基液体电池, 其中化学钒键沿薄膜交替选择和发射电子[10]。纯钒是一种明亮的白色金属。笔者为读者简要总结了这种材料的一些独特性质。这种材料是软质和韧性的。它具有对碱、酸和盐水的高耐腐蚀性。这种材料表现出很高的结构强度, 最适合用于恶劣环境下工作的高功率电池。五氧化二钒 (V_2O_5) 用于陶瓷设备。材料科学家称, 小剂量的钒盐可以逆转动脉硬化。

6.6.1 什么是钒基氧化还原液流电池

钒基液体电池能够产生足够的电能, 为超过 2000 个家庭提供电力或为在充满敌意的没有电力供应的偏远地区进行秘密军事任务的特种部队提供电力。换言之, 钒基氧化还原能量存储系统, 本质上是能够存储数兆瓦范围的电能, 维持数小时或数天持续时间而没有任何中断的液流电池。如果需要的话, 未使用的能量可以返回给商业电网。

钒基液流电池已在日本、英国和其他工业国家使用。这些电池使用液体活性化学物质, 可以存储在与电池分离的便携式罐体中。一些公司已经设计和开发了这种电池, 在 $15 \sim 25$ MW 的范围内, 使用以钒或溴化锌为基础的溴化钠和多硫化钠。当其他所有电池在各自的位置上时，液体电解质溶液可以添加到电池系统中。

6.6.2 钒基氧化还原电池的潜在应用

钒基氧化还原电池可以分为三个不同的类别，即根据功率输出水平、尺寸和重量分为固定、移动和便携式。这些电池的输出功率水平和典型的应用可以简要地定义如下:

1. 固定电池

- 输出功率范围: 50 kW ~ 1 MW。
- 应用: 强化输电网; 整合再生能源，如风力或太阳能。

2. 移动电池

- 输出功率: 5 ~ 250 kW。
- 应用: 军用车辆车载电源，电动和混合动力传动系统。

3. 便携式电池

- 输出功率范围: 1 ~ 2 kW。
- 应用: 工业，军事。

笔者所进行的研究似乎表明，这些电池可被视为独立的系统，这将去除在遥远和未知区域建设昂贵的电源线路的需要，同时提供一个完全独立的发电来源。

6.6.3 钒基氧化还原电池的结构细节和工作原理

钒充电和放电发生在微小的反应室。称为单电池的几个反应室被设置在堆栈中，以提高电池的输出功率。电池设计人员必须确保钒流体顺畅地流动通过薄膜或单电池，并通过电池内像过滤器的碳电极。根据德国科学家的预测，大功率的钒基液体电池将在未来 5 ~ 7 年可用。德国科学家还预测，20 kW 的电池系统将在 2012 年年底投产。美国、爱尔兰、奥地利和法国的科学家们预测，高达 100 kW 级的钒氧化还原液流电池系统在不久的未来将可使用[10]。

输出功率越高，电池系统的尺寸和重量越大。初步估计表明，钒氧化还原液流电池系统将约 20 ft 高，重达 4500 lb 磅。当使用先进的材料技术时，5 kW 等级这样的电池系统将约 4.5 ft 高，重约 500 lb 磅。

无论其重量和大小限制的缺点，钒氧化还原液流电池系统，在没有电源线路存在的边远未知的区域，作为一个独立的电源具有潜在的应用。简单地说，钒电池系统将最适合特种部队或在没有商业电源线路存在的边远或敌对区域执行秘密军事任务。

高功率充电电池系统特别适合用于在紧急情况下商用电厂关闭时提供电能。超过 100 kW 功率输出水平的高功率电池，可能需要在充电和放电循环过程中进行空气冷却。表 6.17 提供了根据充电和放电循环期间电池表面温度估计的空气流速和功率。

表 6.17 作为电池表面温度的函数的冷却空气流量和功率需求

冷却要求	电池表面温度/℃	空气流速/(m^3/s)	功率/kW
充电期间	100	14	3
	200	23	28
放电期间	100	8	1
	200	14	36

表 6.17 中给出的数据表明，在充电和放电循环期间较高的电池表面温度需要较高的空气流速与风扇功率。电池的冷却是必要的，以维持较高的电池效率和可靠性。

6.7 最适合无人驾驶飞机和无人驾驶航空器的电池

本节将介绍用于战场无人驾驶飞机和无人驾驶航空器的电池的性能要求。因为这两个是空中交通工具，电池的可靠性和便携性至关重要。压缩汽油发动机提供推进能量，而充电电池为低功率电子器件和传感器供电。无人机的实际电池输出要求严格依赖于任务的类型、部署的传感器和设备的数目和为电子传感器和设备供电所需的电能。在一个敌对战场区域或严密防守的敌军前沿区安静地巡航，无人驾驶飞机利用其微小的红外摄像机精确定位从狙击步枪或机枪发出的枪口闪烁。知道这些确切位置，无人机可以从机翼下发射一个“地狱火”导弹，用机头的小型激光准确引导导弹射击目标。这是一个攻击任务，它可以在海拔高度低于 5000 ft 执行。

无人机可以根据任务的要求工作在海拔 5000 ~ 60000 ft。可设计为执行攻击任务，执行侦察和监视任务，或两者都有。无人机对电源的要求可能会更高，这取决于任务的数量和徘徊持续时间。

6.7.1 电子无人驾驶飞机的电池电力要求

一个小型激光的电源需求可能高达 1 kW，这很容易由一个压缩的密封镍镉电池组提供。根据输出功率的要求, 电池组的重量为 5 ~ 8 lb。使用该电池作为备用电源, 并提供最佳的放电、充电和存储性能。这种特殊的电池放电深度可达 100%。电池需要 3 h 的快速充电和不到 1 h 的高速充电。这种电池可以在 40% 的充电状态存储, 可以在室温下存储 5 年或以上, 没有电池性能的损失。这种电池提供更高的可靠性、长寿命和安全性。如果重量和大小是最关键的要求, 应使用锌银氧化物 ($Zn-Ag_2O$) 电池代替镍镉电池。这种特殊的电池提供的比功率与使用传统电池技术的一样, 高达 1.8 kW/kg。使用薄电极和薄分隔器, 该电池可以提供比功率接近 4.4 kW/kg, 通过使用双极电极可以进一步提高到 5.5 kW/kg。$Zn-Ag_2$ 电池在重量和尺寸方面比镍镉电池组效益更高。一个电池组可以包括多个相同的单电池, 根据输出功率的要求范围从 4 ~ 16 个。$Zn-Ag_2$ 电池循环次数低 (50 ~ 100 次), 采购成本高, 低温性能差。最新的电子无人机较复杂, 专为攻击、情报、侦察和监视任务设计。这些无人驾驶飞机可以在海拔约 5000 ~ 50000 ft 飞行。对于可能会持续 2 ~ 6 h 以上的, 包括徘徊时间的长期任务, 电池必须提供包括电子传感器和设备在内的应急电源。

鉴于高成本、过度的重量和体积是无人机应用不能接受的, 应该选择 Ag-MH 电池。这些充电电池的额定电压为 16 V 或 18 V, 使用 18 个晶片电池。每个晶片电池的等级为 200 mA · h/g。在 16 V 额定电压, 每个晶片电池将具有的能量密度为 3.2 W · h/g。电池设计师估计每个晶片电池的重量接近 345 g (0.75lb)。假设四个单电池, 每个晶片电池的重量 345 g, 四芯电池的 Ag-MH 电池的重量将约 1.485 kg (3 磅)。该电池提供的质量能量密度为 200 × 16 mW · h/g 或 3.2 W · h/g, 即每个电池 3.2 kW · h/kg。对于一个四芯电池, 其质量能量密度约 12.8 kW · h/kg, 这也许超过了无人机的需求。这清楚地表明 Ag-MH 电池将最适合电子无人驾驶飞机的应用, 以及特定的无人驾驶航空器的应用[11]。

6.7.2 无人机的电池要求

军事项目管理人员和战地指挥官认为, 无人机将在战场上和在偏远的敌对地区, 在未来的军事冲突中发挥关键作用。在 2009 年 6 月版的军事与航空航天电子技术杂志发表的文章透露, 防御计划倾向于部署无人驾驶车辆进行水下侦察、探测和破坏、反潜活动。此外, 军事指挥官正在考虑部署机器人车辆在战场前沿地区进行侦察、监视、目标捕获、地雷和简易爆炸装置探测和处置任务。这些车辆都配备了致命的 “地狱火” 导弹以摧毁敌方目标。

目前，无人机被广泛部署进行侦察、监视、情报搜集、目标跟踪和攻击任务[11]。在原发性机械电源故障情况下，无人机的电池必须为推进以及电子感应器和设备提供电能。在执行导弹攻击任务过程中，激光需要从充电电池获取较高的电能，用来照亮目标，让“地狱火”导弹导向目标追踪，并摧毁目标。在攻击模式中，需要输出功率接近 1 kW 的密封 Ni-Cd 电池组，足够为激光、红外线 (IR) 摄像机、红外成像传感器、小型抗堵塞的全球定位系统 (GPS) 接收器、微型导航系统和抗干扰的通信系统供电。这种类型的电池组可达到 100% 的放电深度。该电池提供恒定电流，然后是涓流充电。电池需要约 3 h 快速充电和不到 1 h 的高速充电。军用飞机部署的这些电池的工作温度范围从 $-40 \sim +70$℃。最新的镍镉电池已经证明了接近 10 年的工作寿命和超过 15 年的存储寿命。根据这些性能，密封镍镉电池最适合 UCAV 的应用，因为在敌对领土和战区进行军事任务，可靠性、便携性、寿命和安全性极为重要。

在未来，更复杂的电子和光电传感器将用于复杂的无人机任务。国防科学家和项目管理人认真地考虑为精确末端制导部署短波红外 (SWIR) 成像传感器，一个手表大小的高安全性的超高频通信系统，以及抗干扰 GPS 接收器。研究末端制导技术的科学家表示，在 $850 \sim 1700$ nm 范围敏感的二维光电二极管阵列，对这个特定的应用将最理想。防御计划管理人计划为光电传感器套件增加 1 μm 目标指示器。$Zn\text{-}Ag_2$ 电池可以满足这些传感器的电源要求，它提供了最小的重量和尺寸、高效率，并提高了可靠性。这种特殊的电池的电压范围为 $1.5 \sim 1.8$ V，其工作温度范围从 $-20 \sim +60$℃，循环寿命为 $50 \sim 100$ 个周期，质量能量密度范围在 $90 \sim 100$ W · h/kg，自放电率每月小于 5%。$Zn\text{-}Ag_2$ 电池的性能特点对无人机任务最具吸引力。总之，这种电池凭借其在所有市售的充电电池系统中，高的质量能量密度和容积能量密度，久经考验的可靠性和安全性，以及单位重量和体积最高输出功率，对无人机应用最有吸引力。它的主要缺点是成本高，在非常低的温度下性能不佳。

6.7.3 反简易爆炸装置的电池

根据发表在 IEEE 光谱杂志的全面的技术报告[12]，军方已经花了数十亿美元去挫败简易爆炸装置。目前部署在反简易爆炸装置上的大部分的操作系统昂贵、沉重、复杂。此外，在目前的便携式 C-IED 型号中使用的电池不满足重量、大小和寿命周期的需求。本节说明了下一代电池的设计配置和性能要求，将能够满足反 IED 系统应用的重量、尺寸和性能要求。

在战场和敌对领土部署反 IED 设备的必要性不可低估，特别恐怖活动组织在全球范围内的动荡地区安装了简易爆炸装置。恐怖分子在路边植入深埋和爆炸成形穿甲弹 (EFP)，这是无法观测到的。应对这些简易爆炸装置的困难包括部署它们的物理、电磁、化学环境。使用手持式传感器可以检测到道路上安装的简易爆炸装置。简易爆炸装置由小型电源、一个触发装置和雷管组成。电源通常是电池。这种电池的功能是为起爆器提供足够的电能 (爆破上限) 来触发炸药。一旦 IED 爆炸，可以造成附近基础设施的巨大破坏和人身伤害，甚至造成不小心触发 IED 的人员死亡。

6.7.3.1 财产损失和士兵人身伤害的历史

按时间顺序排列的在敌对领土上的财产损失和士兵的人身伤害的历史非常重要。笔者所进行的调查研究表明，全球有计划的年度 IED 事件 2006 年约 4171 起，2007 年 4516 起，2008 年 5042 起[13]。这些简易爆炸装置夺去了搜寻简易爆炸装置并解除它们的士兵的生命。叛乱分子已经使用电子车库门开启器和个人手机作为远程无线电控制的触发装置。因为 IED 爆炸，士兵们经历了脑损伤、截肢、危及生命的精神疾病，甚至死亡。即使抗地雷伏击保护 (MRAP) 车和装甲车也不安全。IED 装置已经在伊拉克和阿富汗杀害了成千上万的无辜平民。MRAP 车辆已被简易爆炸装置的巨大爆炸力严重损坏。已经设计了反 IED 设备，以最大限度地减少财产损失和士兵的人身伤害，目前正在敌对地区使用。

6.7.3.2 用反简易爆炸装置技术来减少财产损失和士兵的人身伤害

对付简易爆炸装置需要先进的系统，在它们伤害或杀死战场人员之前，能够中和或摧毁简易爆炸装置。由美国国防部 (DOD) 进行的研究表明，2008 年伊拉克路边炸弹袭击事件中死亡人数比上一年 (2007 年) 下降了大约 90%。这种改善是由于部署了 MRAP 车辆和装甲车，改进了情报和监视能力，使用 C-IED 检测设备，并且部署了能够检测和使简易爆炸装置失效的高科技的爆炸装置处置 (EOD) 机器人[13]。

已为士兵设计和开发了准便携的反 IED 设备，以检测和削弱路边简易爆炸装置。据军事专家称，电子战现在被视为陆军的核心竞争力，其中 C-IED 任务必须作为考虑的一部分。携带高功率激光器和可拆卸或便携式反 IED 系统的移动反 IED 设备已经部署在危险的道路和农田小巷，以探测和摧毁叛乱分子植入的简易爆炸装置。

6.7.3.3 可拆卸反 IED 系统的电池性能要求

可拆卸反 IED 设备应用的电池, 被士兵所携带, 必须有最小的重量和尺寸、提高的可靠性、最大的安全性和出色的便携性。为了士兵的利益, 电池的重量和大小必须保持在最低限度。改进的和先进的电池技术对于满足这些重量、大小和输出功率的要求非常关键。换言之, 满足这些关键要求, 要把重点放在电池技术的重大改进上。如果可以使电池的体积更小, 重量更轻, 同时仍然提供相同量的或更多的输出功率, 便携式反 IED 系统和可拆卸或便携式系统将有很大的改善。在安装反 IED 系统的情况下, 堵塞威胁信号而不干扰军事通信、民用无线电或移动电话的能力是关键的性能要求。反 IED 系统可分为以下三个类别:

- 可拆卸的反 IED 系统;
- 安装式的反 IED 系统;
- 固定位置的反 IED 系统。

笔者对电池性能要求进行的简要比较研究表明, 固定位置的反 IED 系统对电池没有严格的重量和尺寸要求, 因为便携性不是充电电池的一个关键要求。对于安装式的反 IED 系统, 电池需要适中的重量和尺寸要求。然而可拆卸反 IED 设备, 对电池有严格的重量、尺寸和功率输出要求。笔者已将讨论限制在可卸载的反 IED 系统, 因为这种设备被士兵广泛携带。因此, 便携性非常重要。

对电池要求的仔细审查似乎表明, 密封 Ni-Cd 电池最适合可拆卸反 IED 设备。这种特殊的电池提供的额定电压为 1.2 V, 机械强度高, 充电效率高, 长期运行可靠, 便携性出色, 寿命超过 10 年, 有接近 13 A · h 的较高的电池容量, 以及高的电效率。此电池的重量小于 8 lb, 它可以达到 100% 的放电深度而没有性能损失, 并且它提供了恒定的电流, 接着是涓流充电。高速充电的持续时间小于 1 h, 快速充电需要时间小于 3 h。它在室温下的储存寿命超过 5 年, 没有结构或性能的退化。这种特殊的电池被广泛应用于航空和空间应用, 在这些应用中重量、尺寸、可靠性、结构完整性和安全是最重要的。

如果需要进一步减少重量和尺寸, $Zn\text{-}Ag_2$ 电池可用于反 IED 应用, 但需要更高的电池成本。这种电池对这种应用具有吸引力, 是因为它的高质量能量密度和容积能量密度、已证明的可靠性跟踪记录、出色的便携性、卓越的安全性和所有市售电池中单位重量和体积的最高功率输出。其主要缺点包括在 $50 \sim 100$ 之间的低循环寿命, 在 -20℃ 的性能不佳, 以及采购成本居高不下。这些电池已经证明在 28 V 超过 150 A · h 的电池容量。

电池技术的最新研究表明, 锂磷酸铁锂 ($LiFePO_4$) 电池有资格作为 C-IED 应用的候选。但其安全性、可靠性、成本和便携性的可信资料还未完全掌握。一些电池设计师也在积极寻求这种必要的信息。

反 IED 设备必须采用有效的波形优化无线电频率 (RF) 干扰能力, 这是破坏或排除路边安装的 IED 装置所带来的威胁所必需的。必须改进方法和手段, 以优化和完善 RF 干扰技术, 尤其重点是干扰信号比。国防研究与发展活动的重点是各种干扰平台的 RF 干扰器的发展, 如地面车辆、便携式系统、无人机和无人地面车辆。RF 干扰性能严格由 IED 系统防止远距离无线激活的能力确定。干扰发射机、简易爆炸装置和引爆装置之间的几何尺寸严格依赖于无线技术和远程控制触发技术。简言之, RF 干扰或反 IED 系统必须使用高干扰信号 RF 触发信号去抵销远程控制 RF 信号的激活能力。

6.8 结论

本节简要总结了充电电池类型和军事应用的性能要求, 强调可靠性、安全性、寿命和便携性。讨论了反简易爆炸装置、无人机、无人地面车辆、UUWV、在边远和偏僻地区的特种部队的电力模块、隐蔽通信系统和其他军事装备应用的, 最为理想的充电电池和性能要求, 强调重量、尺寸、可靠性和成本。确定了军事应用的铝空气充电电池的性能特点和主要优点。简要讨论了盐充电电池的性能和局限性。总结了最适合用于各种军事应用的双极 Ag-MH 电池的性能参数和结构方面, 强调了在宽的温度范围内的可靠性和电效率。确定了特殊防御应用的 Ag-Zn 充电电池的应用, 其能量密度高、重量轻和紧凑的包装, 是主要的要求。说明了符合 EPA 法律和准则要求的各军事分支机构部署的各种电池的处置。为潜在客户和设计工程师提供了中型充电电池的性能比较数据, 如银锌、镍镉、镍金属氢化物电池。对于结合薄膜技术、微技术和纳米技术的充电电池, 描述了其具体的军事应用, 在这些应用中紧凑的包装、轻质和一致性是关键要求。描述了最适合高功率热电池的阳极、阴极、电解质材料及其特点, 特别强调恶劣的工作环境下的长寿命、可靠性和结构完整性。总结了最适合用于军事装备的热电池性能参数, 主要考虑安全性、可靠性、在很宽的温度范围内的一致的输出功率水平。总结了 UUWV 使用的高功率充电电池的性能要求, 重点在各种潜水条件下的安全性、耐久性和可靠性。确定了可能应用于军用电子设备的高功率电池的阳极、阴极和电解质的类型, 重点在效率、能量密度以及恶劣的战场条件下的耐久性。简要定义了广泛用于装甲车和其他战场车辆的高功率充电电池的性能要求, 特别强调在恶劣的热性能和机械环境下的耐久性、安全性和可靠性。

详细讨论了对流动电解质或非稳态电解质有不利影响的热参数, 强调了在宽的温度范围内的电解液的性质。为读者提供了 10 kW 和 20 kW 等级的沃尔特堆栈充电电池随温度和放电持续时间的输出功率变化。对温度和 DOD 对热电池中使用的各种电解质的热导率和比热容的影响进行了讨论。设计了在商业电厂突发故障的情况或在紧急情况下提供电能的高功率电池系统的性能要求。给出了高功率钒氧化还原电池的设计方面和结构细节。定义了配备 "地狱火" 导弹的电子无人机的电池要求, 重点是重量、尺寸、可靠性和在恶劣的战场环境下不会影响攻击任务的安全性。说明了可拆卸的反简易爆炸装置干扰器、安装式反简易爆炸装置干扰器、固定式反简易爆炸装置干扰器的电池需求, 以电池的输出功率水平为重点。复杂波形的选择是提供高的干扰信号比率以有效地干扰 RF 触发信号所必需的。高干扰信号比是使 IED 的破坏力失效, 保护战场上的军事人员的生命所必不可少的。

参考文献

[1] E. Howard, "Achieving the information advantage," Military and Aerospace Electronics, 21, no. 7 (July 2010), pp. 24–30.

[2] Editor-in-Chief, "Power management of integrated circuits," Power Electronics Technology (April 2011), p. 24.

[3] B. M. L. Rao, R. Cook et al., "Aluminum-air batteries for military applications," Proceedings of the IEEE (1993).

[4] David Reisner, Martin G. Klein et al., Bipolar Silver-Metal-Hydride Cell Studies: Preliminary Results, Danbury, CT: Electro Energy, Inc.

[5] Curtis C. Brown, "Long life, low cost, rechargeable Ag Zn battery," IECEC Paper No. EC-57, American Society of Mechanical Engineers Proceedings (1995), pp. 243–248.

[6] A. R. Jha, MEMS and Nanotecbnology-Based Sensors and Devices for Communications, Medical and Aerospace Applications, Boca Raton, FL: CRC Press, Taylor and Francis Group (2008), pp. 344-345.

[7] Christina D'Airo, "Outlook," Electronic Products (January 2011), p. 12.

[8] Stephen Kauffman and Guy Chagnon, "Thermal battery for aircraft emergency power," Proceedings of the IEEE (1992), p. 22.

[9] P. Chenebault and J. E. Planchat, "Lithium-liquid cathode for under water vehicles," Proceedings of the IEEE (1992), pp. 81–83.

[10] G. Pistogi, Batteries Used in Both Portable and Industrial/Vehicular Applications, London: Elsevier Publishing Co. (2005), p. 66.

[11] David Schneider, "Drone aircraft," IEEE Spectrum (January 2011), pp. 45–52.

[12] Glen Zorpette, "Countering IEDs," IEEE Spectrum (September 2008), pp. 27–32.

[13] Brendan P. Rivers, "Road hazards: Countering the IEDs in Iraq," Military Microwaves Supplement (August 2008), pp. 22–32.

第 7 章

航空航天和卫星系统应用的电池和燃料电池

7.1 引言

本章专门介绍可能用于在航空航天设备和空间系统等的采用先进电解质技术的充电电池和燃料电池。将确定广泛部署在航空航天平台如商用飞机、战斗机、无人驾驶飞行器 (UAV)、电子攻击无人机、导弹、机载干扰设备和直升机上的二次电池或充电电池的要求。将建立在通信卫星、监视、侦察、目标跟踪卫星和监控高层和低层大气参数的天基传感器中使用的电池的性能要求, 重点在重量、尺寸、可靠性和转换效率。将说明最适合用于特定的机载平台的充电电池的性能参数, 特别强调在剧烈的振动、冲击和热环境下的可靠性和安全性。

电池在专门用于飞机或直升机或任何其他空运移动平台的启动环节时, 它的功率输出必须能够即刻产生所需的扭矩, 并且启动开关被接通到开始位置。

笔者的研究表明, 密封铅酸电池 (SLAB)、热电池、密封镍镉电池、锂离子电池和铝空气电池最适合于航空航天应用, 在这些应用方面其可靠性、恶劣工作环境的高功率容量、长寿命和高能量密度是主要的设计要求。研究进一步表明, 铝空气电池提供超过 500 W · h/kg 的高能量密度, 超过可选择的锂和其他充电电池。使用碱性电解质, 铝空气电池可以用在卫星通信应用中, 原因在于它们的独立性和高便携性。这些电池可以从 −40℃, 在 30 min 内提供冷启动, 功率输出从 10 ~ 400 W 不等, 质量能量密度高达 450 W · h/kg。设计建模和目前测试的数据表明, 密封镍镉电池和密封铅酸电池在卫星通信、无人地面和空中的交通工具以及其他军事应用中都是最理想的选择。

笔者对热电池的调查研究表明，这些电池最适合为军用和商用飞机提供应急电源。20 世纪 80 年代，全面的研究和开发活动直接指向了应用于飞行器应急电源和飞机座椅弹射系统的大容量的热电池的研发。后来，国防科学家要求卢卡斯航空航天改进热电池的设计，特别是经过改进能够提供高效率、高可靠性、安全性和便携性的飞机应急电源。大量的研究和开发工作用于研发锂铝二硫化铁 ($LiAlFeS_2$) 热电池，这类特殊的电池被认为是提供军用飞机应急电源的最理想方案。热电池后来被设计成可以在 $-40℃ \sim +80℃$ 环境温度范围内在 1.5 s 内快速上升至所需的功率。为了达到最少的维护和毒性，这些电池做了进一步的改善。热电池为电力水压泵 (EHP) 的驱动和直流应急母线提供直流电。

为提供超高的可靠性和独立操作控制，已经开发和完善了具有最佳可靠性能的两种热电池类型。其中一种要用于电力水压泵 EHP，满足其整个运行寿命中的方波电流脉冲负载需求。第二种热电池可以为直流应急母线提供电源，以满足在整个工作期间的恒定功率输出。两种热电池的工作寿命要求是一样的。这些热电池满足振动、冲击和所有其他适用的军用规范。在第 7.8 节热电池分类中将对其具体结构和关键的性能参数进行详细说明。在传统和非传统应用中都将重点确定性能和局限性。没有其他电池可以超越锂铝二硫化铁 $LiAlFeS_2$ 热电池的高可靠性和超长保质期，这也是这种电池在军用飞机应急电源应用上受到高度重视的原因。

密封铅酸电池对于商用和军用飞机应用也具有吸引力。由制造商进行的全面性能测试结果表明，与所有其他类型的二次电池或充电电池一样，这种电池的循环寿命较低。循环寿命严格依赖于放电深度 DOD 和充电速率 ROC。尽管它们的循环寿命低，这对所有类型的充电电池都很常见，但是这些电池仍被广泛用于商用和军用飞机上。这些电池的性能特点和不足之处在本章的后面将会有所描述。对其他商业和军事应用的充电电池也会进行讨论。初步的成本效益的研究表明，没有其他类型的充电电池能超过铅酸蓄电池的优异的长期可靠性、易回收性、启动转矩和成本优势。

商用和军用飞机应用的充电电池或二次电池。本节介绍了各种充电电池或二次电池在商用和军用飞机中的应用，包括直升机和无人机应用，重点强调了电性能、机械性能和热性能水平，可靠性，安全性，循环寿命及采购成本等。总结了商用和军用飞机应用中各种充电电池的性能和局限性，如密封铅酸电池 SLAB、密封镍镉电池、锂铝二硫化铁 $LiAlFeS_2$ 电池、铝空气电池等, 强调其可靠性、安全性、循环寿命和在储存过程中每月的功率损失。

7.2 用于商业和军事领域的密封铅酸蓄电池

密封铅酸蓄电池首次制造于 1859 年, 自那时以来, 这些电池被广泛应用于汽车、商用和军用飞机。这些电池额定电压为 6V 或 12 V, 是低功率设备应用的最理想的选择。铅酸电池有两种类型: 高功率密封铅酸蓄电池 SLAB[1] 和低功率阀控密封铅酸蓄电池 VRLAB[2]。前者广泛用于汽车、卡车、吉普车、飞机、直升机和其他汽车和电信系统, 而后者使用于电脑、手机及其他低功率的便携式设备。阀控式铅酸蓄电池容量为 1.2 A · h, 重约 300 g。这种特殊的电池使用的是有限数量的固定化电解质。密封铅酸蓄电池 SLAB 通常被用做便携式能源系统, 而阀控式铅酸蓄电池 VRLAB 被认为是固定电池, 这种固定的电池被公认为是具有较大容量的不间断能源。在实际实践中, 阀控式铅酸蓄电池 VRLAB 被认为是一个低到中等容量的电池, 并严格设计用于便携式应用, 如远程的电信系统、铁路的警告装置等。

两种电池的化学性质是相同的。正电极由氧化铅 (PbO_2) 制成, 负电极由铅 (Pb) 组成, 电解质是浓硫酸的水溶液。铅酸电池的化学反应方程式可写为

$$\text{负电极：} [Pb + HSO_4] = [PbSO_4 + H^+ + 2e] \tag{7.1}$$

$$\text{正电级：} [PbO_2 + 3H^+ + HSO_4{}^- + 2e] = [2H_2O + PbSO_4] \tag{7.2}$$

$$\text{总反应：} [Pb + PbO_2 + 2H_2SO_4] = [2PbSO_4 + 2H_2O] \tag{7.3}$$

在本书中提及的所有二次电池, 放电过程都是由左到右进行, 充电过程由右到左进行。

本章的综合技术讨论仅限于密封铅酸电池。这些电池在汽车、卡车、汽车系统和飞行器应用中被广泛采用。特别是密封铅酸电池在宽温度范围内启动发动机非常可靠, 并且只需要最少程度的维护。这些电池之所以受到广泛的接受和使用, 是因为它们具有高负载能力、可靠性、便携性和安全性等特点。密封铅酸电池的典型特性总结于表 7.1。

对客户的调查结果表明, 无论应用在何种情况下, 与长寿命性能相比, 大多数客户更青睐电池的高能量密度和紧凑的尺寸。这些特性对 6V 密封铅酸电池是适用的。

表 7.1 6V 输出电压的密封铅酸电池的典型特征

特征	6V 电池的典型值
质量能量密度/(W · h/kg)	30 ~ 50
循环寿命 (到起始容量的 80%)	200 ~ 320
快速充电时间/h	8 ~ 12
室温条件下每月的自放电/%	5
额定电压/V	2
工作温度/℃	−20 ~ +60
维护要求/月	3 ~ 6
典型 6V 电池的成本/美元	25
每次循环的成本/美元	0.10

对 12V 密封铅酸电池来说, 电池具有较高的能量密度、快速充电时间、电池电压和电池成本值, 而其他特征保持不变。初步估计显示, 12V 密封铅酸电池的理论质量能量密度约为 250 W · h/kg。如果把硫酸的重量计算在内, 那么实际的理论质量能量密度值将减少到 172 W · h/kg, 这相当于减少 25% 的质量能量密度。必须进行根据电池设计参数的能量和功率输出能力的模型研究, 它能够提供所需要的电池性能水平, 以便算出质量能量密度和功率输出的实际值。

7.2.1 铅酸电池充电、放电和储存条件的优化

密封铅酸电池和阀控密封铅酸电池的最佳充电、放电和储存条件相同。铅酸蓄电池的最佳条件简要总结如下。

- 典型的充电条件: 恒定电压为 2.4V 时, 伴随有 2.25V 的浮动充电。如果必要的话, 浮动充电可以延长。快速充电方法不太可行。慢充电需要 14 h, 在相当长的时间保持额定充电。如果需要的话, 快速充电大约需要 10 h。
- 放电条件: 限制为约 80% 的放电深度。
- 储存条件: 铅酸电池必须在满充水平存储。端电压低于 2.10 V 不建议存储, 因为它会产生硫酸化现象, 就是中和酸性剂。

7.2.2 铅酸蓄电池的优点、缺点和主要应用

以下是铅酸电池的优点:

- 最适合重载使用;
- 在恶劣的工作条件下的优异的长期可靠性;
- 高性价比;
- 回收简单和成本最低。

以下是铅酸电池的缺点:

- 相对较低的循环寿命;
- 低能量密度;
- 溢流的电池具有高自放电性。

铅酸蓄电池可用于下列应用:

- 汽车应用, 如滑板车、轿车和卡车;
- 便携式航空电子设备;
- 在没有商业电力可用情况下的照明设备;
- 电信系统。

7.2.3 用于飞行器的密封铅酸电池的生命周期

在商用和军用飞行器的应用中, 能量密度和生命周期这两种参数是至关重要的。对于能量密度, 降低电池的重量并提高电池容量可能得到较高的值。不容易改进生命周期, 因为它的值严格依赖于充电率和放电深度。为了得到有意义的生命周期的数据, 电池必须在不同的充电和放电条件和不同的工作温度下进行测试。为了得到这样的数据, 广泛的实验室测试是必需的, 这将是费时和昂贵的。换句话说, 为了可视化充电率和放电深度对密封铅酸电池的循环寿命的影响, 广泛的实验室测试数据是必不可少的。

因为这些测试可能涉及许多该类电池, 测试得到的数据会表现出生命周期值很大的变化性, 这是由于受到充电电流、放电电流、重整、循环电池的整体分析的影响。虽然这种固有的可变性在一定程度上可能会掩盖测试结果, 但从数据明确的趋势来看, 仍然可以认为是可靠的。

7.2.4 放电深度对铅酸电池生命周期的影响

从密封铅酸电池设计师获得的飞行器应用的实验数据总结在表 7.2 中, 固定电流为 50A。这些测试数据表示, 放电深度较低时, 循环寿命显著提

高; 放电深度较高时, 循环寿命显著降低。根据这些结果可以看出, 20% 的放电深度时, 平均生命周期接近 4000 个循环, 100% 的放电深度时, 生命周期只有 148 个循环, 减少到原来的 1/27。如果要得到高循环寿命, 电池应在较低的放电深度值工作。

表 7.2 放电深度对充电电流 50 A 的铅酸电池的生命周期的影响

放电深度/%	寿命周期 (循环数)
20	3858
40	1824
60	816
80	324
100	15

这些数据表明在充电电流为 50 A 时, 生命周期随着放电深度的变化趋势。有意思的是可以从中看出, 100% 放电深度时, 生命周期是如何受到充电电流限值影响的。从表 7.3 中给出的数据就可明显看出, 在 100% 放电深度时, 充电电流限值对生命周期的影响。

表 7.3 在 100% 放电深度时, 充电电流限值对铅酸电池生命周期的影响

充电电流限值/A	15 mA 以上的循环数
10	31
20	64
30	87
40	124
50	149

7.2.4.1 充电电流限值的影响

要理解铅酸电池充电电流限值对生命周期的影响非常重要。要确定充电电流限值对生命周期的影响, 需要根据 100% 放电深度时的充电电流, 进行全面的实验室测试。一些电池制造商已经得到在 100% 放电深度时, 铅酸电池随充电电流限值变化的测试结果。(整理的铅酸电池数据总结于表 7.3。)

电池的生命周期值依赖于用百分比表示的放电深度和在 100% 放电深度时的充电电流限值。实验室测试中选用容量为 15 A · h 的铅酸电池。

如果电池容量不同于 15 A · h 的容量等级, 那么在表 7.2 和表 7.3 所示的参数值将不相同。

从表 7.3 中列出的试验数据可以明显看出, 在充电电流值 (Ic) 较低时, 循环寿命显著降低。从这些测试结果可以估计出, 约 2.25 A 可能有 8 个循环的生命周期, 充电电流 50 A 时获得 150 个循环的生命周期。如果超过充电电流值范围达到 100% 放电深度时, 得到生命周期与充电电流限值之比, 斜率将大约是 3 个周期。换句话说, 充电电流限值每增加 1A, 生命周期可延长 3 个周期, 这是在 100% 放电深度, 通过 150 个周期除以 50 A 充电电流获得的。这个结果可以由总结于表 7.3 中的数据得到验证。在较高的充电电流值时, 这种线性关系预计不会成立, 因为当电池达到其最大的充电接受值时即恒定电位充电, 才最有可能达到渐近关系。此外, 周期数量和充电电流限值之间的相关性在较低的放电深度水平时可能不那么明显。可能还需要额外的实验室测试数据, 来确定两个关键性能参数即生命周期和充电电流限值之间的确切关系。

7.2.4.2 铅酸蓄电池经充电或更新可恢复容量

通过施加一个或两个恒定电流更新充电可以实现电池的容量恢复。几乎在所有的情况下, 恢复的电池容量似乎超过报废率, 这样就有了第二次生命。第二次生命的存在表明, 循环制度不会造成电池耗尽, 但相反, 会出现电池容量的可逆衰减。电池低于其额定容量的迹象表明, 电池需要立即维护。

例如, 使用低安培充电电流限值为 2A 的电池循环可实现第一寿命 60 个周期, 第二寿命 9 个周期。因此, 在这种电池的测试中, 发现第二次生命比第一生命短得多, 电池需要维护。另一种使用较高充电电流限值 50 A 的电池循环可以实现第一生命 85 个周期, 第二次生命超过 134 个周期。这种特殊的电池, 第二次生命比第一生命更长, 电池并不需要进一步的维护。如果放电终止电压减弱到约 2V 左右, 这就表明存在弱电池单元并且需要一个新电池单元。

7.2.4.3 电池容量减少的原因

对于铅酸电池而言, 充电和放电过程会发生化学反应。材料科学家们相信充电和放电循环期间, 正电极和负电极的最低退化是有可能的。但在正极或平板的铅板界面上可以看到含多孔硫酸铅 ($PbSO_4$) 层的氧化铅 (PbO) 致密层。这证明电池容量损失是由正极铅板的钝化引起的。然而, 容量损失可以通过前一节描述的循环机制恢复。换句话说, 当更新充电后钝化层大大减少, 会使正极板容量大幅恢复。两个电极必须使用纯铅板材料, 以避免杂质沉积在电极上, 因为这种情况会进一步降低电池的性能。一些研究科学家认为, 钝化是由于一层厚厚的硫酸铅多孔层或一层薄薄的致密的四方氧化铅层造成。但是, 另外一些材料科学家却认为, 钝化是由于这两种化合物的组合引起的。不管钝化源是什么, 钝化层导致活性物质变成电绝缘或与铅板隔离, 从而限制了放电循环的可用容量。从本质上讲, 钝化层的性质受到铅板合金类型和电解液添加剂的极大影响。例如, 铅板合金中的锡和电解质溶液中磷酸的存在将会使钝化效果最小化。

化学科学家认为, 使用较高的电流充电水平可以使容量衰减达到最小化, 这是因为电流水平促进了阳极铅板上多孔表面层的形成。科学家们进一步认为, 即使在充电电流水平, 钝化层最终建立在放电容量被严重限制的点上。

电池维修工程师指出, 如果密封铅酸电池达到最大的循环寿命是电池的主要性能目标, 那么放电深度必须保持尽可能低, 但同时要保持尽可能高的充电电流限值。增加充电电流限值需要增加充电源的尺寸, 这可能很昂贵。因此, 充电电源的尺寸、成本和铅酸电池的循环寿命之间存在一个重要的权衡。最优化的系统设计将在这两个平衡参数之间产生最佳的折中方法。铅酸电池设计师得出的结论是, 如果想获得生命周期、降低钝化效果和在各种储存条件下的电池容量的长期保存等最佳的电池性能, 必须遵循深循环条件。这些建议对在军用飞机、直升机、电子无人驾驶飞机和 UAV 等重量不是严格需求的应用中的密封铅酸电池最有用。

7.3 用于航空航天应用的铝空气电池

1992 年左右, 人们设计和开发了铝空气充电电池, 用于航空航天和其他军事应用。使用盐和碱性电解质的便携式铝空气充电电池被研发用于各种军事和航空航天应用[3]。这些电池可能不适合小型飞机、小型无人机、紧凑型雄峰无人机等应用, 因为在使用前必须添加液体电解质。这是这类电池的主要缺点。

7.3.1 铝空气电池的性能和局限

充电电池的设计者声称, 铝空气电池能在干燥、未激活的状态下, 提供超过 500W · h/kg 的质量能量密度, 高于可替代锂和其他充电电池。这些电池可以作为轻型折叠电池运输, 可放在工作现场添加电解质。这些电池可能用在大型商用飞机上, 因为电池可在干燥和折叠状态下运输或携带。盐电解质电池提供了一个接近 500W · h/kg 的高质量能量密度, 最适合应用在有现成水的场合。对于高质量能量密度而言, 它仅次于锂空气电池。但在需要 50~100W/kg 范围的中等比功率和使用前添加碱性溶液的应用, 使用碱性电解质是最为理想的。这两种类型的电池, 都可以在干燥状态下存储, 并具有长的储存寿命。电池在其热力学电位无法使用铝阴极电极, 是一个严重的性能限制。尽管有此限制, 该电池的质量能量密度通常从 200 至 400 W · h/kg 不等, 超过大多数其他充电电池系统。这些电池大规模生产所需的关键条款如下:

- 广泛可用的商业生产的铝合金, 在很宽的电流密度范围内在高库仑效率下工作。
- 低成本、高性能的空气电极, 能够在一定质量和数量上制造。

7.3.2 随着阳极电流密度的变化, 腐蚀对铝空气电池性能的影响

阴极材料及其性能在铝空气电池的性能表现中发挥至关重要的作用。材料科学家们提出用不同的合金为阴极, 以根据阳极电流密度来降低阳极腐蚀。科学家保留的材料开发记录表明, 由加拿大铝动力公司于 1990 年开发的 ALCAN 合金提供了低于 2% 的最低腐蚀电流密度, 阳极电流密度范围为 15 ~ 1000 mA/cm^2。对于这种新合金, 消耗在腐蚀上的能量显著低于产生的总能量的 2%, 这个总能量超过大多数电池的输出能量范围。这是一个关键因素, 因为腐蚀不仅导致电池的效率降低, 也在化学反应过程中产生氢气。如果需要更高的电池效率和更低的腐蚀电流密度, 那么产生的氢气必须从氢电池系统中排出。由同一家公司于 1989 年开发出的降低氢含量的合金表现出腐蚀电流密度 (mA/cm^2) 超出相同的阳极电流密度范围的 20% ~ 40%。在 1960 年开发的阳极合金表现出: 腐蚀电流密度超过 38% 的阳极电流密度, 范围为 200 ~ 800 mA/cm^2。在 1960年 — 1992 年期间, 减少腐蚀密度的极大进步及铝空气电池效率的相应改进是显而易见的。

7.3.3 铝空气充电电池系统的突出特点和潜在应用

铝空气电池系统的突出特点可以概括如下:

- 质量能量密度超过 450 W · h/kg。
- 证实输出功率大于 430 W。
- 它是高度兼容的模块化设计结构。
- 已经证实在 −40℃ 具有冷启动能力, 启动时间不到 30 min。笔者进行的初步研究表明, 还没有充电电池具有在 −40℃ 不到 30 min 的冷启动能力。
- 其最突出的特点包括工作安静、储存寿命长、优异的便携性、最少的维护要求、高能量密度、中高功率输出能力、快速充电和长放电期。
- 电池系统提供了模块化的设计配置, 最理想的是, 为偏远地区没有商业电力的移动收容所、命令和隐蔽通信中心以及便携式野战医疗设施, 提供临时电力。这种电池可以用于商用和军用飞行器、无人机和反简易爆炸装置 (IDE) 系统。

针对无人机应用, 设计、开发和测试了模块化电池系统, 额定功率为 1.6 kW, 峰值功率为 4 kW。另一种高度模块化和非常便于携带的碱性铝空气电池系统在 1992 年由同一家公司设计, 该系统由 10 个单电池组成, 用于飞行器。这种特殊的 12V、12 h 的模块化电池用于军用飞机, 具有放电时间超过 12.5 h 的输出功率, 如图 7.1 所示。12 V 的电池已经表现出优异的输出电压性能, 放电时间接近 12 h[3]。

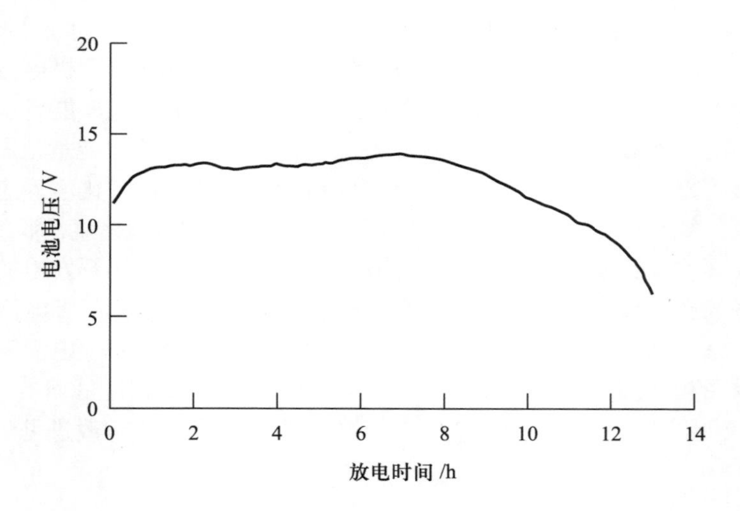

图 7.1 模块化铝空气电池的放电特性

7.4 最适合航空航天和飞机应用的长寿命、低成本银锌充电电池

笔者所进行的研究显示, 银锌充电电池提供最高的输出功率 (瓦) 和单位体积和质量的能量密度 (瓦时) [4]。由于具有这两个参数, 银锌电池被广泛应用于航空航天和国防应用, 在这些应用中电池的高可靠性、长寿命、低成本、长日历寿命、小巧的包装和轻质至关重要。研究进一步表明, 这些电池在大多数军事航空航天应用中, 单电池的成功概率超过 0.9999。这些电池在正常工作期间会产生少量的气体, 因此必须将它们安放在排气式电池壳内。

7.4.1 适合用于飞机和航空航天的排气式二次电池

各种充电电池的性能调查表明, 排气式银锌、镍镉、铅酸电池在比功率、质量能量密度、循环寿命和日历寿命方面具有独特的性能。这些二次电池特别适合用于商用和军用飞机以及其他航空航天应用。它们的优异特性归纳于表 7.4。

表 7.4 最适合商用和军用飞机和其他航空航天应用的排气式二次电池的独特性能特点

特征	充电或二次电池		
	银锌电池	镍镉电池	铅酸电池
输出比功率/(W/kg)	630	165	110
质量能量密度/(W · h/kg)	110	58	30
循环寿命(循环数)	60 ~ 100	1000 ~ 2000	300 ~ 600
年限/年	2 ~ 3	3 ~ 6	2 ~ 4

值得注意的是, 表 7.4 中总结的性能参数值误差在 ±5% 以内。这里表示的参数是针对过去 10 年采用先进的设计理念和在这段时间内可用的材料技术研发的电池。

7.4.2 银锌电池的典型自放电特性

笔者认为, 银锌电池的端电压将作为环境温度和电池的额定容量的函数而波动。通过研究出版文献得出作为温度和电池的额定容量的函数的电池的端电压的预计变化, 总结在表 7.5 中。

表 7.5 随着温度和额定电池容量的变化, 银锌电池端电压的变化情况 (V)

电池额定容量/%	环境温度		
	−20℃	+40℃	+100℃
25	1.28	1.47	1.51
50	1.30	1.46	1.50
75	1.22	1.45	1.51
100	∞	1.43	1.49

从表 7.5 中总结的数据明显看出, 在 100° F 或 40℃ 的环境温度下, 端电压保持相当恒定。然而在较低温度下, 当额定容量在 25% ~ 75% 之间变化时, 其端电压迅速下降。

7.4.3 银锌电池的安全性、可靠性和处置要求

本节简要介绍银锌电池的其他性能特点, 如安全性、可靠性和处置要求。银锌电池工作过程中会产生少量气体, 这些电池必须被安置在排气罩内, 以保持较高的运行安全性。

这种特殊的电池特别适合航空航天和国防应用, 因为它提供了最高功率 (瓦) 和每单位体积及质量的能量 (瓦时)。这种电池已经证明了其适用于存在恶劣工作条件的航空航天、国防、载人亚轨道飞行应用。银锌电池的重量大约是镍镉电池重量的 50%, 接近密封铅酸电池重量的 25%。这种电池在空间环境中表现出很高的可靠性。已经证明了这种电池在航空航天和国防应用中具有 99% 或更高的可靠性。

一些二次电池如银锌电池在用完时不应被废弃, 而是要回收。电池制造商提供再生利用和回收贵重金属的服务。在正常的电池工作中, 如果要抑制银锌电池的放气过程, 可在氧化锌中嵌入微量汞。用在航天和军事项目中的特种二次电池存在处置要求, 读者或电池设计师必须了解此类要求。

7.4.4 典型的电池电压水平和循环寿命

充电电池可以在非常短的时间或很长的时间充电, 这取决于充电率。根据电池设计, 缓慢充电率提供能够在相对较长的持续时间内保持电池性能的技术。1.8V 充电电池在缓慢充电率下的典型电池电压水平随充电时间的变化, 总结在表 7.6 中。

表 7.6 典型的充电电压随充电时间的变化

充电时间/h	电池电压等级/V
0	1.50
1	1.50
2	1.50
4	1.52
6	1.58
8	1.82
10	1.84
12	1.85
14	1.86
16	1.86
18	1.88
20	1.90

充电电池的额定容量随着循环寿命的增加而减小。换句话说, 随着充电电池的老化, 额定电池容量减小。表 7.7 提供了充电电池的预估额定容量值随循环寿命的变化和额定容量值。

表 7.7 充电电池的典型循环寿命与电池额定容量

循环数目	电池额定容量百分比
0	100
5	95
10	87
20	83
30	79
40	72
50	63
60	61
70	58
80	54
90	51
100	50

一般情况下, 全新的电池额定容量为 100%, 但随着电池老化, 其额定充电下降。

7.5 商用和军用飞机应用的密封铅酸电池

尽管重量超标，但密封铅酸电池已应用于商用和军用飞机很长一段时间。随着充电率、放电深度和工作温度的提高，这些电池的循环寿命已经得到改善。虽然密封铅酸电池的循环寿命相对较低，但也能使用 3 ~ 6 年。这些电池由 6 V 和 12V 模块组成，在 1 h 容量等级超过 18 A · h。每个单电池通常由 10 个负极板和 9 个正极板组成，每块板周围具有多孔玻璃纤维隔板。电池使用的铅板由纯铅制成，电解质包含在糊状活性材料中，隔板中只含少量电解质。该模块由一个单向排气阀装置密封。典型的模块的外形尺寸长 25 cm，高 15.2 cm，宽 9.7 cm。电池最重可达 19 lb。

7.5.1 密封铅酸电池的性能

本节简要介绍密封铅酸电池的卓越性能和特点。这些充电电池由 EaglePicher 公司、霍克能源以及其他公司制造。前两个电池供应商目前正在开展下一代密封铅酸电池在充放电特性、循环寿命和放电深度方面的显著改进研究和开发工作。除了密封铅酸电池，镍氢和锂离子电池也得到严重关注，以用于照明、军事通信系统、军用飞机、航空航天和卫星应用。

7.5.1.1 Eagle-Pitcher 公司的超寿命 UB1-2590 电池的性能

Eagle-Pitcher 公司超寿命 UB1-2590 型电池广泛用于各种军事系统应用。这种充电电池是一种密封铅酸电池 [5]，由于具有独特的性能而被广泛使用，包括在严重的热力、机械和空气动力学环境下运行的超高可靠性和安全性。典型的应用和性能参数可以概括如下:

- 应用范围: 飞机、军用通信、机器人、无人水下车辆 (UUV)。
- 类别: 使用具吸收性的玻璃材料 (AGM) 技术的 9HAZMAT。
- 维护要求: 使用 AGM 技术的电池免维护。
- 价格: 2010 年售价约 494 美元。
- 设计特点: 可靠性高、重量轻、能量密度高、无记忆损失效应，较宽的工作温度范围。
- 电气性能参数:

电压特性 —— 两节额定电压 14.4 V (DC)。

运行模式 —— 串联模式时电压范围为 20 ~ 33 V (DC)，并联模式时电压范围为 10 ~ 16.5 V (DC)，最大电压为 16.5 V (DC)。

- 电池容量: 6 A · h (串联模式) 和 13.6 A · h (并联模式)。
- 最大放电电流的大小: 6 A (串联模式) 和 12 A (并联模式)。
- 最大脉冲放电: 18 A 持续 5 s (串联模式) 和 36 A 持续 5 s (并联模式)。
- 典型的工作模式容量: 2.06 A · h。
- 典型的质量能量密度: 143 W · h/kg。
- 循环寿命: 大于 300 次。
- 工作温度范围: −32 ~ +60℃ 。
- 存储温度范围: −32 ~ +60℃ 。
- 自放电: 每月不到 5%。
- 充电要求: 6.6 V (DC) 充电电流水平不超过 3 A, 充电时间不超过 3 h。
- 冲击和振动: 符合军用规格。
- 特殊材料使用: Wolverine 先进材料用于制动垫片和溶液阻尼器, 以减少车辆的振动。

7.5.1.2 由 Eagle Pitcher 公司制造的商用密封铅酸电池

CF-12V-100 型密封铅酸充电电池被广泛用于 UPS 车辆。在 UPS 应用中这种电池是最具成本效益和高度可靠的。而且, 大多数 UPS 车辆使用这种特定的电池, 缘于其安全性和可靠性。这种密封铅酸电池[5] 的突出特点总结如下。

- 端电压: 12 V (DC)。
- 电池容量: 100 A · h。
- 质量能量密度: 37.5 W · h/kg。
- 外形尺寸 (长, 宽, 高): 6.73 in × 6.73 in × 8.43 in。
- 预计零售价: 299 美元。

7.5.2 密封铅酸电池的测试程序和条件

密封铅酸电池在几类商业和军事应用中被广泛使用, 需要频繁的充电和维护程序。如果成本效益性能和最大的循环寿命是至关重要的性能要求, 必须遵循以下建议:

- 放电深度应保持尽可能低, 但充电电流限值, 应尽可能高, 以达到最佳的电池寿命。
- 高充电电流技术要求重量、尺寸和成本增加的充电设备。

- 折中方案研究必须在密封铅酸电池的充电设备的尺寸、重量和循环寿命之间展开。
- 在较高的充电电流下, 由于正极板上形成了多孔的表面层, 容量下降达到最小化。
- 钝化层一旦增大, 放电率会受到严重限制。

7.5.3 充电率和放电深度对密封铅酸电池的循环寿命的影响

传统的铅酸电池适合各种航空航天和其他军事应用, 不包括小型飞行器应用, 主要是考虑到安全性和可靠性这些因素。然而, 对于战斗机、轰炸机或近距离空中支援的应用, 密封铅酸电池最适合, 因为这些充电电池提供了高电气性能、令人印象深刻的安全性以及在严重的热性能和机械环境下的超高可靠性。由于充电率和放电深度是密封铅酸充电电池的关键性能参数, 需要根据这些参数深入研究它们对电池循环寿命的影响。不同充电电流和放电深度对应的循环寿命的数据分别见表 7.8 和表 7.9[5]。

表 7.8 充电电流对密封铅酸电池循环寿命的影响

充电电流/A	循环寿命 (循环数)
10	32
20	63
30	85
40	124
50	153

表 7.9 放电深度对密封铅酸电池循环寿命的影响

放电深度/%	循环寿命 (循环数)
20	3980
40	1825
60	745
80	338
100	169

(资料来源: Vutetakis, D. G., 和 H. Wu, “The effect of charge rate and depth of dischargr on the cycle life of sealed lead-acid aircraft batteries”, IEEE 会议论文集 ©1992 IEEE, 已获授权)

7.5.4 生命周期的测试条件

如果随充电电流、持续时间、放电电流和终止电压等变化的这些可靠的测试数据是最重要的, 那么必须严格遵守生命周期的测试条件。放电循环试验条件在指定的电池路端电压以安培 · 小时表示。在 100% 放电深度时的放电电流极其重要, 因此, 需在 100% 放电深度进行放电测试。充电周期测试包含电流和试验持续时间, 放电循环试验条件包含电流、持续时间和电池的端电压。关于密封铅酸电池电流循环和放电周期测试条件的测试参数建议明确表示在表 7.10 中。

表 7.10 在 100% 放电深度时, 充电循环和放电循环测试条件的建议

放电循环测试条件	充电循环测试条件	休息持续时间/h
15A 9.2V	2.25A 12h	1
15A 9.2V	5.0A 12h	1
15A 9.2V	10A 12h	1
15A 1h 以上	15A 3h	0
15A 1h 以上	25A 3h	0
15A 1h 以上	50A 3h	0
15A 1h 以上	50A 2h	1
22.5A 40min 以上	50A 2h	1

(资料来源: Vutetakis, D. G., 和 H. Wu, "The effect of charge rate and depth of dischargr on the cycle life of sealed lead-acid aircraft batteries", IEEE 会议论文集 © 1992 IEEE, 已获授权)

对于 20% 放电深度循环的测试, 20 A 的电流超过 9 min, 含持续时间。对于充电循环测试, 50 A 的电流超过 51 min, 不包含休息持续时间。当这些测试条件都得到满足时, 密封铅酸电池就能胜任这些应用并可以部署到指定的电气系统中。

7.6 用于飞机应急电源和低地球轨道航天器的热电池

笔者进行的研究表明, 使用锂铝二硫化铁 ($LiAl/FeS_2$) 的热电池尤其适合为战斗机的电子系统和液压动力提供应急电源。这种先进的热电池的压缩版本已经用于低地球轨道 (LEO) 航天器中。这种先进的热电池的关键部件如图 7.2 所示。热电池可以部署在一些非标准应用中, 这些应用程序的主要要求就是高功率容量和长寿命。

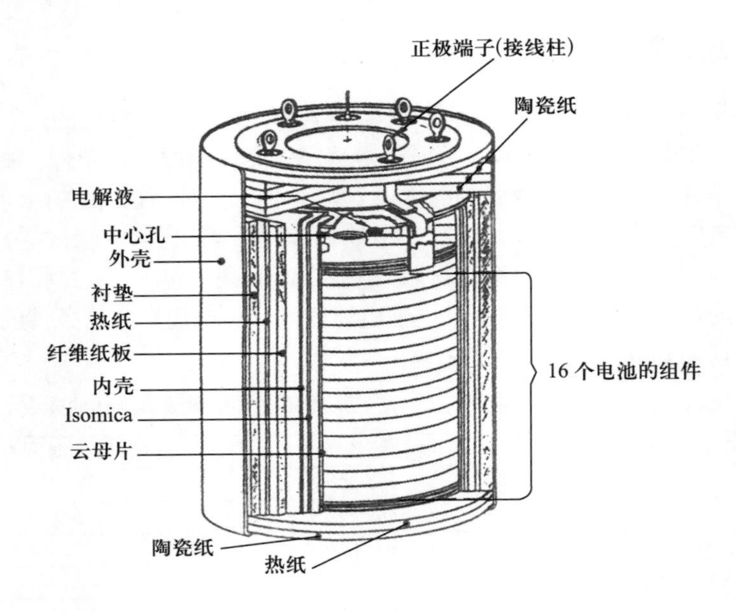

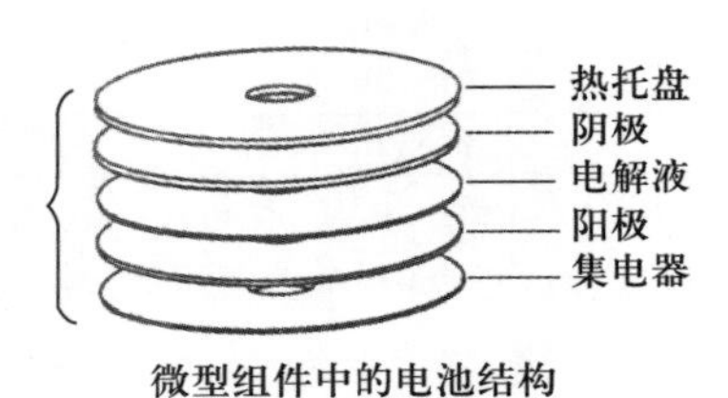

微型组件中的电池结构

图 7.2 为空间应用设计的热电池元件

(资料来源: Embrel, J., M. Williams et al., Design studies for advanced thermal batteries", IEEE 会议论文集 © 1992 IEEE, 已获授权)

这些电池特别针对军事武器系统的应用而设计, 如军用飞行器、导弹和空间通信系统, 工作温度范围为 −40 ~ +80℃。该公司已经使用锂铝二硫化铁 ($LiAl/FeS_2$) 系统开发了两种高功率热电池。这种电池旨在为高速战斗机 [6] 提供应急电子和液压动力。

锂铝二硫化铁 ($LiAl/FeS_2$) 热电池的性能:

第一种热电池 (TB1) 设计为电动液压泵 EHP 驱动提供直流电力, 第二种热电池 (TB2) 是专门设计为直流应急母线提供直流电源的, 为飞机的电子器件和传感器提供电力。这些热电池具有以下独特的性能 [7]。

- 应用: 传统和非传统 (飞机座椅弹射机制系统)。
- 快速上升时间: 在 −40 ~ +80℃ 温度范围内小于 1.5 s。

- 脉冲电流: TB1 提供方波电流脉冲。
- 最小和最大电压: 26 V (DC)/38 V (DC) (TB1); 23 V (DC)/31.5 V (DC) (TB2)。
- 工作寿命: 两种电池均是 9 min。
- 容量: 25 A · h (TB1) 和 11.7 A · h (TB2)。
- 平均或 CW 功率: 5.1 kW (TB1) 和 2.0 kW (TB2)。
- 非工作振动: 10.75 g 均方根 1.5 h 每轴 × 3 轴 (两种电池)。
- 工作振动: 10.75 g RMS 10 min 每轴 × 3 轴 (两种电池)。
- 冲击震动: 1000 的振荡 × 3 轴, 40 g, 6m · s, 1/2 正弦 (两种电池)。
- 标准冲击: 30 g, 3 轴, 2.5m · s, 1/2 正弦/7.5 g RMS, 3 轴, 40 m · s, 1/2 正弦波。

7.7 用于海军武器系统中的充电电池

锂亚硫酰氯 ($LiSOCL_2$) 电池是特别为多种防御系统的应用而设计的。这种电池使用了金属锂阳极和由充满二氯酰 ($SOCL_2$) 的多孔碳集电体组成的液体阴极。该电池单元的额定电压为 3.6 V, 采用螺旋卷绕式电极, 满足延长放电的比功率水平和线轴结构要求。这种电池使用流动的电解质, 并具有 13 mS/cm 的理想电导。通过放电循环改变了电解质的组成[7]。锂亚硫酰氯 ($LiSOCL_2$) 电池具有内置高能量, 因为它有 3.6 V 的高额定电压。线圈结构的特点是在 3.6V 的 D 形式, 电流容量为 18.5 A · h, 可以提供能量密度超过 760 W · h/kg。这种特殊的电池已被开发用于水下推进系统, 电池具有与高理论能量密度有关的高速率和长持续时间的放电能力。水下系统如小型潜艇、鱼雷和反鱼雷武器都需要能在 20 ~ 30 min 长时间持续放电的电池[7]。

锂亚硫酰氯 ($LiSOCL_2$) 电池的性能特征:

这种特定电池的性能特征和独特的功能可以概括如下。

- 输出功率: 接近 600 kW。
- 开路电压: 3.95 V (DC) (最大)。
- 最大放电率:200 mA/cm^2。
- 典型的电池组: 40 个单电池, 但最大数目的单电池能插入堆栈中。
- 输出功率电平: 在 20 min 放电结束时 20 kW (最大)。
- 电池输出功率要求: 对于一个重量级鱼雷是 600 kW (典型值)。

7.8 热电池设计结构和运载火箭应用的要求

笔者所进行的初步研究表明, 使用先进的钛合金的热电池能够满足严密的结构、性能和可靠性的要求。运载火箭中应用的电池需要具备严格的电学、热学和机械规范。这种电池的关键部件必须采用先进的材料。结合钛合金的热电池早在 1999 年进行了设计和开发, 用于空间应用, 同时这些电池在高加速环境下工作可靠 [8]。

7.8.1 先进热电池的设计和性能

SAFT 工程师对两种先进的热电池设计进行了评价, 认为非常适合空间应用。第一种电池设计用于轻量级、工作寿命超过 300 s 的脉冲操作, 第二种电池是专门用于高加速环境的热电池。这种电池的设计可以满足 200000g 发射力加速要求[8]。这种先进的热电池的关键部件如图 7.2 所示。

钛合金的使用降低了重量、提供了更大的机械强度, 并显著提高了热性能, 这能延长热寿命, 使得电池质量能量密度显著提高。所使用的基线化学物质是 $LiAl/LiCl\text{-}KCl/FeS_2$, 在额定电流密度为 200 mA/cm^2 时, 提供的电池路端电压为 1.5 ~ 1.6 V (DC)。两节电池采用了先进的外壳设计理念, 减少了压力, 钛在容器材料中的使用减少了重量, 提高了机械强度。钛在容器中的使用还提高了低温放电寿命、降低了重量以及提高了脉冲功率应用的质量能量密度。钛也被用来作为高加速的热电池的容器材料。热电池的结构细节包含几个关键要素, 如图 7.2 所示。电池堆被包含和卷曲在指定压力的内钢罐中。正如图 7.2 中所示, 内罐由热绝缘的热源包裹, 被放置在外层钢罐内。

电池电压引线是用玻璃密封终端引线点焊到盖子上 (见图 7.2)。内盒、外盒和盖子由 1010 高强度钢材料制成。电池盖密封焊接到外壳。在加速度、冲击、振动和发射力大小方面, 热电池的设计满足所有空间任务要求。这种充电电池的重要元素和 1.6 V 单电池的构造细节, 如图 7.2 所示。外电池盒或外壳通常包含 16 个这样的 1.6 V 单电池, 若单电池串联则电池电压是 22.5 V。单电池的额定电流密度大约是 200 mA/cm^2。

7.8.2 热电池的独特性能

电池壳体使用的钛合金最显著的电气和机械方面的优点可概括如下。

- 钛合金的使用显著降低电池的重量。

- 改进了机械强度和完整性。
- 先进的钛合金独特的热性能延长了热寿命。
- 大幅增加电池的质量能量密度。
- 高加速环境的理想选择。
- 提供一个压力处理能力，以满足 200000 g 的发射力对电池没有结构性损伤。热电池的这种特殊能力，使得它在水下导弹和卫星发射应用方面最具吸引力。
- 即使处于严重的机械性能和热环境条件下，电池的可靠性接近 95%。
- 由锆系材料 ($Zr/BaCrO_4$) 制作的热纸产生最有效的热绝缘。
- 这种由 16 个单电池组成的特种电池可满足工作电压的要求。
- 在运载火箭应用中，圆柱电池的设计结构提供小型包装。
- 当要求热绝缘时采用了 ISOMICA 材料，特别是当热电池位于超高温区域时。

7.9 高温锂充电电池

这些高温锂充电电池是在新泽西州蒙默思堡的美国陆军研究实验室的电子和电源董事会的赞助下开发的。高温锂充电电池使用锂氧化锗 (Li_4GeO_4) 和锂氧化钒 (Li_3VO_4) 的固溶体作为锂离子导电固体电解质。该固体电解质复杂的形式可以写成为 $Li_{3.6}Ge_{0.6}V_{0.4}O_4$。据报告，该固体电解质在温度为 300℃ 时，具有最低约 0.08 S/cm 的电导率。该固体电解质的电化学稳定窗口超过 4 V (DC)。固态充电电池单元包括锂铝合金阳极和二硫化钛的化学气相沉积 (CVD) 薄膜阴极。电池表现出良好的放电率，高达 20 mA/cm^2 的电流密度和超过 200 个循环的循环寿命。在高速脉冲功率应用中，要发展这些电池作为可行的电源，仍需要进一步改进固态单电池的速率能力。

固体电解质电池的独特性能参数和设计特点:

固体电解质电池的突出性能和设计方面简要总结如下。

- 这些电池采用 50 % Li_4GeO_4 和 50 % Li_3VO_4 作为锂离子传导固体电解质。
- 固体电解质中掺入锂离子可产生高颗粒导电性，并显著提高固体充电电池的高速性能。
- 该电池可以用锂铝或锂硅合金作为阳极，二硫化钛的化学气相沉积薄膜作为阴极。

- 在 300℃ 的温度下, 电池的开路电压优于 2.1 V。
- 该电池可在 0.5 A/cm^2 的电流密度下放电。
- 固体电池最适合高速脉冲功率的应用。
- 即使没有这些电池的可靠的数据, 笔者也可以合理地预测出高可靠性, 尤其是在工作温度高达 300℃ 时。

7.10 锂充电电池的固体电解质技术

有关固体电解质的技术报告和论文表明, 聚乙烯固体聚合物电解质 (SPE) 中使用增塑剂已成为最有希望增加室温离子电导率, 从而显著改善充电电池性能的方法 [9]。一些增塑剂会对固体聚合物电解质锂充电电池的界面阻抗和循环寿命产生不利影响。本节确定了能尽量减少或消除这些不利影响的使用固体聚合物电解质技术的锂充电电池的发展。

7.10.1 固体电解质的关键作用

充电电池设计师最初使用了环氧乙烷 (EO) 的线性均聚物。聚环氧乙烷 (PEO) 电池的初始设计在 60 ~ 125℃ 的温度范围内表现出良好的性能。在这些温度下, 观察到完全无定形的固体聚合物电解质 0.001 S/cm 的离子电导率。即使在室温条件下 (27℃), 增塑网络的使用可能会产生优于 0.001 S/cm 的离子电导率。

7.10.2 锂充电电池性能参数的改善

本节重点说明固体电解质的使用带来的锂基充电电池的性能参数的改进。根据电池科学家介绍, 这些性能的改进严格取决于可逆的非金属锂源阳极的发展, 即锂碳 (Li-C) 夹层化合物; 运用高电压阴极材料, 如锂氧化钴 ($LiCoO_2$) 和锂氧化镍 ($LiNiO_2$), 能产生高速率并显著改善氧化过程的电化学稳定性的溶剂混合物液体电解质。锂碳 (Li-C) 阳极的使用, 提高了锂充电电池的安全性。与固体高分子电极的使用相关联的一些重要的属性总结在表 7.10 中, 与使用液体电解质的电池相比, 这些属性显著地提高了电池的性能。能量密度和循环寿命两者均与化学过程中的增益和可通过使用固定的溶剂实现的电化学稳定性密切相关。使用高离子电导率的固体聚合物电解质可实现功率密度的改进, 甚至还可实现与低界面阻抗水平结合的高阳离子迁移数的更多方面的改进。材料科学家进行的研究和开发表明, 目前, 高温和低温 SPE 技术都还不能提供所需的属性。研究进一步表明, 高温固体聚合物电解质是以环氧乙烷的均聚物和共聚物为基础的。这些固体聚合物电解质为完全无定形态时离子电导率接近 0.001 S/cm。材料科学家们相信, 无定形态或条件取决于阳离子数, 其值在 $0.4 \sim 0.6$ 变化。

材料科学家还认为, 大多数聚醚具有低静态介电常数以及低的供体和受体数。这些因素促进了成对离子聚集体的形成, 最终形成更大的聚集体。低温固体聚合物电解质配方一般包括大量的低分子量的增塑剂, 被认为是一种良好的锂盐溶剂, 在降低黏度的固体聚合物电解质中具有高度移动性。有可能得到离子导电性、阳离子迁移数和类似低温塑化固体聚合物电解质的液体电解质的电化学稳定性。

使用液体电解质的锂基电池的性能提升具有重大意义, 必须进行研究。笔者根据研究, 将各种属性类别的性能参数的增强, 简要总结在表 7.11 中。

表 7.11 使用液体电解质的锂基电池的增强

属性分类	参数增强的要求
功率密度	高表面积 — 体积比 高阳离子迁移数 (典型数值是 0.5) 单片低阻抗电池
电子能量密度	高电压复合双极阴极
单电池循环寿命	固定电解质
制造能力	高速连续工艺
安全性和可靠性	不是液体电解质, 而是固态基质本质

7.10.3 液体增塑剂溶液中高氯酸锂盐浓度对室温离子电导率的影响

在增塑剂溶液中高氯酸锂 ($LiClO_4$) 浓度对离子电导率的影响, 值得认真考虑。表 7.12 的数据显示, 当重量浓度超过 1% 时, 可以预测到较高的离子电导率变化。

表 7.12 高氯酸锂浓度对离子电导率的影响

高氯酸锂 $LiClO_4$ 浓度 (按重量计)/%	离子电导率/(S/cm)
0.5	0.00080
1.0	0.00300
5.0	0.00308
10.0	0.00315
15.0	0.00312

对表中数据全面检测似乎表明, 按重量计算, 当盐的浓度小于 1% 时, 可能存在最低的离子电导率。数据进一步表明, 即使当盐浓度增加到 15% (重量), 离子导电性的增加[9]也微不足道。

7.11 电子无人机和各种无人机中使用的充电电池

在确定每种无人机的电池要求前需说明无人机的主要功能、部署的传感器和设备的类型。将确定各种军用交通工具采用的充电电池的性能要求和设计方面, 重点强调可靠性、安全性、重量和大小及生命周期。笔者对充电电池采购的初步调查表明, 用于军事用途的高功率电池至少有三个不同的美国供应商, 分别为 EaglePitcher、Energex 和 SAFT American。

7.11.1 适合电子无人机应用的电池的性能要求

无人机是无人驾驶的微型空中交通工具 (MAV), 作为战斗机完全远程控制, 可重复使用。从本质上讲, 无人机提供了几乎所有的可从战斗机或侦察机得到的类似功能和能力。无人机所收集的图像通过视频链接发送给地面上的操作员。此外, 无人机以小型化形式剧增, 能在战场或敌对区域的非常高海拔高度运行而不被敌方雷达发现。无人机通常用于侦察或持续监视。如果想在攻击模式中使用无人机, 可以装备称为 "地狱火" 导弹的小型化空对地导弹。

当无人机用于监视或侦察任务时, 以微电子机械系统 (MEMS) 或纳米技术为基础的传感器或机电设备受到了严重关注。无人驾驶飞机一般都配有微小的陀螺仪, 加速度计, 结构紧凑、可靠的全球定位系统 (GPS) 接收器和空速传感器等。飞行电源由一个小型汽油发动机提供, 小型化的传感器和设备由镍镉电池提供电力。新一代无人机使用的是采用碳纳米管 (CNT) 技术的锂离子电池。麻省理工学院的科学家进行的研究和开发活动表明, 锂离子电池的碳纳米管基阴极将会产生 10 倍于传统锂离子电池的输出功率, 这是因为在碳纳米管表面上锂储存反应的速度比传统的锂嵌入反应快得多。麻省理工学院的实验室测试的碳纳米管电极, 随着时间的推移表现出显著的稳定性, 因为在经过 1000 次充电和放电循环后, 没有检测到碳纳米管材料的变化。如果需要激光照射源引导空对空导弹攻击它们的目标, 则需要电池提供额外的电力。因为要探测和跟踪目标, 需要在不到几分钟内功率高达 1500 W 的电力。

7.11.2 用于无人机、无人战斗机和微型飞行器 (MAV) 的充电电池的要求

本节主要介绍无人机 UAV、无人作战飞行器 UCAV 和微型飞行器 MAV 的主要功能。地面操作员广泛使用无人机收集敌对领土或战场区域的监视和侦察数据。无人机装载的传感器和电子设备将在最后一节进行讨论。无人作战飞机使用合成孔径雷达 (SAR), 提供敌对地区或战场区域的监视、侦察和具有作战重要性的移动目标的高清图像。数据可以通过视频数据链接发送到地面控制中心。这种特殊的交通工具用于攻击任务, 可携带高容量、轻重量的由两个重量小于 8 lb 的密封镍镉电池组成的电池组。无人机和微型飞行器应用中选择的充电电池特别强调重量、尺寸和可靠性。

无人作战飞机的操纵和控制功能由地面操作员处理。无人作战飞机使用小型全球定位导航系统、红外摄像机、合成孔径雷达 (只用于大型无人机, 需要移动目标的高清图像)、摄像机、可以提供精确导航的前视红外传感器、光电彩色摄像头、最适合于使用激光照明器执行精确打击任务的多光谱瞄准系统、空对空导弹。大多数的电光相机有一个有限的倾斜和变焦功能。因此, 必须部署数字稳定系统让无人机和无人战斗机保持目标在操作员的视线内。由于无人战斗机系统装载大量的电光传感器、照射激光、三个不同的相机和其他电子设备, 高容量、重量轻的镍镉或镍金属氢电池最适合这类飞行器。无人机和无人战斗机装备有最常见的传感器, 用来探测风速、风向和对地面操作员有用的其他重要目标信息。下一代飞行器的整体重量将小于 16 lb, 因此充电电池必须是极其紧凑的, 重量不超过 6 lb。结合纳米技术为基础的材料而专门设计的镍镉电池是微型飞行器的应用的最理想选择。

微型飞行器是特别为从简易爆炸装置的爆炸中逃生而设计、开发和评估的 [10], 微型飞行器的最初版本干重量只有 16 lb, 装满燃料时有 18.5 lb。可以使用三种不同的燃料, 即常规汽油、喷气发动机燃料 (JP 8) 和柴油, 取决于接近 1 h 飞行器的悬停和目标锁定的持续能力。微型飞行器的起飞和着陆功能具有悬停和目标锁定能力, 这样它就成为最好的和最小巧的机载无人机, 用于探测和摧毁装有炸药的路边车辆和埋藏的简易爆炸装置[10]。

适用于无人机、无人战斗机和微型飞行器的几种充电电池的性能特征总结在表 7.13 中。一旦用户在电池性能、成本和可靠性等方面进行一个大致的权衡研究, 他们就可以选择到最合适的电池。由于电池的重量和输出功率是最重要的参数, 在为无人机、无人战斗机或微型飞行器应用选择充电电池时, 必须认真考虑质量能量密度 (W · h/kg) 这个参数。当特定的电池符合所有其他的性能参数时, 电池成本就成为了次要的选择参数。

表 7.13 适用于各种无人机的充电电池类型及其性能规格

性能参数	电池类型			
	镍镉电池	镍金属氢化物电池	锂离子电池	镍氢电池
质量能量密度/(W · h/kg)	50 ~ 80	60 ~ 120	110 ~ 160	45 ~ 55
电压/V	1.25	1.25	3	1.5
快速充电时间/h	1	2 ~ 4	2 ~ 4	2 ~ 4
(自放电/月)/%	20	30	10	60
维护要求/天	30 ~ 60	60 ~ 90	—	30 ~ 50
使用温度/℃	−40 ~ +60	−20 ~ +60	−20 ~ +60	−10 ~ +30
循环寿命 (容量的 80%)	1500	300 ~ 500	500 ~ 1000	大于 2000
预计成本/美元	50	60	100	65
(预计成本/循环)/美分	4	12	14	6
适用场合	UAV/MAV	UCAV	UCAV	MAV

镍镉充电电池最适合高空、长航时的无人机或微型飞行器的应用。镍镉电池尺寸紧凑、重量轻且可靠性高。当采购成本和寿命周期为首要因素时, 这些电池被广泛使用。电池使无人机、微型飞行器和电子无人驾驶飞机可以延长持续时间来完成任务。镍金属氢化物电池比镍镉电池重, 因此如果重量是一个重要的参数时, 无人机应用必须避免使用镍金属氢化物电池。在一般情况下, 这两种电池都可用于便携式系统应用。如果重点考虑成本这个因素, 那么镍金属氢化物电池和锂离子电池是不适合这类应用的。

7.11.3 用于滑翔机的充电电池

据海军专家介绍, 舰队的滑翔机用来收集洋流数据和可能会影响军事声纳系统性能的声学特性数据 [11]。滑翔机已用于研究海洋环流、气候、海洋生物并跟踪暴雨期沿海地区的水流沉积物。滑翔机包含溢流舱室、方向舵、皮囊、泵、油箱、高压室和用于俯仰滚转控制的电池。滑翔机通过装油的气囊膨胀上升, 气囊的收缩下沉。方向舵的固定翼负责转换滑翔机垂直方向的运动, 而电池供电的操作机械装置控制俯仰滚转运动。根据滑翔机的设计者介绍, 这些飞行器最适合特定的海军应用, 这些应用需要隐蔽操作。滑翔机有一个鱼雷状的铝制船体, 长度不超过 2 m, 装满传感器、电子器件和电池。要移动滑翔机, 需要一个泵从位于船体溢流部位的皮囊中注入或除去油。上升时, 机器人扩大气囊, 排水, 同时增加它的浮力。下降时气囊必须是空的。方向舵的固定机翼将垂直位移的一部分转换成水平方向运动, 迫使滑翔机在行驶中呈锯齿形轨迹。为了在攀爬或下沉或左转或右转时改变定位, 滑翔机必须通过改变电池组的位置来改变它们的重心。笔者进行的研究表明, 密封的镍金属氢化物电池或锂离子电池很适合滑翔机的应用。改进的滑翔机使用了集成的机器人技术, 这将产生一个接近 4000ft 的较长工作距离, 并且电池的寿命超过 6 个月, 对于长距离和长持续时间的海军任务比较理想。

7.12 用于空间军事系统和卫星通信的充电电池

用于军事空间传感器的电池要求严格依赖于任务要求和任务期限。例如, 充电电池能为所有的传感器供电, 能在监视、侦察和目标跟踪任务期间提供电能。与用于特殊任务和持续时间的军事机载传感器相比, 卫星通信设备的电池要求一般是适中的。以下是用于空间系统和卫星通信应用的充电电池的 7 个不同的特点:

- 能量性能;
- 动力性能;
- 工作寿命或期限;
- 安全性;
- 在严酷的机械和热环境下的可靠性;
- 提供不间断电源;
- 免维护性能。

用于中等功率水平的军事空基传感器的充电电池要求如下。

军事空基传感器的使用已经超过 40 年, 可用来监视、侦察和跟踪空间目标, 如监测在发射过程、中途修正和终端阶段的红外空间导弹和火箭喷流特征。通常, 设计军事通信卫星是为各种设施之间提供隐蔽通信, 如战斗机、支援飞机、军舰、航空母舰和军队部门等。

充电电池的动力性能严格依赖于环境温度。对于中等输出功率, 可采用密封镍镉、镍金属氢化物电池和其他类型电池。空间温度会影响密封电池的放电容量和存储时间。表 7.14 表示的是随着环境温度的变化, 温度对密封镍镉电池放电容量的影响。

表 7.14 环境温度对电池放电容量的影响

温度/℃	电池放电容量/%
0	70
10	96
20	100
30	100
40	95
50	82
60	74

表 7.14 中的数据显示, 随着环境温度的变化, 镍镉电池表现出缓慢的自放电性。一个月后这些电池可能保留 62% ~ 70% 的容量。由几个单电池组成的充电电池堆很适合用于包含无源传感器如红外相机和低功率电光传感器的空间应用。密封镍镉或镍金属氢化物或锂离子电池组是中等功率应用的理想选择。这些电池的性能总结于表 7.15 中。

表 7.15 三种中等功率输出的充电电池的性能参数

性能参数	镍镉电池	镍金属氢化物电池	锂离子电池 (BP)
功率密度	优	良	优
质量能量密度 (W · h/kg)	45 ~ 65	60 ~ 95	160 ~ 200
循环寿命 (至 80% 的容量)	1100 ~ 1500	650 ~ 1100	700 ~ 1250
(20℃ 时的自放电/月)/%	< 20	< 25	< 3.5
快速充电时间/h	1	1	2 ~ 3
额定电压/V	1.20	1.20	3.6
使用温度范围/℃	−20 ~ 60	−20 ~ 60	−20 ~ 65
注: BP 为电池组			

除了这些性能参数, 作为温度和存储时间函数的放电特性和剩余电池容量是极其重要的, 必须足够重视, 这与选定的空间应用的电池类型无关。

充电电池有几个基本问题。一个突出的问题是长期储存, 它对电池的关键元件会产生永久性损坏, 如密封件和分隔器, 特别是在高温下的长期存储。在空间应用中, 存储时间通常接近 30 天或 30 天以上, 因此, 剩余电池容量往往会随着存储时间的变化而迅速减小, 特别是在较高的温度下。供应商对空基充电电池进行的实验室测试表明, 连续暴露在 50℃ 的室外环境下, 会降低循环寿命 52%。此外, 当电池用于空间应用时, 在 45℃ 的温度下, 电池剩余容量会随储存时间的延长而迅速减少。表 7.16 给出了密封镍镉电池随存储时间变化的存储特性。

表 7.16 45℃ 时, 随着存储时间的电池的剩余容量的减少

存储时间/天	电池容量剩余/%
0	100
10	76
20	55
30	38
40	29

对中等容量的密封镍金属氢化物充电电池的初步研究表明, 因为对充电条件的敏感性, 充电是确定镍金属氢化物电池性能和整体寿命的关键一步。镍金属氢化物电池的显著性能总结如下。

- 与镍镉充电电池相比, 镍金属氢化物电池有较快的自放电性能。
- 无论电池容量多大, 充电是确定电池整体寿命以及性能的最关键一步。
- 一个月后镍金属氢化物电池可以提供电池容量的 2% ~ 40%, 但是镍镉电池能保留容量的 60% ~ 70%。
- 镍金属氢化物电池要求恒定电流充电。此外, 必须限制电流水平, 以避免过热和未完全反应的氧气重组。
- 因形成大量的氧, 在约 80% 的充电量电池电压急剧升高。
- 镍金属氢化物电池的充电过程是放热的, 而镍镉电池的充电过程是吸热的。
- 电压降低和温度上升是充电结束的标志。
- 如果反复过度充电, 会影响镍金属氢化物充电电池的寿命和性能。
- 就充电电池来说, 使用寿命是最重要的性能参数之一。发布的研究报告认为, 镍镉充电电池属于免维护的电源。认为用于电动汽车的镍镉充电电池, 有 10 ~ 15 年使用寿命。甚至一些锂基充电电池的使用寿命接近 25 年。
- 长寿命电池尤其适合 UAV、MAV 和 UWUAV 等应用。

7.13 执行特殊任务的卫星使用的高功率燃料电池

当卫星执行监视、侦察和跟踪空中目标任务时, 要求使用采用了最新的电池技术的先进热电池, 如锂离子电池组。燃料电池为卫星搭载的许多毫米波、微波和电光系统和设备供电。充电电池的典型缺点是放电率、安全性以及处置问题, 这就使得系统工程师需要安置一个备用电源, 如燃料电池。动力系统工程师们越来越多地倾向于为高功率源使用燃料电池[12]。由于超高功率容量和增强的可靠性, 早在 1960 年就已使用燃料电池为载人航天器提供电力。笔者进行的初步研究表明, 锌空气燃料电池产生的质量能量密度超过 4 kW · h/kg, 这大约是从铅酸电池中获得的 1000 倍, 从汽油中获得的 3 倍。

燃料电池是根据燃料电池模块中使用的电解质的类型分类的。作为高功率源, 有四种不同类型的燃料电池已经表现出了优异的性能。最突出的燃料电池类型如下。

- 低温磷酸燃料电池 (PAFC);
- 高温熔融碳酸盐燃料电池 (MCFC);
- 质子交换膜 (PEM) 燃料电池 (PEM-FC), 已表示在图 7.3 中;

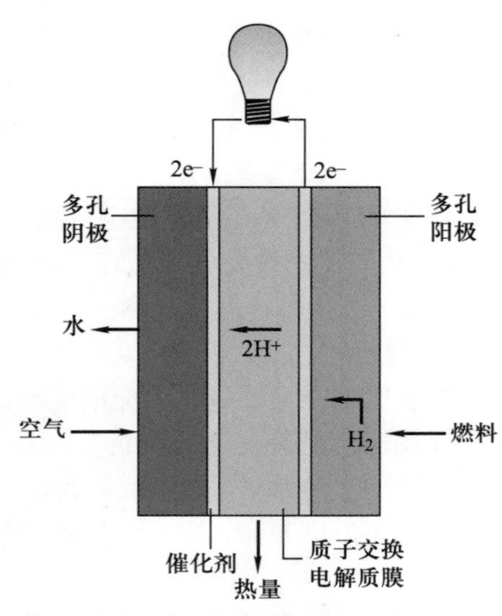

图 7.3 质子交换膜型燃料电池显示的关键要素

- 固体氧化物燃料电池 (SOFC)。

由各种燃料电池公司和研究机构进行的研究和开发活动表明, 质子交换膜型的燃料电池具有设计简单、可靠性高、运行成本低、采购成本较低和占有空间小的特点。Dow 陶氏化学公司和 Ballard 巴拉德动力系统公司在质子交换膜基燃料电池替代发电来源 [13] 的商业化中发挥了关键作用。燃料电池表现出以下独特的功能:

- 燃料电池采用 “堆栈” 技术, 以适应具有相同电池设计的不同输出要求。
- 不论电池大小和性能特性, 燃料电池一般具有高效率。
- 因为极低的环境干扰, 燃料电池很容易定位。
- 一些燃料电池可使用可快速更换的多种燃料。
- 各种燃料电池设计的性能具体细节已在第 1 章进行了简要讨论。
- 燃料电池具有操作优势, 如电能控制, 快速上升速率 (对于一些空基系统是最理想的), 远程和无人值守的操作, 以及由于固有的冗余特性而具有的高可靠性。

由于这种高可靠性的能力, 早在 1960 年这些质子交换膜基燃料电池就已一直使用, 为载人航天器提供机载电力。有趣的是, 用尽的产物还可以为宇航员提供安全的饮用水。在过去的几年里, 美国军方进行大量的研发, 支持具有高功率容量的实用燃料电池的发展。使用半固体电解质和熔融电解质的燃料电池的设计结构示于图 7.4。因为所使用的电解质的类型, 两类燃料电池都可以在高温下工作。这些燃料电池最适合作为固定的动力源使用。这样的燃料电池[14] 由于具有高温、过大的重量和尺寸和频繁的维护需求的特点, 不适合用于飞机或空基系统。

基于这些事实, 有理由认为, 质子交换膜型燃料电池可以为卫星或航天器上的监视、侦察和跟踪传感器供电。高功率密封镍镉电池和锂电池可以用于微型卫星, 为各种电子系统、电光传感器和高分辨率的红外摄像机供电。

被称为单骨架催化剂 (MSK) 的氢燃料电池显示出最佳的性能。在 1959 年左右, 该电池由瑞士的布朗 (Brown)、包法利 (Bovary) 及瑞士公司设计和开发。瑞士科学家选择了最好的材料并使用了电极技术。在电池长时间过载的情况下, 他们选择金属电极, 以获得足够的存储容量。选择合适的电极材料, 可以提供最佳的电化学性能。

用于通信卫星的单骨架催化剂氢氧燃料电池的性能如下。

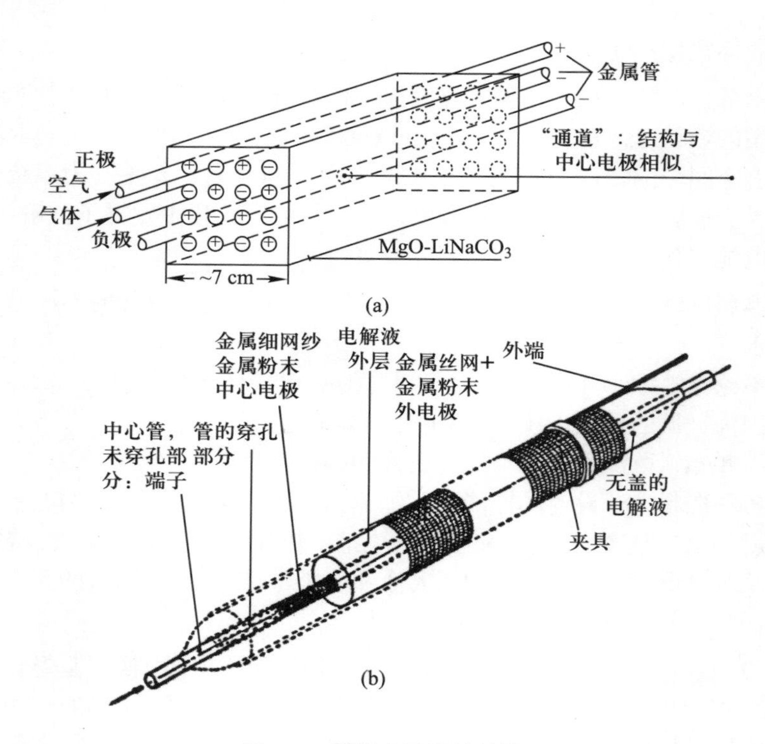

图 7.4 燃料电池设计结构

(a) 高功率燃料电池, 由 $MgO\text{-}LiNaCO_3$ 的半固体电解质组成, 包含有用于空气和气体电极的金属管电极; (b) 高容量的燃料电池的关键要素, 使用由固体氧化镁细晶和熔融电解质组成的电解质糊获得最佳性能。

(资料来源: Pettie, C. G., "A summary of practical fuel cell technology" IEEE 会议论文集 © 1963 IEEE, 已获授权。)

单骨架催化剂氢氧 ($H_2\text{-}O_2$) 燃料电池由瑞士科学家设计、开发和评估。阳极和阴极由银合金构成。碱性电解质在 70℃ 时使用。科学家们发现, 由银合金制成的电极表现出的电池性能优于纯银电极。即使类似电池在满负荷的条件下工作数月, 燃料电池几乎没有任何变化, 表明这些燃料电池具有高可靠性。在测试过程中, 阳极和阴极空间必须由聚乙烯隔板分隔开。这种电池的法拉第效率显著。含碱性电解质的氢氧燃料电池的典型特性总结在表 7.17 中。

路端电压和功率输出来自单个氢氧燃料电池。该电池必须以串联方式获得更高的功率输出。为了收集有意义的耐久性试验数据, 测试必须包含大量的氢氧燃料电池。在耐久性测试中, 电极电位可连续监测, 并且可从法拉第效率图中获取数据。

表 7.17 温度为 70℃ 时, 使用碱性电解液的氢氧燃料电池的典型特征

电流密度/(mA/cm^2)	路端电压/V	电池功率输出/W
0	1.13	0
100	0.91	0.817
200	0.78	1.512
300	0.65	1.921
400	0.58	2.212
500	0.42	1.207
600	0.37	2.000

7.14 基于电解质的燃料电池分类

由笔者对燃料电池的初步分析表明, 燃料电池是一种通过结合氧化反应和还原反应的方式产生电力的装置。一次和二次电池 (充电) 也是同样的。但是在燃料电池中, 燃料和氧化剂都从外部源添加, 在两个单独的不变的电极反应。简单地说, 燃料电池是一种能量转换装置, 在该装置中化学能等温转换成直流电。

7.14.1 使用多种燃料的燃料电池的性能参数及其典型应用

燃料电池主要分为两种: 高温燃料电池和低温燃料电池。高温燃料电池技术特别适合用于固定的工厂应用, 在主要电厂发电机关闭用于维修或日常维护的情况下, 它们可满足应急电源的要求。高温燃料电池也可以用于动力潜艇。

低温燃料电池通常用于为公共巴士、重型卡车和电动和混合动力电动车辆提供电源。不管燃料电池是何种类型, 燃料电池三个最关键的元素都是阳极、阴极和电解质。三种不同类型的电解质用于燃料电池的设计, 包括:

- 水溶液电解质或流体基电解质燃料电池: 在这样的设备中, 电子在燃料氧化过程中释放, 穿过外部电路并提供电能。大多数水电解质燃料电池使用碱性电解液, 并在燃料电极上形成水。另一种普遍的含水燃料电池, 被称为离子交换膜 (IEM) 电池, 它在氧 (空气) 电极端形成水。当使用纯氢气时, 燃料电极工作性最好。已观察到电流密度超过

400 mA/cm^2。这种离子交换膜燃料电池及其性能将在后面适当的标题下进行阐述。离子交换膜燃料电池已经用做 (美国) 国家航空和宇宙航行局 NASA 双子星 Gemini 项目的电源。从那时起, 离子交换膜燃料电池就被部署到航天器和监视、侦察卫星上。

- 熔融电解质燃料电池: 在这些装置中, 熔融碳酸盐电解质可在非常高的温度下使用, 温度范围 500 ~ 750℃。这些燃料电池使用不纯的氢气, 并且不需要昂贵的催化剂, 从而得到相对最便宜的装置。这些电池最适合于工业和商业应用。
- 固体电解质燃料电池: 这些电池在通用电气公司和西屋电气公司研究实验室里被首次设计和开发。这些装置使用固体燃料, 并在电池温度接近 1100℃ 时工作。电池设计使用天然气作为自启动运行的燃料。该电池被封入加热套中, 通过燃烧加热套中的天然气来提供初始热量。当电池温度达到合适值时, 天然气就直接被送入电池结构中。

燃料电池所用的电解质是被称为氧化锆 (ZrO_2) 的不透气固体氧化锆。氧化锆掺杂有氧化钙, 用来提供充足的氧化物离子传送电池电流。氧化剂空气或氧气通过鼓泡穿过熔融的银阴极, 后者在氧化锆杯内保存。在燃料电极或碳基阳极电极中, 氧化物离子与一氧化碳 (CO) 结合, 并把电子运送到外部电路。电池的副产物一氧化碳和氢气在初始燃料分解阶段形成, 在电池外部燃烧以维持燃料电池在工作温度下。氢气不参与电化学电池反应。

使用固体燃料的燃料电池最初显示, 在约为 0.7 V 的直流电压中, 电流密度超过 170 A/ft^2。这些燃料电池工作超过 3500 h, 没有任何电池功能退化。采用碳阳极的这类电池的最大效率为 35%。后来使用改进材料设计的装置表现出接近 50% 的更高的效率。

在路易斯安那州的凯撒 (Kaiser) 铝及化学公司设计和开发的使用固体燃料的燃料电池, 有能力满足 6000 A/ft^2 的发电厂需求, 电流密度估计超过 3000W/ft^2。

7.14.2 燃料电池参数的比较

表 7.18 中, 就燃料、氧化剂、电解质、工作温度、效率、电流功率输出水平和特定应用等方面, 对燃料电池进行了比较。表 7.18 中表示了电池的性能参数, 如效率、温度和功率输出水平的电流估计, 误差在 ±5%[13]。在该装置的可靠性和安全性领域, 需要进行更多的研究工作。

表 7.18 各种燃料电池的比较

性能	燃料电池的种类				
	质子交换膜	磷酸	碱性	熔融碳酸盐	固体氧化物
电解质	聚合物	H_3PO_4	KOH/H_2O	熔融盐	陶瓷
氧化剂	氧气, 空气	氧气, 空气	氧气	CO_2, 空气	氧气
燃料	氢气	氢气	氢气	氢气	氢气, CO
温度范围/℃	80	195	80 ~ 200	650 ~ 750	1000
效率/%	45 ~ 55	40 ~ 50	40 ~ 50	> 60	> 60
功率输出	150W/10MW	200kW/10MW	100W/10MW	> 150MW	> 100MW
应用	EV/HEV, 小型公用事业	小型公用事业	航空	公用事业	公用事业
工艺成熟度/%	100	85*	100	75*	85*

(资料来源: Gilcrist, T., “Fuel cell to the force”, IEEE Spectrum, © 1998 IEEE, 已获授权)

* 需要更多的研究、开发和测试工作以获得 100% 的性能, 尤其是可靠性和安全性领域。

7.15 航天器应用的电池源

专为航天器使用的充电电池不仅要满足电气性能的要求, 还要满足在严酷的空间环境下工作的设备的安全性和可靠性要求。研究进一步显示, 有关界面转化的第一原理模型为老化电池的预测提供了一种可靠的方法。钠硫、密封的镍镉和镍氢 ($Ni-H_2$) 充电电池已通过美国航空航天局批准在航天器中使用。

7.15.1 第一原理模型在航天器工作老化中的应用

对航天器工作采用第一原理模型进行严格的实验室老化测试后才可决定这些电池的使用。采用第一原理模型的主要目的是检查两相镍电极的性能、老化对氢气压力的影响、老化对镍电极的影响, 以及空间环境下老化对镉电极的不利影响。这些测试显示以下内容:

- 单相反应循环的电池行为不能单相预测。
- 界面转化为薄膜老化提供可靠的信息。
- 老化电池预测显示出一些典型的行为, 如在循环时电压下降、循环电池的放电出现二次电压平台、镍镉电池的负极限制行为, 以及镍氢

($Ni\text{-}H_2$) 电池的压力变化。

- 负极限制镍镉电池的研究已经确定了原因和影响。其原因包括增加的正极电极容量、镉电极容量的下降和预充电水平的变化等。观察到的效应包括电池电位更高、充电电流降低、荷电效率降低、荷电状态 (SOC) 降低以及荷电状态和电池组电压的偏离等。
- 9 A · h 容量的密封镍镉电池在 1996 年 8 月首次推出, 随后将其用在几个低地球轨道航天器中。根据美国国家航空航天局的科学家介绍, 密封镍镉电池在发射前约 63 个月被激活, 而且随时可能在 5℃ 保持涓流充电。

7.15.2 40 A · h 的硫化钠电池的典型性能特点

40 A · h 的钠硫 (Na_2S) 电池 由 Eagle Pitcher 开发, 用于空间应用。以下是其典型的性能特点:

- 容量: 40 A · h。
- 外形尺寸: 长 9.44 in, 直径为 1.39 in, 重量为 1.28 lb (0.58 kg)。
- 质量能量密度: 138 W · h/kg。
- 采用的电解质: 氧化铝 (Al_2O_3)。
- 电池电压: 开始 1.40V; 19 A · h 容量时 1.34V; 20 A ·h 容量时 1.30V; 30 A · h 容量时 1.25V; 40A · h 容量时 1.15 V。

7.16 结论

本章介绍各种二次电池或充电电池及其潜在应用。在充电电池之中, 铅酸电池被认为是最老式的重负荷电池。铅酸蓄电池不时地进行设计上的改进, 本章简要描述了这些改进。密封铅酸电池的电气性能显著, 并在可靠性、安全性和剩余放电率方面也有了明显的改进。密封铅酸电池具有最佳充电、放电和储存条件, 特别是设备寿命。简要讨论了用于飞机应用的密封铅酸电池提高电池生命周期的各种方法和手段。放电深度对密封铅酸电池的生命周期的影响已做了全面评估。笔者认为, 如果充电电池的最大循环寿命是主要目标, 那么放电深度必须保持在尽可能低的水平。随着电池的老化, 容量衰减问题是几乎所有充电电池的典型问题。笔者对容量衰减问题进行的研究表明, 使用较高的充电电流水平可以最小化甚至消除这个问题。总结了最适合航空航天应用的铝空气电池的性能和局限性, 重点强调能量密度、可靠性和安全性。铝空气电池的主要性能参数，如库仑效率、损失的成本，已做了详细讨论。确定了随着阳极电流密度的变化，腐蚀对这些电池电性能的影响。对铝空气电池突出的电气和结构特点进行了总结。因为重量、尺寸的减小和模块化结构，这种充电电池在反简易爆炸装置系统中具有潜在应用，可帮助人工搜索路边埋藏的简易爆炸装置。确定了最适合航空航天和飞机应用的银锌电池的性能，重点强调重量、能量密度、可靠性和安全性。笔者研究了充电电池的排气式或密封设计的优点。密封的电池设计防止了电解质的损失，而排气式电池设计可以使电池外壳或盖子里产生的蒸汽安全排出。明确了排气式银锌和密封镍镉、镍金属氢化物电池以及密封铅酸充电电池性能的显著改善。已经观测到银锌、镍镉电池和密封铅酸电池在功率输出水平 (W)、质量能量密度 (W · h/kg)、生命周期 (循环) 和日历年限 (年) 等方面的性能改进。

对银锌电池的安全性、可靠性和处置要求等做了详细讨论。揭示了银锌电池的典型充电电压随着充电持续时间的变化。总结了随着额定电池容量变化的充电电池的典型的生命周期，以显示任何老化效应的迹象。总结了由 EaglePitcher 开发的商业和军用充电电池的性能特性和物理参数。确定了与锂基充电电池相关的记忆效应和电压下降现象，也确定了这些效应对电池性能的影响。讨论了充电率和放电深度对密封铅酸电池生命周期的影响以及它们对电气性能的影响。对推荐的充电循环和放电循环试验条件进行了总结。对特别适合飞行器能量和功率应用的锂铝硫化铁 ($LiAl/FeS_2$) 热电池性能特点进行了总结，特别强调能量密度和不间断的电池功率。对适合海军武器系统应用的锂亚硫酰氯 ($Li\text{-}SOCl_2$) 充电电池的性能和局限性进行了阐述。这些电池专门为水下推进系统、鱼雷和反鱼类应用而设计。对空间应用的最新的热电池的性能要求和设计方面进行了总结，强调可靠性、安全性和延长的寿命等方面。这些电池使用先进的钛合金来满足在 200000 g 环境下运行时严格的结构、热性能和可靠性要求。

对采用由 Li_4GeO_4 和 Li_3VO_4 组成的固体电解质的高温锂电池的性能和主要优点进行了总结，强调了在高达 300℃ 的高温下突出的可靠性。固体电解质技术提供了多种性能优势，特别适合于军事应用。聚醚固体聚合物电解质中使用增塑剂的技术已证明室温离子电导率优于 0.003S/m，从而使充电电池的电性能得到显著改善。使用固体聚合物电解质技术的电池产生改进的高速脉冲功率，并增强了高环境温度下的可靠性。电池设计人员已经注意到使用液体电解质的锂基电池的性能改进。观察到长期工作持续时间内，在功率密度、能量密度、循环寿命、可靠性和安全性等方面的改进。化学科学家已经观察到, 液体增塑剂溶液中的 $LiClO_4$ 盐浓度有利于室温离子电导率, 这是提高这种电池性能的主要要求。明确了满足无人机、无人作战飞机和微型飞行器要求的电池性能, 特别强调重量、尺寸、可靠性和寿命等。总结了用于反简易爆炸装置的充电电池的要求, 重点强调重量和零维护的可靠性。重量轻、小尺寸、可靠的充电电池, 即密封镍镉、镍金属氢化物和镍氢电池特别适合无人驾驶交通工具的应用。确定了特别适合滑翔机应用的充电电池。

说明了用于监视、侦察和目标跟踪任务的空间军事系统的电池的要求, 重点在长寿命、不间断供电能力和免维护操作等方面。简要提及了空间温度和辐射对放电容量和电池剩余容量的影响。详细说明了在给定环境温度下, 随着存储持续时间的变化, 镍金属氢化物电池的剩余容量减少量, 用来确定电池的老化效应。剩余容量的减少量对推荐用于持续时间长、监视和侦察任务的空间应用的电池至关重要。对固定和空间应用的各种类型的燃料电池进行了讨论, 强调成本、复杂性、重量、尺寸和可靠性。低温磷酸燃料电池、高温熔融碳酸盐燃料电池、质子交换膜燃料电池和固体氧化物燃料电池最适合作为有特定任务的空基系统和卫星通信设备的动力电源。

提供了用于通信卫星的含碱性电解质的低温氢氧燃料电池的性能参数。提供了空间系统应用中随电流密度变化的氢氧燃料电池的预估路端电压和输出功率水平 [14]。对各种燃料电池的性能特点作了总结, 主要是燃料、氧化剂、电解质、温度、效率、功率输出和适合的特定应用等方面。建议高容量电池和燃料电池可应用于高输出功率为主要要求的场合。对最适合军事应用的 40 A · h 的硫化钠 Na_2S 电池的关键电气性能参数做了总结。

参考文献

[1] Kerry Langa, "What is the best type of battery?" Electronic Products (March 2011), pp.40–44.

[2] G. Pistoiria, Batteries, Operating Devices, and Systems, London: Elsevier Publishing Co.(2009), pp. 77–78.

[3] G. D. Deuchars, Aluminum-Air Batteries for Military Applications, Kingston, Ontario,Canada: Alu Power Ltd. (nd), pp. 34–35.

[4] Curtis C. Brown, Long-Life, Low-Cost, Rechargeable Ag-Zn Battery, Joplin,

MO:EaglePicher Technologies, LLC, pp. 243–246.

[5] D. G. Vutetakis and H. Wu, "The effect of charge rate and depth of discharge on the cycle life of sealed lead-acid aircraft batteries," Proceedings of the IEEE (March 1992),pp. 103–105.

[6] Stephen Kauffman and Guy Clagnon, "Thermal battery for aircraft emergency power", Proceedings of the IEEE (March 1992), pp. 227–230.

[7] P. Chenebault and J. P. Planchast, "Lithium/liquid cathode for underwater vehicles", Proceedings of the IEEE (March 1992), pp. 81–83.

[8] 8. Janer Embrel, Mark Williams et al., "Design studies for advanced thermal batteries" Proceedings of the IEEE (March 1992), pp. 231–232.

[9] D. Fauteux and B. Banmer, Recent Progress in Solid Polymer Electrolyte Technologies, Cambridge, MA: Arhur D. Little Inc.

[10] David A. Fulghum, Aviation Week and Space Technoloy (August 6, 2007).

[11] Erico Guizzo, "Gliders to gather data on ocean currents," IEEE Spectrum (September2008), p. 56.

[12] Michael J. Riezenman, "Metal fuel cells for transportation", IEEE Spectrum (June 2001), pp. 55–59.

[13] Tom Gilcrist, "Fuel cell to the fore," IEEE Spectrum (November 1998), pp. 35–40.

[14] C. Gordan Pettie, "A summary of practical fuel cell technology", Proceedings of the IEEE (May 1963), pp. 795–804.

第 8 章

低功率电池及其应用

8.1 简介

本章专门介绍应用广泛的各种商业低功率电池, 如用于相机、烟雾探测器、安全传感器、手机、家庭电话、医疗设备、小型电脑, 以及一系列其他电子元件的电池。本章讨论了低功率的消费类电子产品和设备的电池要求。重要的是要区分低功率应用的电池, 等级从纳瓦 (nW $= 10^{-9}$ W) 到毫瓦 (mW $= 10^{-3}$ W) 不等。低功率电子设备的电池等级额定功率从 $10 \sim 25$ W 不等。更明确地说, 它的低功率应用覆盖范围从手表和心脏起搏器的几个微瓦到小型机或笔记本电脑 $10 \sim 25$ W 的范围不等。某些基于纳米技术的装置或电路可能需要电功率为 $100 \sim 200$ nW。低功率的电池可存在于这两个类别中, 即一次电池和二次电池 (可充电)。一次电池或单电池的额定电流是电池容量的 1/100 A $\cdot$ h 或 $C/100$, 其中, C 代表容量, 而二次电池的额定电流为 $C/20$。

本章讨论了现有的和下一代低功率电池的能量密度、保质期和循环寿命, 以及其他关键性能参数, 对未来的各种低功率电池进行了性能展望。能量密度和循环寿命, 特别取决于应用, 将随放电率、该装置的工作电压和负载周期变化。这种能量的变化可能导致大量存在的令人困惑的性能特点结论。

电池技术和所用材料的进展已融入电子设备应用中。在这些电池的设计中结合微电子、微电机械系统 (MEMS) 和纳米技术, 可能会使能量密度、保质期、循环寿命、残余渗漏得到显著改善。最终的大小、重量、可靠性和能量密度受电池设计中使用的化学物质所限制。对低功率电池的技术文件的研究显示, 材料和包装的进步导致了旧电池的显著变化, 包括碱锰电池、镍镉 (Ni-Cd) 电池和铅酸电池。现有电池如一级和二级 (可充电) 的锂离子电池、锌空气电池 (Zn-air) 和镍镉电池已完全商业化, 以满足不断增长的能量密度需求而不会影响重量和尺寸。这种商业化给电池设计师和材料科学家带来了巨大的挑战。

低功率应用的电池的性能特点, 会有些不同于低功率电子设备所需的电池的性能特点。本章确定了这两种不同的应用采用的电池性能特征的主要区别。电池的研发和技术进展严格与电子的进展结合在一起。低功率电子应用是指微电子, 而低功率电子被称为低功率电子设备, 如光盘播放机、笔记本电脑和小型机。

8.2 低功率应用的锂离子电池的性能

锂金属被认为是用于实现高能量密度电池的最适合的材料, 因为它的低当量重量和内置的恒定电压特性。由于锂的反应活性高, 材料带来安全性关注, 可以通过使用碳质材料来消除。此外, 充电锂电池的处置, 不论容量大小, 都必须遵循行业内的指导方针和程序。

阳极、阴极和电解液对保持低功率应用的锂离子 (Li-ion) 电池的性能发挥关键作用[1]。阳极使用尖晶石 (锂钛氧化物 [$Li_4Ti_5O_{12}$]) 作为其制造材料, 因为它为电池提供了最佳的电化学性能。尖晶石被认为是复杂的化合物。该阳极可以传递一个非常高的保持容量, 超过 150 A · h/g 或 150 A · h/kg。它的质量能量密度和保持容量非常优异, 可以显著降低电池的重量和尺寸。事实上, 尖晶石基阳极被广泛用于固态、塑料、低功率应用的锂离子电池 [2]。高电位的材料, 如锰酸锂 ($LiMn_2O_4$) 和钴酸锂 ($LiCoO_2$), 用于制造阴极以提供一种工作电压为 2.5 V 的电池。特别适合低功率应用的锂离子电池使用固体电解质。由电池设计师进行的对 $LiMn_2O_4$ 的电化学性能的全面的实验室测试表明, 由这种材料制成的阴极在很宽的温度范围内 (从 $-60 \sim 80$℃) 表现出优异的稳定性。可以采用丝网印刷沉积技术, 用商业 $LiMn_2O_4$ 材料在铝箔基板上开发聚合物电极。交流电流 (AC) 阻抗法可用于评估对称聚合物电极和聚合物电解质电池的传输性质。简单地说, 固态的、塑料的锂离子电池可以采用立方尖晶石 ($Li_4Ti_5O_{12}$) 阳极电极、聚合物电解质和 $LiMn_2O_4$ 阴极电极组成的电池配置来制造。

研究锂基充电电池的材料科学家相信, 这些电池的过度充电会导致活性金属锂的沉积, 金属锂与溶剂反应可能会产生易燃的气体混合物。在极少数情况下, 过锂化的碳阳极电极可能会导致带火焰的爆炸, 导致严重的安全问题。通过以下措施可以减少这种安全问题:

- 通过引入具有更高的额定电压的阳极材料。可以在更高的电压嵌入锂的新阳极材料, 包括钴氮化物 (CoN_3)、锰氮化物 (MnN_3) 以及以低嵌入电位为特征的几种过渡金属氧化物。
- 通过使用具有较高稳定性的固体电解质。

8.2.1 锂充电电池的固体电解质的优点

使用固体电解质一般不需要额外的液体溶剂。因此, 没有蒸气压使充电电池成为特殊应用最理想的选择, 如空间飞机和卫星。

研究固体电解质的科学家认为, 聚氧化乙烯 (PEO, 又称聚环氧乙烷)、一种锂盐的化合物, 即已经过验证的无液体的固体聚合物电解质 (SPE), 由于其独特的结构, 在室温下 (27℃) 提供了重要的导电性。低功率电池设计人员认为, 一种包含在阴极电极和分隔器配方中使用两种不同聚合物的新方法, 可显著提高锂离子电池的性能。从本质上讲, 固体低分子量聚乙二醇 (PEG) 作为快离子传输基质在复合材料阴极电极中使用, 混合 PEG 的高分子量 PEO 在分隔器中使用。这种特殊的设计结构实现了高功率、固态的、在温度低至 64℃ 工作的锂基电池。这样的设备在较低温度下的电气性能仍是令人满意的, 特别是对于低功率应用。

电池的装配很简单。电池组可以通过把聚合物电极圆片夹入复合阴极和复合负极中间来组装。复合电极的直径小于 8 mm。电化学装置可以包含在聚四氟乙烯电池中。电池恒温和恒流循环在一个固定的路端电压, 范围为 $0 \sim 3.0$ V。电池包装可以做得紧凑, 最适合尺寸和重量是关键设计要求的应用。

笔者对 SPE 进行的研究表明, 聚合物电解质 PEO 表现出钛酸锂 $Li_4Ti_5O_{12}$ 阳极卓越的稳定性, 特别是在温度范围 $-60 \sim 85$℃。阳极材料在此温度范围内提供一致的相纯度。进一步的研究揭示, 使用固体高分子材料的全固态锂基电池, 用尖晶石型 $Li_4Ti_5O_{12}$ 基阳极, 锰酸锂 $LiMn_2O_4$ 阴极电极, 以及适当的混合低分子量 PEG 的材料作为隔板材料, 将提供电池优良的电化学性能。进一步的研究表明, 这种特殊的设计结构特别适合于高功率、工作温度低至 -60℃ 的固态锂基电池。固态复合电池使用玻璃纤维隔板、不锈钢作为集电体和聚合物电解质, 已经证明即使在低至 −55℃ 的温度, 总体性能也令人满意。

电池组装是通过将高分子电解质夹入复合阴极和复合阳极电极之间完成的。电极的直径可以小于 0.08 mm。电化学现象完全包含在聚四氟乙烯塑料材料制成的单电池中。电池以最小的重量和尺寸被组装在最紧凑的包装中。

尖晶石钛酸锂 $Li_4Ti_5O_{12}$ 材料的光谱纯度非常重要。材料科学家们已经证实由八面体晶格的对称和非对称伸缩振动产生的两种广谱频带的存在。材料科学家也证实了正常尖晶石的存在。此外, 典型的二氧化钛 (TiO_2) 缺乏吸收波段, 是尖晶石 ($Li_4Ti_5O_{12}$) 材料的相纯度的一个明确的指示。

8.2.2 电池材料的总电导率

锂基电池的性能依赖于锂离子电池所使用的复合材料的总电导率。复合材料的总电导率可通过阻抗测量获得 [1]。材料科学家认为传导机制严格遵守 Arrhenius 定律, 表示为

$$\mathrm{Ln}(\sigma T) = [\mathrm{Ln}(\sigma_0) - E_a/\mathrm{kT}] \tag{8.1}$$

式中: σ 是电导率 ($\mathrm{S \cdot cm^{-1}}$); T 是绝对温度 (K), σ_0 是在零度 (K) 电导率, k 是玻耳兹曼常数 (eV/K); Ea 是活化能, 等于 0.51 eV/mol。

在 25℃ 的电导率外推值约 $10^{-9}\ \mathrm{S \cdot cm^{-1}}$。

笔者已经使用了从作为温度倒数的函数的钛酸锂材料的总电导率的对数图中获得的参数信息。作为温度倒数 ($1000/T$)、绝对温度 (T) 和标准环境温度 (t℃) 的函数的总电导率值总结于表 8.1 中。

表中的数据表明, 环境温度 25℃ 的总电导率约等于 $10^{-10} \times 3.35\ \mathrm{S \cdot cm^{-1}}$, 略优于 $10^{-9}\ \mathrm{S \cdot cm^{-1}}$。此外, 60℃ 的总电导率估计优于 $10^{-8}\ \mathrm{S \cdot cm^{-1}}$。从这些数据明显看出, 在较低的工作温度下总电导率有所改善。

《固态离子学》[1] 的作者有说服力地说明了全固态、塑料、锂离子电池的性能和根据循环数目变化的 $Li_4Ti_5O_{12}$ 电池和 $LiMn_2O_4$ 电池的循环性能。非常适合低功率应用的电池复合结构由 $Li_4Ti_5O_{12}$ 阳极电极、高分子电解质和 $LiMn_2O_4$ 阴极电极组成。SPE 可以作为这些电池的分离器。全固态、塑料、锂离子电池的性能和电池在 20℃ 的循环行为, 可简要概括如下:

表 8.1 作为绝对温度与标准温度函数的总电导率

总电导率/$(S\cdot cm^{-1})$	$1000/T$	T/K	t/℃	电导率值/$(S\cdot cm^{-1})$
10^{-1}	1.18	847	847	$10^{-4}\times 1.18$
10^{-2}	1.58	633	360	$10^{-5}\times 1.58$
10^{-3}	1.95	513	240	$10^{-6}\times 1.95$
10^{-4}	2.33	429	156	$10^{-7}\times 2.33$
10^{-5}	2.73	366	93	$10^{-8}\times 2.73$
10^{-6}	3.15	317	44	$10^{-9}\times 3.15$
10^{-7}	3.35	298	25	$10^{-10}\times 3.35$
10^{-8}	3.60	278	5	$10^{-11}\times 3.60$

- $Li_4Ti_5O_{12}$ 电池在整个循环比容量优于 150 mA · h/g, 范围从 0 到 100 个循环。$LiMn_2O_4$ 在整个周期范围内比容量约 100 ~ 110 A · h/g。
- 电池表现出非常低的能量, 100 次循环后甚至衰减, 这意味着电池有较长的存储持续时间和较长的工作寿命。
- $Li_4Ti_5O_{12}$ 电极对微型电池应用最理想, 紧凑的尺寸和最小重量的是主要要求。
- $Li_4Ti_5O_{12}$ 材料优异的循环性能是由于尖晶石框架的稳定性和循环时的最小扩张。
- 如果储存在高温下, 电池的性能可能会受到不利影响。
- 与电荷转移电阻 (R_{ct}) 相比, 聚合物电解质的离子电阻相对较低。两个电阻值随着温度的升高而降低。但 R_{ct} 值仍然很高, 因为钛酸锂的导电性差, 在室温 25℃ 约 10^{-9} $S\cdot cm^{-1}$, 如表 8.1 中所列。
- 电池的高总电阻值, 表明该设备只能在非常低的电流下放电, 从而限制它仅适用于低功率应用或微型电池。
- 聚合物微型电池在 20℃ 的循环测试数据表明, 电池容量降低至 55 mA · h/cm^2。然而, 在以 C/rate 表示的放电过程中, 电池表现出比容量在 70 mA · h/g 左右。
- 一个 $Li_4Ti_5O_{12}$ 基电极以 $C/25$ 速率循环表现出的比容量高于 150 mA · h/g。
- 由这些电池设计师收集的初步实验数据表明, 在室温下电池的性能不是很优异, 因为聚合物电解质的传输限制。然而, 制作薄膜电极的可行性将促进各种应用的微型电池的设计和开发。
- 使用 $Li_4Ti_5O_{12}$ 阳极、$LiMn_2O_4$ 阴极和聚合物作为分隔器的下一代电池, 必须减少电荷转移电阻, 以提高电池的性能, 特别是在室温下。

- 下一代的电池必须做出极大的努力为这种电池制造薄电极, 为一系列商业应用达到优于 160 mA · h/g 的比容量。

8.3 低功率电子设备的电池

低功率电池技术的发展和进步与电子学紧密联系在一起 [2]。换句话说, 电池的发展严格依赖于电子电路技术的进步。电池的主要改进, 包括能量密度、可靠性、保质期、寿命, 已经在真空管技术到晶体管技术到微电路技术范围出现。与电子电路和设备的进步相比, 电池技术的进展相当缓慢。这是真实的, 尤其是工作在 2.5 ~ 3.0 V 范围内的锂基电池。早期的电化学装置, 例如碳锌 (C-Zn)、锌空气、碱性、镍镉 (Ni-Cd) 和铅酸继续随时间改进, 并保持使用它们的电子设备的市场份额。对主要锂电池的全面考查显示, 当为了更高的工作电压、更高的可靠性和卓越的保质期, 设计和开发了新的电子电路时, 它们就以极快的速度增长。例如, $LiMnO_2$ 电池目前占商业市场的主导地位, 因为与锂离子电池相比, 成本较低, 安全性较高。

二次电池或充电电池的市场需求和调查似乎表明, 两个电池系统, 即锂离子和镍金属氢化物 (Ni-MH), 以一个非常快的速度在增长, 以响应对环境的关注和能量密度更高的要求。此外, 其他的充电电池, 如锌空气和带 SPE 设备的锂电池目前仍在商业生产中。这种装置可用于更高的能量密度、更长的使用寿命和更高的可靠性要求至关重要的特定应用。

严格的环保法规和准则对电池的使用和处置有很大的影响, 使得在处置前可反复充电几次的二次电池获得了更大的关注。汞和其他有毒物质已被禁止在电池中使用, 因为健康原因和严格的处置指导方针。

本节讨论了当前和新兴的电池设备, 重点放在质量能量密度、循环寿命、保质期和其他关键的电池特点。质量能量密度和循环寿命特别依赖于应用, 将随该装置的放电速率、占空比和工作电压而不同。

8.3.1 材料和包装技术对电池性能的影响

性能、电池容量和能量密度受电池系统化学性质、最新的制造材料的使用和包装技术的限制。电池材料和包装技术的进步使得旧型电池有了显著的进步和变化, 如碱锰、Leclanche(勒克朗歇电池)、镍镉和铅酸电池。新的电池系统, 即一次电池和二次锂, 锌空气、镍金属氢化物 (Ni-MH) 电池, 已经商业化, 以满足更高的能量密度要求。低功率应用通常被认为是用来覆盖功率范围从几毫瓦的钟表、电子玩具、电动牙刷、节电器、烟雾探测器、红外摄像机、手机到几十瓦的心脏起搏器装置、超小笔记本电脑和其他需要功率水平在指定范围内的电气设备。

低功率应用的电池特性包括每单位重量的能量和输出功率, 以满足一般的便携性要求。对许多便携式设备每单位体积的能量和功率输出更为关键。电池设计师声称, 随着输出电流的增加, 电池提供的能量会减少。特定的设备提供的能量严格依赖于电力撤回的速率。此外, 电池的能量输出和功率输出也受到装置制造所使用的材料、电池的大小和最高占空比的影响。当以特定的速率放电到一个特定的电压截止值时, 电池制造商用安培 · 小时或瓦特 · 小时评价一个给定的单电池或电池组的容量。电池工程师经常选择放电率、频率和截止电压来模拟一个特定的设备应用, 诸如相机、烟雾检测器或安全警报装置。

至于评级的基础, 一般情况下, 原电池或电池组评级的电流水平是容量的 1/100 ($C/100$), 以安培 · 小时表示, 而二次或充电电池或电池组严格按容量的 1/20 ($C/20$) 评级。

8.3.2 用来定义电池的性能参数的术语表

本节定义了用于规定电池的性能参数的术语表。有意要参与电动汽车 (EV) 和混合动力电动汽车 (HEV) 的新一代电池的设计和开发的设计师应熟悉这些术语。

- 额定电流或 C 率: 放电或充电电流由电池的安培 · 小时容量表示。C 率的倍数或分数用于指定较高或较低的电流, 如 $2C$ 或 $C/10$, 其中, C 代表充电。
- 质量能量密度: 电池的标称能量含量由每升瓦时或每千克瓦时表示。有时也称为比能量参数。
- 循环寿命: 循环寿命是最重要的性能参数, 被定义为在一个特定应用中电池的额定容量下降到初始容量的 80% 之前充电或二次电池提供的循环次数。
- 功率密度: 电池提供的电能, 以瓦/升 (瓦每升) 表示。
- 额定容量: 在特定的放电率下电池提供的标称容量, 二次电池为 $C/10$, 原电池为 $C/100$。特别用于计算能量密度。

- 比能量: 电池标称能量, 以瓦时/千克表示。
- 自放电: 充电电池或二次电池的容量损失, 以给定温度下每月损失的额定容量的百分比表示。
- 嵌入电极: 一个固体电极, 在工作时储存和释放离子和电子。离子被插入或放入基质材料的晶面之间, 例如, 钛硫化物 (TiS_2) 阴极在放电期间接受锂离子和电子, 并在充电时释放它们。而碳阳极在充电周期存储锂离子和电子, 在放电循环期间释放它们。
- 金属氢化物: 氢离子和电子或氢结合到金属中的结果。它用来描述金属氢化物电池的阳极。
- 固体聚合物电解质 (SEP): 聚合物 (如聚环氧乙烷) 与盐的组合, 形成固体材料传导离子而不是电子。这也被用来描述含有机溶剂的化学混合物。
- 溶剂: 一种溶液或液体物质, 能够溶解或分散一种或多种其他的化学物质。
- 固体电解质: 最适合航天器和卫星应用的电池和燃料电池的, 最有效和高度可靠的电解质。
- 聚乙烯氧化物 (PEO): 一种锂盐的复合物, 已被确认为一种无液体的固体聚合物电解质 (SEP)。由于其独特的结构, SPE 的电导率只有在高于室温时可测。据材料科学家称, 这种材料最适合作为 PEO 基聚合物电解质中的正极。在工作温度范围 $-60 \sim 80$℃ 会产生特殊的电极稳定性。

8.3.3 低功率电子设备应用的电池的制造

电池组或电池的制作确定设备的功能和花费多少钱来构建它。用水性电解质的几个原电池似乎使用一个单一电极平行布置或同心配置。这种类型的电池的具体结构包括圆柱形或筒管、按钮型和硬币型。小型二次电池使用卷绕或胶卷的结构, 其中细长的电极卷绕成圆筒形, 放置在一个金属壳体或容器中。这种特殊的电池结构产生更高的功率密度, 但它同时降低能量密度和显著提高制造成本。因为使用具有低导电性的电解质, 锂原电池采用卷绕结构配置, 以提供更高的放电率。然而, 越来越多的一级和二级电池制造成棱柱形和薄的、扁平结构, 以使电池的尺寸保持最小。笔者对潜在的形状因素进行的研究似乎表明, 棱柱状和薄的外形尺寸允许更好地利用电池的可用体积, 但这样的形状因素通常会产生较低的能量密度。

笔者建议根据能量密度、制造成本、设备体积对潜在的形状因素采取折中的研究。为一个特定的形状因子优化的形状因子，对另一个形状因子不一定是最优的。

8.3.4 低功率应用的各种一级和二级电池的性能和局限

8.3.4.1 碳锌原电池

根据一项市场调查，C-Zn 原电池在全球市场继续处于主导地位。它们被广泛地用于大多数需要功率范围约 50 mW ~ 15 W 的电气和电子设备。C-Zn 原电池广泛使用，是因为它们非常可靠的性能、改进的和增强的储存寿命，并显著减少的渗漏量。

这些电池使用锌阳极、二氧化锰阴极和氯化铵电解液。高等级容量的电池使用复杂的电解质，由二氧化锰电解质和氯化锌电解液组成，它提供了高等级容量和显著改善的可靠性。电池的主要标准尺寸为 D、C 和 AA 配置。这些配置的 C-Zn 电池因为其良好的电气性能、较低的成本和可靠性在全世界广泛使用。这种电池在美国、欧洲、日本、中国和其他国家制造。仅中国就因为国内需求生产了超过 70 亿的 C-Zn 电池。Leclanché 和氯化锌在全球最流行，因为它们能够满足几种电子设备的动力需求，对这些电子设备来说，成本和快速可用性是最迫切的要求。较旧的 C-Zn 系电池可能会停产或降低这些电池的生产速率，因为具有更好性能的新型电池已可用于新的应用。

环境的压力，不仅要求移除汞，还包括锌罐中的镉和铅。几十年前，加利福尼亚州宣布禁止出售含汞的碳锌和碱性电池。电池中汞的使用限制消除了回收需求，从而消除了存储和运输问题。换言之，限制锌的使用，加上去除汞的需求将有利于高级电池出售。从电池去除汞也会在高电流水平降低性能。解决这些问题的另一种方法是，在这类应用中使用碱性电池。C-Zn 电池被认为不适合某些电子设备，如光盘播放机、自动相机、闪光灯和某些玩具，因为它们不能满足操作这些设备的功率要求。

8.3.4.2 碱锰电池

碱性电池的增长完全是由于功率降低的需求。碳锌电池还不能满足光盘播放机、自动相机、相机的闪光灯组件、玩具以及新开发的电动机、显示器和电子设备的能量要求。然而，这些设备的功率要求，可以用碱锰充电电池来满足。

碱性电池的性能在 1988 年左右进行了主要改进,引进塑料标签的构造特点,代替了包裹电池体的绝缘管和钢外套。电池设计师称,采用该绝缘塑料标签提供了 15% ~ 20% 的内部容积的增加,这允许更多的空间用于增强性能所需的活性物质。材料科学家认为,使用先进材料和模块构造的改进表现出电池容量的显著改善。

8.4 锂原电池的性能

本节简要介绍锂原电池,重点是它们的功能和局限。大多数锂基电池的设计是额定值 3V,但它们可设计为其他电压额定值。锂电池已经获得了普及,尤其是在过去的 10 年。这是因为锂是最轻的金属,密度等于 5.34 g/cm^3。此外,锂离子电池在容量、宽温度范围的可靠性、寿命、超过 15 年的长期存储方面有显著的改善。锂离子电池已经成为电池设计师的一种流行的选择,因为它们最适合以最小重量和尺寸达到高功率和能量密度的要求的工作。由于这些性能,锂电池被广泛应用于重量和尺寸至关重要的消费类电子产品。较大的锂电池,广泛应用于高功率和能量密度是主要要求的商业应用。

锂电池的大规模生产大约在 30 年前由日本开始。大多数低容量锂基硬币电池制造于约 20 年前的日本、德国、法国和美国,而随着它们应用的增长,出现了高容量圆柱结构的锂电池。大多数锂基电池工作在 3 V。额定电压较高的充电式锂电池在市场上用于需要较高的能量容量的特定应用。锂电池具有几个鲜明的特点,如更高的能量密度、更长的工作寿命、在很宽的温度范围内出色的电气性能、超长保质期。锂电池的应用调查表明,除了锰酸锂 $LiMn_2O_4$ 电池外,这些电池最适合中高功率应用。接下来的章节描述了各种锂电池的性能和局限性。

8.4.1 锂碘电池

锂碘电池 ($Li\text{-}I_2$) 一直用于心脏起搏器超过 25 年。这些电池提供非常高的能量密度,但它们功率低。$Li\text{-}I_2$ 电池的设计者使用低导电性的固态电极,限制电流水平到几微安,并保持输出功率水平到最低限度。材料科学家称,随着电池和定速器技术的发展,可靠运行 10 ~ 15 年是可以预见的。使用锂银氧化钒 ($Li\text{-}AgVO_2$) 技术的更高功率的植入电池,目前为定速装置供电,这种装置也为便携式自动除颤应用供电。这种自动便携式除颤设备提供了在医疗紧急情况下最可靠、最快速的医疗服务。

8.4.2 $LiMnO_2$ 电池

$LiMnO_2$ 电池是最受欢迎的锂电池，它在全世界范围内有超过 14 个制造商。单电池可在很宽的尺寸、形状和容量范围内。这种电池的结构特点类型包括硬币形、圆柱形筒管、圆柱形卷、圆柱 D 型电池结构和棱柱形。市售 $LiMn_2O_4$ 充电电池的性能特征总结在表 8.2。

表 8.2 不同结构特点和设计配置的锂二氧化锰电池的性能

性能参数	锂锰二氧化物电池结构特点				
	硬币	圆柱形卷	圆柱型筒管	高速 D 电池	扁平
额定电压/V	3	3	3	3	3.6
容量/(mA · h/电池)	30 ~ 1000	160 ~ 1300	65 ~ 5000	10000	150 ~ 1400
额定电流等级/mA	0.5 ~ 7	20 ~ 1200	4 ~ 10	2500	20 ~ 125
脉冲电流/mA	5 ~ 20	80 ~ 5000	60 ~ 200	N/A	N/A
容积能量密度/(W · h/L)	500	500	620	575	290

(资料来源: Powers, R., “Batteries for low power electronics,” IEEE 会议, © 1995 IEEE, 已获授权)

锰酸锂电池的亮点可以概括如下 [3]:

- 工作温度范围 −20 ~ 60℃。
- 质量能量密度为 300 ~ 430 W · h/kg。
- 主要优点是成本低、操作安全。
- 主要的缺点是质量能量密度低。
- 典型的应用包括消费型电子设备、军用通信设备、交通运输、自动抄表、医疗除颤器和存储器备份。

8.4.3 锂碳氟化物电池

锂碳氟化物电池 ($LI\text{-}CF_X$) 提供了卓越的性能，质量能量密度为 500 ~ 700 W · h/kg 或容积能量密度为 700 ~ 1000 W · h/L，宽工作温度范围 −60 ~ 160℃。其主要性能和潜在应用可以概括如下。

- 高能量和功率密度。
- 保质期和工作寿命长。
- 很宽的工作温度范围。
- 便携式电子设备由低到高的放电速率。
- 潜在的应用包括军事搜索和救援通信设备、一些工业系统和交通系统。

- LiCFx 长期存储能力超过 15 年, 可靠性高, 工作温度范围宽为 −60℃~160℃。
- 在室温 (27℃) 实时存储 15 年, 容量损失小于 5% 的表现令人印象深刻。
- 这种电池的额定电压为 2.5 V。
- 专利表明, 一种改进了电解液、分隔膜、密封的 CFx 纽扣单电池的电池类型表现出在接近 125℃ 时令人满意的工作性能, 这非常了不起。
- 下一代 LiCFx 电池采用了包含一种特殊添加导电剂和化学黏合剂的复合正极材料。电池设计师声称, 初始放电的电压降显著降低, 提高了能量密度, 运行电压更高, 并提高了放电率上限。这个全新设计的电池的潜在应用包括医疗设备、电子产品、航空航天传感器、军用导弹。电池设计师声称, 预计这些新设计的使用复合材料阴极的电池成本小于现有的 LiCFx 电池。

8.4.4 锂硫二氧化物电池

锂硫二氧化物 ($LiSO_2$) 电池提供的质量能量密度适中, 介于 240 ~ 315 W · h/kg 之间, 超宽的工作温度范围从 −55 ~ 70℃。由于其超低的工作温度能力, 这种电池特别适合用于军事和航空通信系统。它的主要优点是成本低、高脉冲功率容量、温度低, 但它有钝化作用。高持续放电的安全问题是可见的, 这可能会导致过热和压力积聚。这种电池也产生有毒废物, 必须间或去除。这种电池的维护问题, 使其不能部署在长期的航天任务中。这种特殊的包含容量更大的单电池的电池组特别适合用于军事通信设备。根据现有的公开报告, 没有商业应用的 $LiSO_2$ 电池。这种电池的突出特点可以概括如下。

- 使用液体阴极如二氧化硫的锂电池, 提供更高的能量密度, 改进的速率能力, 并且与固体电解质相比, 增强了低温性能。
- 由于阴极材料也是电解质, 包装效率将远高于固体阴极。
- 液体阴极已经表现出改善的电化学动力学。
- 由于大面积电池的一些固有的可靠性问题, 这种电池的商业市场限制在小面积 $LiSO_2$ 电池上。
- 大面积电池被军事系统使用。
- 美国交通部限制普通装运电池的锂小于 1g, 以避免安全问题。1g 锂等于 3.86 A · h 容量评级。

- 大量的锂电池的处置是一个问题。

8.4.5 锂亚硫酰氯电池

锂亚硫酰氯电池 ($Li\text{-}SOCl_2$) 最适合军事和交通应用, 因为它的高能量密度和很宽的工作温度范围 ($-55 \sim 150$℃)。它的主要优点和缺点如表 8.3 所列。

表 8.3 锂基原电池的性能特点

性能特征	锂基电池			
	$Li\text{-}MnO_2$	$Li\text{-}SO_2$	$Li\text{-}SOCl_2$	$LiCF_x$
质量能量密度/(W · h/kg)	300 ~ 430	240 ~ 315	500 ~ 700	500 ~ 700
容积能量密度/(W · h/L)	500 ~ 650	350 ~ 450	600 ~ 900	700 ~ 900
工作温度范围/℃	−20 ~ 60	−55 ~ 70	−55 ~ 150	−60 ~ 160
保存限期/年	6 ~ 12	14	16 ~ 20	15 ~ 18
环境影响	中	高	高	中
相关性能/价格	合理	好	合理	好

- 高的质量能量密度: 500 ~ 700 W · h/kg。
- 宽的工作温度能力: −55 ~ 150℃。
- 高容积能量密度: 600 ~ 900 W · h/L。
- 高脉冲功率容量。
- 长工作寿命和保质期。
- 可靠性受有毒废物的产生的影响。
- 有钝化作用。
- 安全问题是可见的, 特别是在高持续放电期间, 会导致压力累积, 并产生有毒废物。
- 它的典型应用包括商业和消费型电子设备和元件、军用通信设备、交通运输、存储备份和自动抄表。
- 这种类型的电池的重量和尺寸是至关重要的, 尤其是需要多个电池为特定的应用提供足够的能量时。

锂原电池的重要性能特征简要总结于表 8.3 中。

8.4.6 锂硫化亚铁 ($Li-FeS_2$) 电池

1992 年左右, 硫化亚铁锂 ($Li-FeS_2$)AA 电池在市场上首次推出。这种电池在加拿大、日本和欧洲国家非常普遍。1.5 V 电池、卷绕型结构特点, 是针对高速率、高截止电压的光电应用, 如光盘播放机、手机、闪光灯和小型机。在这样的应用中, 它提供了 3 倍的碱性维护到高电压端点, 但它不适合用于低截止电压器件。

8.4.7 关于锂电池的结论

本节提供了对锂原电池的评价结论, 尤其是能量密度、容量、功率密度、温度对电池性能的影响、保质期、安全性和可靠性、电池对环境的影响、价格与性能比 [3]。每项总结如下。

- 能量密度: 电池的重量和大小至关重要, 特别是在航空航天、军工、航天器的应用时, 需要多个电池模块以在需要的服务期限满足输出功率水平的要求。LiCFx 电池在质量和容积能量密度上有明显的优势。
- 功率密度: 电池的总容量由其功率密度表征, 它随着特定应用所需的电流水平而变化。在某些应用中, 功率密度的变化是与电池形状因素有关。必须在包含某个应用的特定情况下进行性能比较。电池的定制发生在制造阶段, 通过改变在原子水平上将氟引入碳结构的方式。电池的定制是一个复杂而繁琐的过程。
- 工作温度: 工作温度范围一般不是一个典型应用的重要因素, 因为所有的 4 种锂电池 (见表 8.3) 工作在一个相当宽的温度范围内, $Li-SOCl_2$ 和 Li-CFx 电池, 表现出最佳的性能特点。只有一种电池, $LiMn_2O_4$, 不能在低于 −20℃ 下可靠运行。这意味着, 这种特定的电池不适合在寒冷的环境中工作。
- 安全性: 使用液体或气体材料的阴极或电解液, 可以在电池部署时提高安全性和可靠性关注。最糟糕的电池选择是 $LiSO_2$ 和 $Li-SOCl_2$, 它们都需要使用加压罐或外壳, 因为会破裂和通气或泄漏腐蚀性和有毒气体。采用压力罐保证了设备和在附近工作人员的安全。
- 保质期: 保质期对于在存储过程中需要一个装置来提供足够的安全性, 以保护它的结构元件的应用是非常重要的。保质期对于公众安全、搜索和救援行动以及某些医疗设备尤其重要。总结在表 8.3 中的 4 种不同的锂基电池提供足够的保质期, 其中 $Li-SOCl_2$ 电池展示了最长的保质期。

- 对环境的影响: 在对制造工艺的综合考查基础上, 可以说, 所有的锂电池的制造都有一些相当毒性和危险的化学物质, 在其存储或制造或处置不当时会对环境有不利影响。根据材料科学家所说, 最坏的影响者包括 $LiSO_2$ 和 Li-$SOCl_2$, 因为两者都含有有毒的化学物质, 可毒害地下水使其不能饮用。电池制造企业附近一般会发现有毒化学品。
- 价格性能比较: 很难对电池的价格和性能进行一个有意义的比较, 因为有诸多因素影响电池性能。Li-CFx 电池系统有一些显著的优势超过所有其他类型的原电池系统。然而, 它的主要缺点是成本较高。但是当这种电池系统的需求增加时, 其成本肯定会下降。成本降低依赖于电池在各种商业和工业中的应用。电池性能的提高严格基于其高能量和功率密度容量。根据电池设计, LiCFx 电池在所有的替代系统中提供了最佳的价格性能比。电池设计师们希望, 随着制造成本的降低, 电池化学和技术的进步, 以及使用数量的增加, 这种特殊的电池系统的价格性能比预期会有显著改善。只有时间和对这种电池的大量需求才能决定这种电池系统的价格性能比。

8.5 小型充电电池或二次电池的应用

迄今为止, 已经重点描述了锂基原电池的性能特点以及它们的各种应用。本节侧重于小型二次或充电电池的性能和应用。发布的报告显示, 由于手机、摄录机、小型机和电子娱乐设备应用的爆炸式增长, 小型充电电池市场在过去的 20 年间已经经历了超过 23% 的增长。这些设备需要比原电池提供更多的能量消耗。这些设备正在经历快速增长, 可由锂离子电池、镍金属氢化物 (Ni-MH)、密封镍镉电池 (S-Ni-Cd) 和锂聚合物电解质充电电池来满足。这些电池有不同的尺寸和各种额定功率。以下各节简要介绍这种电池的性能和应用。

8.5.1 密封铅酸电池

在过去的 2 个世纪中, 铅酸电池已经在各种应用中使用。这些电池最具成本效益, 可多次充电, 并已被广泛地使用在汽车和卡车上, 作为应急电源。这些电池比较重, 需要较长的时间进行充电。

在一些应用中, 必须使用密封铅酸电池 (SLAB), 其安全性、可靠性和长使用寿命是重要的设计考虑因素。这些电池以各种尺寸和形状制造, 容量范围为 1 ~ 2 A · h。这些 SLAB 提供 200 多循环, 放电时间1 h。这种大型的电池可用于笔记本电脑或小型机。SLAB 具有以下优点:

- 初始成本低;
- 低自放电;
- 可靠性和安全性;
- 优异的额定容量;
- 圆柱形结构的小电池。

8.5.2 小型锂离子充电电池

小型可充电锂离子电池特别适合为笔记本电脑、手机和某些电源要求与这种电池兼容的电子设备供电。这些装置需要比第 8.4 节中所描述的原电池或单电池提供的更多的电力。在过去的 30 年左右, 设计和开发了一些使用固体锂阳极、液体有机电解质和复合氧化物组成的阴极的锂离子充电电池。某些型号的锂离子充电电池因为安全性和循环寿命的问题被停用。

采用仅在充电时存储电子和锂离子, 在放电时释放它们的碳材料取代固体锂阳极。这种电池设计中阴极采用了大量的氧化物, 也可以在放电时存储电子和锂离子, 充电时释放它们。这种特殊的电池设计已显示出超过 1200 次的循环寿命, 没有安全性和可靠性问题。因为这个特殊的电池设计不包含锂金属, 它是严格的航运法规豁免的。

1995 年日本已经安装一套生产设施, 规模化生产电池的能力为 8000万, 生产实用的以 $LiCoO_2$ 作为阴极的充电电池。这些充电电池的额定电压为 3.6 V, 并已证明容积能量密度超过 350 W · h/L。随着碳阳极、电解质和阴极材料的改进, 已观察到性能的改善。电池科学家在降低成本和减少对环境影响的基础上, 可能使用镍和锰的锂氧化物。

8.5.3 S-Ni-Cd 充电电池

在 20 世纪 50 年代初首次在欧洲设计和开发了 S-Ni-Cd 充电电池。1994 年全球生产的 S-Ni-Cd 充电电池增加到超过 10 亿台。这种电池的生产仍在继续。在过去的 20 年中在能量密度、容量、电极改善和包装技术等主要方面做了改进。典型的一节 AA 电池的容量超过 900 mA · h。这些电池的改进是由于使用高孔隙率的镍泡沫取代了传统的烧结镍作为活性材料、电荷保持和消除记忆效应的载体。S-Ni-Cd 电池提供 10 min 或更少的高放电速率, 能够承受过度充电和充电不足的条件。所有在 S-Ni-Cd 电池中发生的化学反应如图 8.1 所示。在正电极和负电极发生的化学反应分别标注在图 8.1 中的左右两侧。

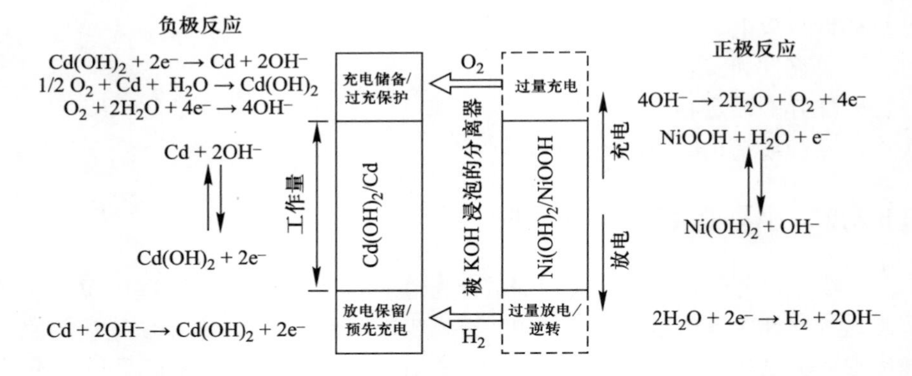

图 8.1 在密封的镍镉电池单元中发生的所有化学反应

这种电池的设计受镉的毒性影响, 因此, 制造商和用户必须遵守各自政府建立的运输和处置的指导原则。各个国家的 S-Ni-Cd 充电电池的处置和运输的法规和指南会随提议进行修改。这种电池的亮点如下。

- 化学反应决定了电池容量。
- NiOOH 到 $Ni(OH)_2$ 的逆向减少包含氢离子嵌入到前者的层状结构生成固溶体。此过程有利于电极的长期的可逆性。
- 在一个 S-Ni-Cd 电池中, 在过度充电过程中存在正极产生的氧的再结合。
- 在这个特定的电池中, 负级到正级的容量比通常是在 $1.5 \sim 2.0$ 之间。
- 此电池的过充电保护是正极容量的 30% 左右, 放电储备在 $15\% \sim 20\%$ 之间。
- 正极的结构至关重要, 因为它决定了电池的性能。

8.5.4 镍金属氢化物充电电池

镍金属氢化物 (Ni-MH) 电池首次出现于 1993 年, 自那时以来, 它一直以每年 20% 的惊人速度增长。镍镉电池的镉电极被一个复杂的合金替换, 该合金充电时吸收氢, 放电时释放氢。氢化物阳极的工作电压与镍镉电池类似, 因此, 这些电池之间的完全交换是可能的。此外, 对镉的环境关注在镍金属氢化物电池中完全消除。在该电池的设计配置中, 在同样大小的 AA 电池中氢化物电极提供了超过 1400 mA · h 等级的更多的容量,而采用最新的阳极和阴极材料和先进的电池技术, 它已被提升到了超过 1700 mA · h。该电池的自放电率比镍镉电池略高。此外, 比率容量和低温性能差。正确的充电似乎更重要。智能充电器芯片被直接集成到电池包中控制充电和监测自放电。目前, 高功率镍金属氢化物电池已被用到电动和混合动力电动车上, 如丰田的普锐斯, 因为它们已经证明特别适合这种应用。

氢化物合金有两种类型, 即 AB_5 型、AB_2 型。前者的设计是基于稀土材料与镍的结合, 这种合金在小型密封电池中广泛使用。AB_2 是基于钛、钒和镍的复杂合金, 这个特殊的合金最适合用在大型电动汽车和卡车的电池上。目前, 根据电动汽车的大小, 这些充电电池的成本为 15000 ~ 20000 美元。电池已经表现出了超过 15 年的使用寿命。这样的电池组或电池不属于 "小型二次或充电电池" 类别, 但 AA 大小的电池, 接近 1400 mA · h 的评级, 属于 "小型二次电池"。

8.5.5 锂聚合物电解质电池

几十年前, 电池设计师预测, 使用固体聚合物作为电解质的充电锂电池将产生更好的电气性能, 并且制造成本会合理降低。但是, 电池的设计师后来意识到, 使用 SPE 开发一种充电电池并不容易, 因为对潜在的 SPE 材料的重要特性不完全清楚[2]。材料科学家认为, 这种方法的优点包括使用网络设备高速生产、柔性薄膜电池、外形尺寸、保质期、能量密度。尽管全面的研究和开发活动进行了约 15 年, 仍没有采用固体电解质的商用电池研制成功。主要问题之一是, 大多数固体电解质在室温 (27℃) 的电导率非常低 (10^{-6} S · cm^{-1})。此导电性问题可以通过使用薄的电解质层部分解决, 但是, 任何合理的电流水平都需要超过 60℃ 的操作温度。克服这个问题的另一种方法是, 在聚合物中添加有机溶剂。此方法将含溶剂的固体电解质的导电性减少到可接受的水平 (0.001 Scm^{-1})。但是, 这种方法减少了循环寿命, 此外, 它还引入了与液体电解质相关联的安全问题。

材料科学家们已经设计了一种新技术来解决此问题。所提供的技术将锂离子电池的电极与高导电聚合物结合。一些材料科学家通过使用碳阳极和带专用电解质的锂锰氧化物, 已经解决了突出问题。使用这种技术的电池设计师成功地实现了初始能量密度略高于 200 W · h/L。材料科学家后来获得的能量密度接近 400 W · h/L。使用这种技术的电池为各种应用生产。2005 年左右, 进行了使用纯聚合物和固体锂的设计和开发工作。对这些电池进行测试的结果如此喜出望外, 以致这些装置被推荐为电动汽车和混合动力电动汽车使用。循环寿命和制造成本的数据不容易获得。这样的电池或电池组不属于 “小型充电电池” 的范畴。但这种聚合物电解质技术可用于 AA 或硬币型小型充电电池的制造。典型的 AA 小型充电或二次电池, 如 Li 离子 (CoO_2), 锂聚合物 (E) 和 $LiMnO_2$ 装置的性能特点总结于表 8.4。

表 8.4 AA 尺寸的小型充电电池的典型性能特点

性能特征	小型 AA 充电电池类型				
	Ni-Cd	Ni-MH	Li 离子 (CoO_2)	Li 聚合物 (E)	$LiMnO_2$
额定电压/V	1.2	1.2	3.6	2.5	3.0
额定容量/(mA · h)	1000	1200	500	450	800
充电率	$10C$	$2C$	C	$C/2$	$C/2$
容积能量密度/(W · h/L)	150	175	225	200	280
质量能量密度/(W · h/kg)	60	65	90	110	130
循环寿命 (循环)	1000	1200	500	200	280
每月储存损耗/%	15	20	8	1	1

锰酸锂电池被认为是原电池。它们表现出超过碱性电池的很高的能量密度和功率密度, 出色的存储寿命, 自放电率每年小于 0.5%, 在工作温度范围从 −40℃ ∼ +60℃ 的平稳的放电特性。它们最适合用于心脏起搏器和消费类产品, 如互补型金属氧化物半导体 (CMOS) 存储设备、数码相机、便携式电动工具、重型手电筒、手表以及其他需要最小的重量和大小的商业产品。这些电池有纽扣和圆柱外形。

表 8.4 的实验数据显示, 镍金属氢化物电池的储存损失非常高 (20%), 这意味着这些电池需要更频繁的充电。其中 AA 充电电池、锂聚合物 (E) 和 $LiMnO_2$ 装置似乎保持电容量更长的时间, 因为它们的储存损失或每月的自放电损失较低。镍镉和镍金属氢化物电池都有记忆损失。电池的用户和设计者应考虑以下几点:

- 锂离子装置本质上是安全的, 因为它们不含有金属锂。
- 锂聚合物电池含有金属锂, 并要求符合当局的处置和储存要求以保证安全。
- 镍镉和镍金属氢化物充电电池有记忆效应。
- 锂聚合物充电电池自放电量最低 (每月少于 1%)。
- 固体聚合物作为电解液和分隔器增强了电池的比能量容量。大多数合适的固体聚合物在室温下的离子电导率较低, 范围为 $10^{-8} \sim 10^{-6}\mathrm{S \cdot cm^{-1}}$。必须考查潜在的锂盐、有机溶剂和其他掺杂剂, 以将在室温下的离子电导率减少到一个合理值。

小型充电电池的可靠和全面的信息, 建议读者参考《电池手册》(1995) 和第 3 卷的《化学技术百科全书》(第 4 版, 1992 年)。

8.6 薄膜电池、微型电池和纳米电池

本节介绍薄膜电池、微型电池、纳米电池的性能特点和应用。典型的电池电源的输出功率一般分别为毫瓦、微瓦、纳瓦。

8.6.1 薄膜电池的结构和性能

薄膜电池的制造包括薄膜技术、合适的材料以及各种薄膜沉积技术和指导原则, 以及光耐久性模式、蚀刻技术和制造技术 [4]。第 8.2 节对这些议题的具体细节进行了详细的描述。使用了典型厚度范围 0.004 ~ 0.012in 的低损耗的金属薄膜。包括了阳极、阴极和壳体组件的电池组装尺寸, 范围 0.800 (20) ~ 1.625 in (42 mm)。在一般情况下, 薄膜技术最适合用于三维 (3D) 微型电池, 其主要优点简要总结在 "3-D 薄膜微型电池的性能参数" (2008) 中[5]。

薄膜电池的重量约小于 50g。它的电路电压 (OCV) 大约是 3.8V, 电池的容量范围根据电池的尺寸和厚度限制, 可设计为 0.1~5 mA · h。电路连接是用典型尺寸为长 10 mm (0.394 in)、宽 2 mm (0.0788 in)、厚 0.1 mm (0.00394 in) 的金属箔。电池尺寸严格是容量的函数。微型电池的技术信息和性能特征可归纳如下。

- 电池的化学组成包括固态薄膜, 采用由美国橡树岭国家实验室开发的锂磷氧氮化物 (LiPON) 的固态电解质。阴极由钴酸锂制成, 阳极使用很少的锂金属。
- 这种微型电池不含任何有毒液体电解质, 并且没有放气声和爆炸问题。
- 薄膜电池组含 5 个关键的部件, 即阳极、电解质、阴极、集电器和超薄基板。
- 世界上最薄的电池由加利福尼亚 Baldwin Park 前沿技术开发公司研发, 厚度为 0.05 mm (0.002 in)。这种电池可以在 2 min 之内被充电

到其容量的 70%。它具有 1000 次的循环寿命并且自放电率每年低于 5%。这种最薄的电池可以被扭曲，而性能没有劣化，电池壳体也不会损坏。

- 薄膜电池是完全安全的，并且密封以消除气体泄漏。
- 电池充电很容易，万无一失，需要 4.2 V。在 4.2 V 连续充电不影响电池性能并且设备不会过热。
- 这种微型电池可以以非常高的速度充电，对其性能没有任何影响。
- 0.25 mA · h 容量的电池可以在不到 2 min 内被充电到额定容量的 70%，在 4 min 内充满。0.9 mA · h 容量的电池可在 4.2 V 充电，电池在 6 min 内达到容量的 70%，在 20 min 达到容量的 100%。在阴极中使用钴，需要更多的充电时间。
- 使用薄膜技术的电池最适合手机、烟雾报警器、助听器及其他医疗器械，对于这些应用，可用空间至关重要。
- 0.9 mA · h 薄膜电池的典型充电特性，作为充电时间函数的充电电流和充电容量，如图 8.2(a) 所示。
- 0.9 mA · h 薄膜电池的放电特性，作为 OCV 或各种放电速率函数的电池容量，如图 8.2(b) 所示。
- 超过 1000 次充放电循环的电池容量损失，以 mA · h 表示，如图 8.2(c) 所示。
- 图 8.2(d) 表示了第 1 次、第 500 次和第 1000 次循环的放电曲线。
- 充电电流和电池的容量作为各种周期的充电时间的函数，表示在图 8.2(e) 中。
- 0.1 mA · h 薄膜电池在 25℃、60℃ 和 100℃ 的工作温度的放电曲线示于图 8.2(f) 中。
- 这些电池可以在 −40℃ ∼ +80℃ 的温度范围内存储而性能没有劣化。电池可以在温度高达 170℃ 下运行，但容量将在循环过程中下降更快。
- 作为物理尺寸函数的薄膜电池的额定容量，总结在表 8.5 中。

从表 8.5 中给出的数据可明显看出，电池的额定容量严格依赖于该装置的物理尺寸 (长度、宽度和厚度)。请注意，电池的重量将随着物理尺寸的增加而增加。

表 8.5 作为物理尺寸函数的薄膜电池的容量

物理尺寸 (长度 × 宽度 × 厚度)	电池容量/(mA · h)
20 mm × 25 mm × 0.1 mm 0.7900 in × 0.9875 in × 0.0040 in	0.1
20 mm × 25 mm × 0.3 mm 0.7900 in × 0.9875 in × 0.0119 in	1.0
42 mm × 25 mm × 0.1 mm 1.6590 in × 0.9875 in × 0.0040 in	0.5
42 mm × 25 mm × 0.4 mm 1.6590 in × 0.9875 in × 0.0158 in	5.0

8.6.2 锂基微型电池的金属氧化物薄膜电极

材料科学家认为, 对于一些潜在的应用如智能卡、非易失性存储器的备份设备、MEMS 传感器和调节器、微型化的植入式医疗器械中的可充电锂基微型电池的发展来说, 薄膜技术是必不可少的。电池设计师预测, 对于这样的应用, 薄膜厚度应不超过几十微米或微米 (10^{-4} cm)。薄膜的厚度必须为 10 μm 或 0.001 cm (0.0025 in), 这可能适合最小电池功率。更高的电池的输出水平, 将需要的膜厚为 20 ~ 50 mm。除了薄膜厚度, 薄膜的质量、薄膜材料和表面条件也必须满足实现金属氧化物电极、阳极、电解质的最佳性能的严格要求, 如图 8.3 所示。

微电子电路的进步和电子设备的小型化, 已减少了一些电子设备的电流和功率要求到一个极低的水平, 这可以仅由对电池的关键部件, 如阳极、阴极、集电器和电极、使用过渡金属氧化物技术的薄膜电池来满足。薄膜电池技术提供最小重量、小尺寸和薄的形状因子, 是最适合为微型器件供电的电池。

各种材料科学家进行的研究显示, 钛 (Ti)、钨 (W) 和钼 (Mo) 硫氧化物薄膜和高性能的固体电解质最适合于当前和下一代充电微型电池。一个 3D 锂钼硫氧化物电池随电流密度变化的典型的电压额定值如图 8.4 所示。笔者对各种薄膜氧化物的研究表明, 根据其电化学性能, 微型电池用的最有前途的氧化物材料是钴酸锂 $LiCoO_2$、锂镍氧化物 ($LiNiO_2$) 和锰酸锂 $LiMn_2O_4$。

进一步的研究显示 $LiCoO_2$ 薄膜在过去 10 年中已受到重大关注, 因为这个特定材料提供了薄膜电池正电极的最佳性能。该材料的每单位面

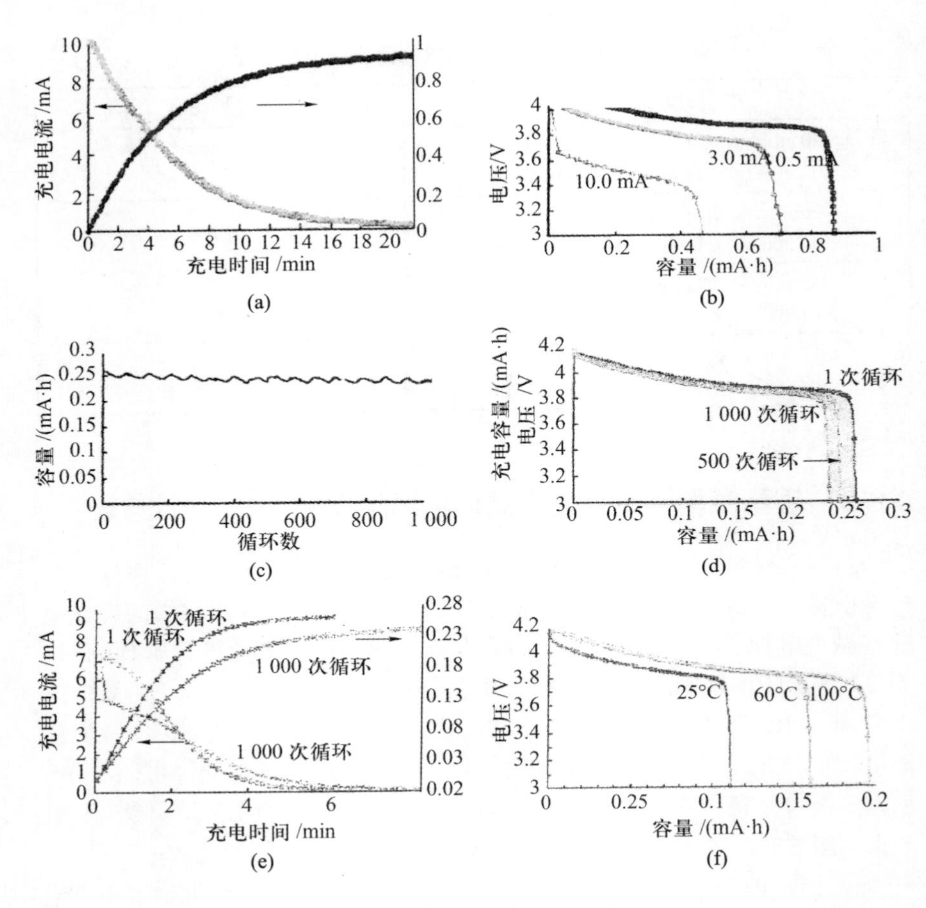

图 8.2 薄膜微型电池的电气性能显示

(a) 随时间变化的充电电流路; (b) 端电压对容量; (c) 电池容量相对于循环数; 薄膜微型电池的性能参数显示; (d) 充电电流随时间变化; (e) 路端电压对在各种温度下的容量; (f) 容量对循环。

积和厚度的可逆容量约 69 mA · h/(cm² · mm), 即在完全致密的薄膜中 0.5 L/mol 的氧化物 (137 mA · h/g)。这意味着最大的比容量 55 ~ 69 mA · h/cm² · mm 不等。用于该薄膜区域的测量单位是 cm², 薄膜厚度测量单位是 mm。微型电池容量的最优化, 可以通过使用较厚的正氧化物薄膜, 然后在一个柔性聚合物基片上沉积电极材料来实现。通过使用 6.2 mm 厚度的这样的阴极薄膜, 实现高达 250 mA · h/cm² 的放电容量、具有良好的循环性能的电池是可能的。

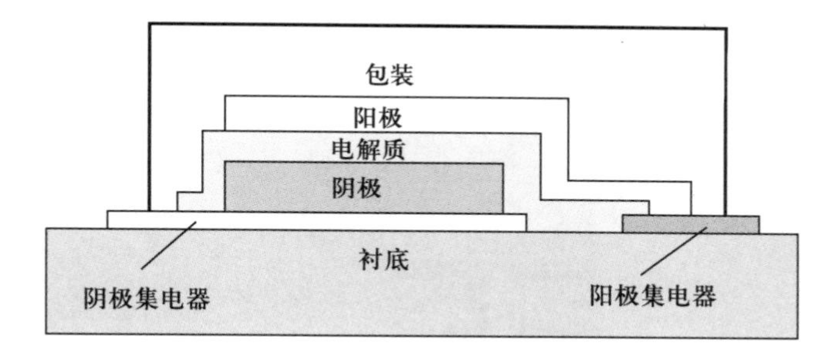

图 8.3 薄膜电池的金属氧化物电子的关键要素的布局示意图

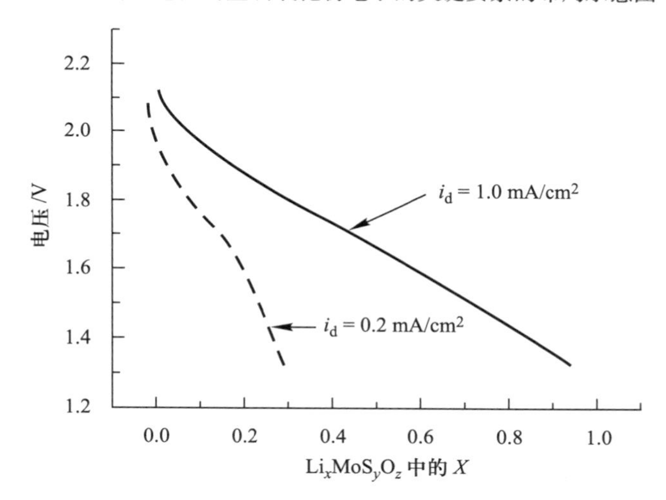

图 8.4 作为两个电流密度的函数的 3D 锂钼硫氧化物电池的典型电压额定值

8.6.3 微型电池的性能与应用

可以使用 MEMS 技术设计输出功率小于 100 μW 的薄膜电池[5]。3D 薄膜的微型电池最适用于卫星、航天器、空间传感器, 大小、重量和超低功耗是这些应用的设计要求。使用 MEMS 技术的三维薄膜微型电池的关键要素是石墨阳极、阴极、镍集电体以及混合高分子电解质 (HPE), 如图 8.5(a) 所示。带穿孔的多通道板 (MCP) 在实现显著的阴极容量方面起到了关键作用 (见图 8.5(b))。几何面积、阴极厚度和阴极容量的增加, 提供了最大能量密度和电池容量。笔者进行的研究表明, 采用多孔基板而不是完整的基板, 可以达到阴极容量。

区域增益 (AG) 严格是基片厚度、纵横比 (高度/孔的直径或厚度/孔

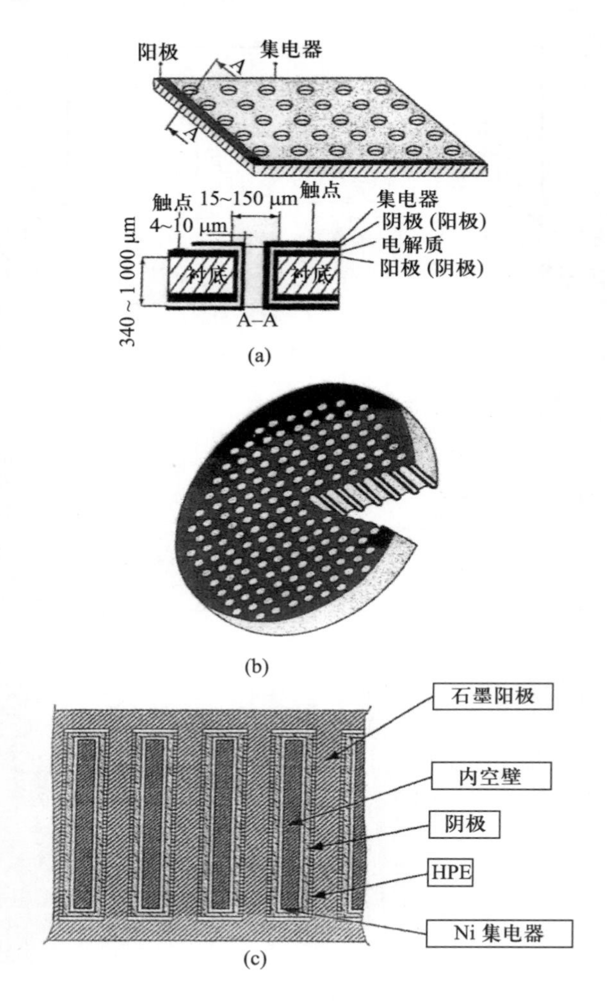

图 8.5 使用 MEMS 技术的三维微型电池的设计显示

(a) 关键要素; (b) 多孔 MCP 衬底; (c) 三维微型电池的剖视图。

的直径) 和 MCP 衬底中的孔或微通道的数目的函数。AG 的计算值作为给定的通道间距 (s) 孔的直径和基片厚度 (t) 的函数如图 8.6(a) 所示。AG 值作为给定孔径 (d) 的基板厚度 (t) 和通道间距 (s) 的函数, 表示在图 8.6(b) 中。对数学模型的评估表明, 一个带各种几何形状孔的稍微倾斜的占位面积可能产生的 AG 会大 10% ~ 15%。换言之, 有六角形孔配置的几何形状, 并由恒定的厚度分开, 提供了多孔基板上的最佳 AG, 这将产生 MEMS 基微型电池所需的最佳的容量和能量密度。

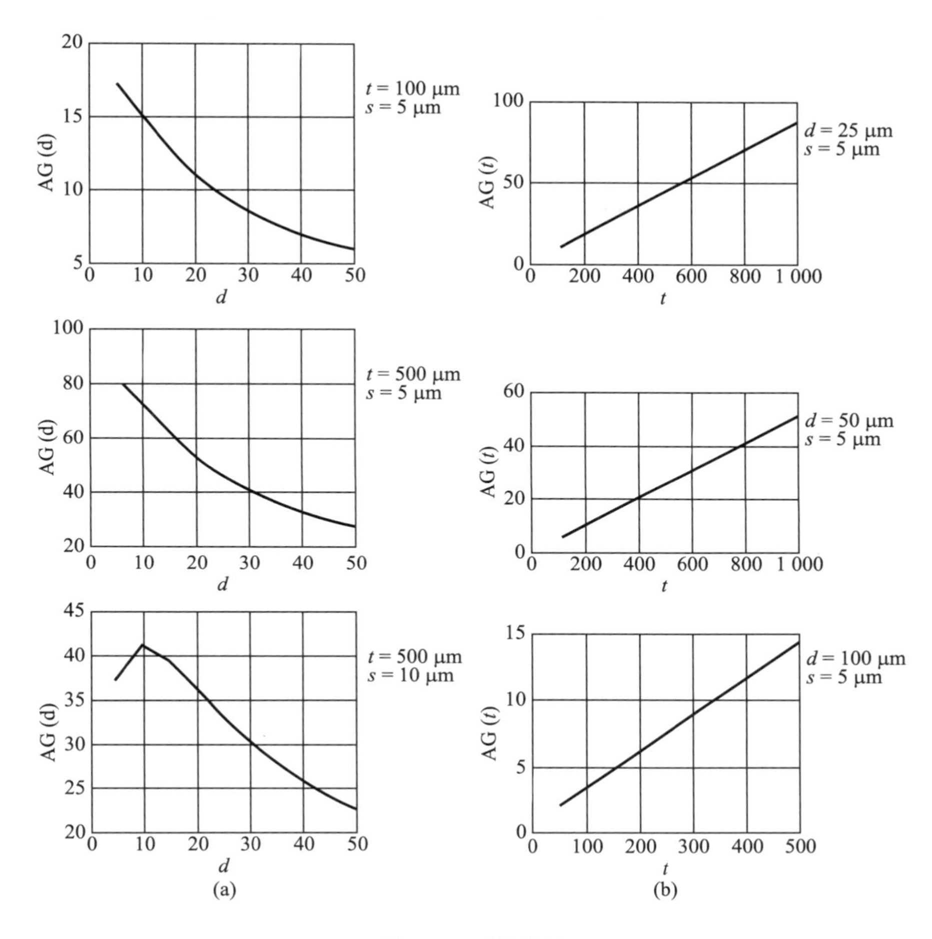

图 8.6 区域增益

(a) 区域增益 (AG) 作为假定的间距值 (s) 的孔的直径和厚度 (t) 的函数; (b) AG 作为假定孔的直径 (d) 的基片厚度 (t) 和孔间距 (s) 的函数。

笔者进行的比较研究似乎倾向于采用结合了薄膜技术和 MEMS 技术的正形的薄膜结构，实现几何尺寸的小型化。研究进一步表明，使用 MEMS 技术的平面两维 (2D) 薄膜电池，将需要几平方厘米的占用空间以达到电池的合理容量 [5]。使用 MEMS 技术的薄膜电池的最大能量约 2 J/cm^3，其中 J 是电池的电能。

占用空间 3 cm^3 的商用薄膜电池将有 0.4 mA · h 的容量，即 0.133 mA · h/cm^2。薄膜锂基微型电池预计能满足 MEMS 基传感器的小型化电源的供电要求。

不同材料科学家的研究表明, 使用 MCP 衬底的三维微型电池最适合为 MEMS 基传感器和装置供电, 因为最小尺寸、最小的功率消耗和更高的容积效率。图 8.5 所示的微型电池具有这样的结构, 使用镍阴极集电极, 一个低成本、低毒性的钼硫化物阴极结构, 板条状石墨阳极, 以及 HPE 和 MCP 衬底。图 8.5(b) 中所示的 MCP 衬底, 直径为 12 mm, 厚度为 0.5 mm, 有几个 50 mm 直径的六边形孔或微通道。该基板是最适合为 MEMS 传感器和装置供电的三维微型电池的一个最关键的元件 [5]。

8.6.4 纳米电池的电气性能参数

对以纳米技术为基础的电池进行了有限的研究和开发活动。纳米材料科学家所进行的初步实验室试验已经证明, 3D 纳米电池在室温下截止电压为 1.3 ~ 2.2 V, 电流密度范围为 100 ~ 1000 mA/cm^2。基于纳米技术的电池的充放电曲线的斜率特性与板状电池相似。有限的试验数据似乎表明, 在延长的循环周期, 电流密度 100 ~ 500 mA/cm^2, 3D 纳米电池几乎保持不变。纳米电池设计师预测, 一个阴极厚度为 1 mm 的 3D 纳米电池容量将超过二维装置的 20 ~ 30 倍。计算机模拟表明, 用 3 mm 厚的阴极, 在相同占位空间, 一个三维电池的能量密度可以增加至超过 100 mW · h/cm^2。

日本东芝是第一家在锂离子聚合物基纳米电池的设计和开发中使用纳米技术的公司。这些纳米电池已经表现出显著的性能改进, 如更快的充电时间、更大的安培 · 小时容量和更长的循环寿命。在电池的发展中使用纳米技术, 无论它们的容量多大, 都会带来性能的显著改善。东芝公司的主要目标是发展电动汽车和混合动力电动汽车用的电池, 使其大小、重量和成本减少, 同时实现容积能量密度 (W · h/L) 和质量能量密度 (W · h/kg) 的显著提高, 这是 EV 和 HEV 应用必不可少的。重量和尺寸的减少在制造电动汽车和混合动力汽车时非常重要。较低的重量和尺寸, 使汽车有更多的空间, 可容纳更多的乘客。笔者对 EV 和 HEV 进行的研究表明, 制造中使用的稀土材料及纳米材料可能会影响这些车辆的销售价格 −15% ~ 20%。在这些研究中, 笔者并没有进行成本分析。

纳米材料、碳纳米管、碳纳米管阵列在电池发展中的应用: 对纳米材料和碳纳米管 (CNT) 的全面认识是了解纳米电池运行和设计所必需的。纳米电池的阳极、阴极和集电器元件必须使用适当的纳米材料。笔者对潜在的纳米材料进行的研究表明, 碳纳米管阵列代表了一类多功能的新材

料 [6]。进一步的研究表明, CNT-聚合物阵列对于高效率的光伏电池 (太阳能电池)、微型电池、纳米电池以及微型和纳米复合电池的电极最为理想。CNT 可以以粉末或松散的纳米管的形态生长, 碳纳米管阵列可以在硅衬底上生长。热力驱动式化学气相沉积 (CVD) 技术, 使用烃分子作为碳源, 铁、镍、钴作为催化剂, 以在硅衬底材料上生成高密度的纳米管或碳纳米管阵列。碳纳米管阵列可由单壁碳纳米管 (SWCNT) 或多层碳纳米管 (MWCNT) 或两者构成。碳纳米管被认为是智能材料, 因为它们具有高机械强度、改进的电传导性、多功能、压阻现象和电化学传感, 以及驱动性能。需要对合成、材料特性、加工和纳米技术为基础的设备制造技术进行更多的研究和开发。碳纳米管的生长机制复杂, 它会影响纳米管的长度, 严格依赖于纳米颗粒和支架之间的相互作用的强度。CNT 的生长动力学是一个复杂的现象, 它基于分子动力学。一个纳米管阵列通常长 4 mm, 面积为 1 mm × 1 mm。了解碳纳米管和纳米材料的基本原理, 一个电池工程师可以制造所需电气参数的纳米电池。这个特定的电池的路端电压将在 1.2V 和 2.2V 之间, 其电流密度可预料在 100 mA/cm^2 和 500 mA/cm^2 之间。根据良好的工艺判断估计其质量少于 10 g。

8.7 电池在健康方面的应用

笔者对医疗应用包括医疗诊断程序所需的电池进行的初步研究表明, 这些电池必须满足严格的性能规格, 如精度、强度、便携性、可靠性及长使用寿命等。本节介绍了最适合心搏节律应用的电池的性能。这些电池具有独特的特点, 重点在安全性、可靠性和接近零的电压波动。本节还总结了其他医疗应用的电池要求, 如微型肠胃检查、自动调节的治疗方法、助听器、诊断眼疾的高强度照明灯和内科诊断。

8.7.1 心律检测应用的电池要求

根据心脏专家所言, 4 种不同类型的医疗设备可用于治疗心脏疾病, 即心脏起搏器、心律转变复律器、去纤颤器和左心室辅助装置。此外, 全人工或机械心脏, 需要由强调可靠性、安全性和开路电压没有电涌和电压波动的电池供电。一般情况下, 当心律过慢或当病人有不正常的心脏跳动时, 心脏专家规定使用心脏起搏器。此装置被植入在病人的胸部。植入的心脏起搏器检测到缓慢的心率, 发送电脉冲刺激心脏肌肉。电信号从肌肉反馈给该装置, 以使刺激参数进行适当的校正, 这将在 100 μs 内或左右使心脏速率正常化。

当心脏起搏器设备第一次被安装, 心脏外科医生在全身麻醉下打开病人的胸腔。设备和设备的终端被连接在心脏表面, 以感测来自心脏的电信号。后来, 通过静脉到达心脏的铅片有了一些改进。不断地以一个固定的节律起搏心脏的早期心脏起搏器的寿命不到两年, 因为设备中使用的锌汞氧化物电池的寿命不到两年, 这意味着这个特殊的电池必须两年更换一次。

已引入了新的起搏器设备, 它仅在起搏器没有检测到预先设定的心脏速率时发挥作用。1975 年以后, 工作寿命可达 10 年之久的 Li-I_2 电池可用于心脏起搏器。Li-I_2 电池的关键要素如图 8.7 所示。持续的设计改进提高电池的使用寿命至约 14 年。在第 8.7.2.1 节将要讨论 Li-I_2 电池的其他性能特点和设计方面。

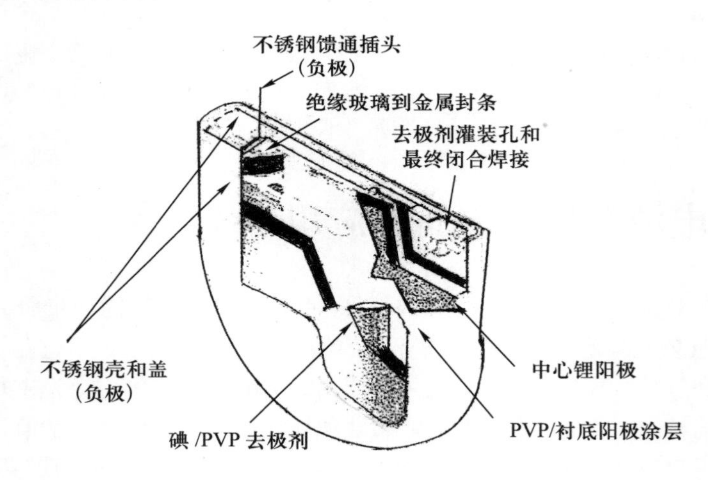

图 8.7 植入式起搏器 Li-I_2 电池的等距视图

随着材料技术的显著进步, 钛合金外壳开始取代以前使用的塑料材料。在设备外壳使用钛材料和特种微型过滤器, 为心脏起搏器屏蔽了从附近的输电线路发出的电磁场, 从便携式电话发射的无线电频率 (RF), 其他个人通信设备、微波炉; 及其他发射无线电频率信号的电器的影响。外部的无线电频率信号是在 10 ~ 100 Hz 的范围内, 为了避免干扰起搏器的振荡器功能, 后者可工作在 167 Hz。使用 Li-I_2 电池的植入式心脏起搏器的关键规范要求, 如 2004 年 10 月版的 *Indian Pacing and Electrophysiology* 杂志指出的那样 [7], 可以归纳如下:

- 开路电压: 2.8 V。
- 控制电路最低电压: 2.2 V。
- 控制电路的电流消耗为 10 mA。
- 电池内阻: 10.000Ω。
- 保持电容评级: 10 mF。
- 振荡器频率: 167 Hz。
- 占空比: 16.7%。
- 典型的安培 · 小时评级: 2 A · h。
- 故障率: 每月 0.005% 的故障, 等于每月 0.5 个故障。
- 可靠性: 连续服务超过 8 年的生存概率为 99.6%。
- 在脉冲发生器单元电池占用空间: 5 ~ 8 cm^3。
- 电池重量: 由心脏起搏器制造商确定, 一般为 12.5 ~ 15.5 g; 另外电池重量的变化严格依赖于电池的寿命要求和电流消耗能力。
- 形状: 大多数心脏起搏器设备为圆形或椭圆形, 避免尖角对皮肤或周围组织有任何损伤。起搏器被设计者优化成形以符合装置整体几何学, 设计半圆形半径约 3 cm, 深度 6 ~ 8 cm。

8.7.2 用于治疗心脏疾病的各种电池

多种电池用于治疗心脏疾病的植入装置。已经发现一些设备在可靠性和寿命方面较为理想, 一些在性能上还有局限, 并且只有少数适合用于起搏器。用于治疗各种心脏疾病的电池的选择, 包括 Li-I_2、$LiAgVO_{12}$、$LiMnO_2$、Li-ion 和 LiCFx 电池。心脏起搏器使用的电池性能受体温、溶解在血液中的氧、体力消耗和身体动作等因素的影响。

8.7.2.1 最适合用于治疗心脏疾病和检测未知疾病的医疗器械的锂离子电池

由于其出色的超过 10 年的服务年限, 锂离子电池已被建议用于治疗各种疾病, 从心脏疾病到听力损失。它们的性能和独特的功能可以概括如下。

- 锂离子电池的自放电率每年低于 2%。
- 电池的工作寿命范围 8 ~ 12 年。
- 电流要求最低, 10 ~ 20 mA。
- 典型的电池容量范围为 70 ~ 600 mA。
- 它的充放电循环次数超过 500。

- 电池组包含 3 个电池可为持续时间较短的应用产生 500 W 的电力。
- 这种电池分一次和二次两类。
- 电池有 AA、AAA、C、D 的低电压等级规格, 但其 CR123A 电池的开路电压为 9V, 这对需要 9 V 的应用程序非常有用。

这种电池适合于需要不同工作电压水平的多个应用:

- 这种特殊的电池用于激活微型发射机, 跟踪鸟类、野生动物、海洋中的大型生物。
- 这种电池的独特应用包括吞咽一个微型电池供电的带内置微型摄影机的药丸, 查看病人的消化道。
- 消费类应用包括移动电话、音乐播放器、电动牙刷、低成本无绳电钻、电动玩具和其他小型电子设备。

8.7.2.2 治疗心脏疾病的 $Li\text{-}I_2$ 电池

在上一节简要描述了 $Li\text{-}I_2$ 电池的关键设计要素和优点。其关键功能如下。

- 电池结构需要熔融阴极材料, 它是碘和聚二乙烯基吡啶 (PVP) 的混合物; 将其倾入电池内, 在阳极电极形成锂涂层, 原位产生隔板层。
- 这种电池的化学方程式可写为

$$Li + (1/2)I_2 = [LiI] \tag{8.2}$$

- 锂离子 PVP 系统的能量密度是碘 (I_2) 高能量密度的结果。在环境温度 37℃ 放电电压的变化作为 $Li\text{-}I_2$ 电池容量的函数, 如图 8.8 所示。

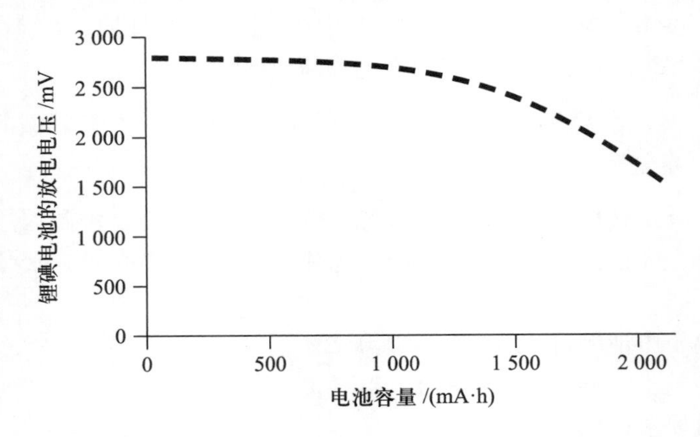

图 8.8 在温度为 37℃ 时 $Li\text{-}I_2$ 电池的放电特性

- 在放电过程中, $Li\text{-}I_2$ 层厚度增加, 从而增加了电池的内部阻抗。

- 由于电池中所使用的固体电解质, $Li\text{-}I_2$ 电池能够提供低电流水平在微安范围 (10 ~ 20 mA)。
- 可以产生微安范围电流的电池对植入式心脏起搏器特别理想, 能够运行超过 10 年, 高安全性和可靠性至关重要。
- 正常电池的设计显示了近 10 年的工作寿命。但更大的植入式 $Li\text{-}I_2$ 电池表现出寿命超过 15 年或左右。

8.7.2.3 用于治疗心脏疾病的 $Li\text{-}AgVO_2$ 电池

据心脏病学专家称, $Li\text{-}AgVO_2$ 电池特别适合植入式心脏起搏器设备。此电池的阳极由锂金属制成, 阴极由银氧化钒 ($Ag_2V_4O_{11}$) 制成。电池的化学反应由下面的公式给出:

$$7\,Li + Ag_2V_4O_{11} = [Li_7Ag_2V_4O_{11}] \tag{8.3}$$

化学符号 V_4O_{11} 代表氧化钒。关键设计和性能特点如下。

- 砷氟锂 ($LiAsF_6$) 已被选定为这种电池的衬底材料。
- 电解液添加剂, 如有机碳酸酯碳酸二苄酯 (DBC), 对 $Li\text{-}AgVO_2$ 电池的长期性能有显著的影响。另外, 该电解液添加剂通过改进锂阳极表面层降低内部电阻。
- 最近设计的电池的自放电低于每年 2%。
- 7 个当量的 Li 加入到 $AgVO_2$ 对应的理论比容量约 315 mA · h, 使得一个实用的 $Li\text{-}AgVO_2$ 电池的质量能量密度为 270 W · h/kg。
- 化合物 $Li_xAg_2V_4O_{11}$ 在 $0 < x < 2.4$ 的范围内 $AgVO_2$ 的还原会产生金属银, 这大大增加了的正极材料的导电性。这本质上有利于 $Li\text{-}AgVO_2$ 电池的高电流容量。随着参数值超过 2.4, 可确定 V^{5+} 还原成 V^{4+} 和 V^{3+}。此外, 当 x 超过 3.8 时, 在同一样品中发现含有 V^{3+}、V^{4+} 和 V^{5+} 的混合价态的材料, 但以相反的顺序。
- 存在几种不同的氧化钒 (V), 以及 Ag^+ 的还原状态, 将导致图 8.9 所示的阶梯放电特性。电池电压的逐步变化, 为植入式电池提供了一个充电状态指示。图 8.9 还表示了预先施加电流脉冲对本底电流的影响。
- 使用高速脉冲 2 A 各自脉冲持续时间为 10 s, 四个一组应用, 间隔 15 s, 可以显著提高这种电池的长寿命特性。
- 两种类型的 $Li\text{-}AgVO_2$ 植入式电池是可用的, 即能够处理安培级的电流脉冲的高速电池, 它对心脏复律除颤器最理想, 而工作在毫安范围内的中速电池, 最适合心房除颤器。

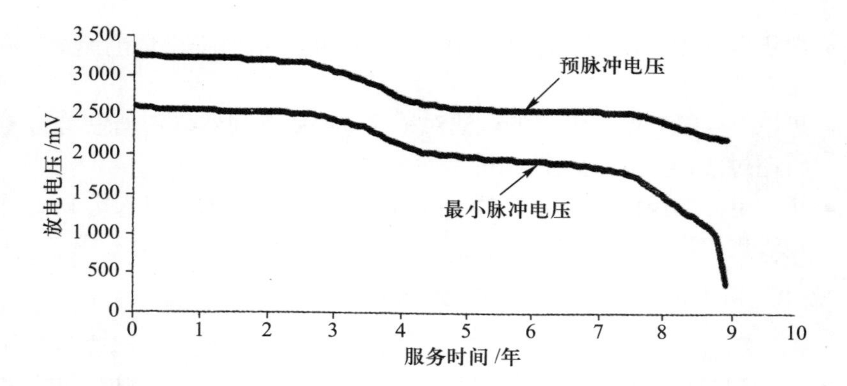

图 8.9 在 37℃ 的脉冲条件测试下的 Li-AgVO 电池放电电压特性

- 心脏复律除颤器能够提供一个或两个 5 ～ 10 s 的电击, 复律跳动太快的心脏。这些冲击的功率水平可高达 8 W。
- 电池可以在 5 ～ 10 s 以 1.5 ～ 3.0 A 的电流水平充电, 而且可以使用电容器提供电击。
- 这种电池必须能够提供连续的在微安范围内的电流, 并应持续 6 ～ 10 年产生指定的电气性能。
- 只有用大面积电极才可以实现高电流为电容器充电。
- 电池供应商声称, 最新的 Li-$AgVO_2$ 电池体积小于 6.5 cm^3, 重量接近 19 g。
- 这些电池最适合作为可植入医疗装置。

8.7.2.4 关键诊断系统所用的电池

本节介绍了电池的类型及关键医疗诊断应用的性能。将描述三个不同的诊断系统: ① 微型肠胃系统; ② 可植入的胃刺激系统; ③ 一种对治疗药物自动调节响应的传送系统。

(1) 微型肠胃系统 (MGS):MGS 系统使用了一个锌银氧化物 ($ZnAg_2O$) 电池供电的诊断胶囊, 广泛用于用迷你摄像机勘查小肠。$ZnAg_2O$ 电池是原电池和不可充电的装置, 最适合于这种特定的应用程序。胶囊的设计特点和 $ZnAg_2O$ 电池及其他系统元件的性能归纳如下。

—— 在 8 h 的通过正在检查中的病人的消化系统的旅程中, 内镜胶囊电池提供了出色的照片和流媒体视频。

—— 高品质影像以每秒两个的速度传输到一个数据记录器, 由病人携带的第二块电池供电。微型肠胃诊断系统基本上由一个紧凑的光源、迷你摄像机、处理微电子、数据无线微型传送器和 $ZnAg_2O$ 电池构成。

—— 主要目的是扫描小肠, 这是使用其他非侵入性诊断技术做不到的。

—— 该胶囊提供了适合于识别疾病, 例如溃疡、癌、内部出血源和肠梗阻的彩色图像。

—— 胶囊采用 CMOS 半导体技术, 它提供了电子电路的小型化和能量消耗的大量减少。

(2) 可植入胃刺激 (IGS) 系统: 第二个系统是植入患者的腹部下方, 设计为肥胖症治疗刺激胃部。

—— 此系统包括一个外部的程序设计器, 胃部刺激导致发送电脉冲到胃部平滑肌肉。

—— 程序设计器与脉冲发生器连通, 能够修改脉冲的电气参数, 如脉冲宽度和刺激脉冲的上升和下降时间。

—— 刺激器有一个火柴盒大小, 还包括一个根据刺激脉冲参数工作寿命为 $3 \sim 8$ 年不等的锂亚硫酰氯 ($LiSOCl_2$) 原电池。

—— 高的可靠性, 最大的安全性, 最小变化的输出功率。

(3) 自动调节响应治疗药物输送系统: 这种特定的系统本质上是一个生物传感器的药物递送系统, 消除了在回路中遥测和人员的需要。该系统被封装在微胶囊中。

—— 胶囊的关键要素包括高能见度的光学圆顶、紧凑的镜头座、小镜片、照明发光二极管、采用 CMOS 技术的图像生成、微型电池、特定集成电路 (ASIC) 的应用和一个小型化天线。

—— 圆柱形胶囊长度为 26 mm, 直径为 11 mm。

—— 胶囊按规定的指示为病人提供药物。

—— 这种特殊的药物输送系统是万无一失的。

—— 该系统提供了一个高度可靠、无差错的技术。

—— 该系统非常复杂和昂贵。

8.8 全人工心脏的电池

全人工心脏 (TAH) 是一个能够取代患心脏疾病的病人心脏的机械泵。几个实验性全人工心脏已被设计和植入病人体内。只有少数全人工心脏的设计被认为是可靠的, 并且仍然在数量有限的患者体内运作良好。

本节提供了最适合人工心脏泵应用的泵的关键要素和电池类型的具体细节。替代心脏泵的设计包括两个心房, 每个每分钟能够泵送超过 7 L 的血液。人工泵采用植入式锂离子电池组, 在有需要时能通过患者的皮肤充电。所有植入式锂离子电池组必须满足以下严格的要求:

- 对所有的电气和机械滥用安全;
- 特别强调关键的电池组性能参数的可靠性;
- 电性能参数的可预测性, 如电压、电流和时间关系;
- 超低自放电 (降低电池寄生反应);
- 高能量密度;
- 最小的电池组的重量和体积;
- 用声音指示寿命结束;
- 高循环寿命;
- 在指定时间内的安全充电能力;
- 高电池电压范围从 3.6 ~ 4.2V, 这意味着 TAH 电池组可以被设计为最小的电池数量。

8.8.1 用于各种医疗应用的锂离子电池的主要优点

锂离子电池是一种低维护电池, 这是其他类型的电池不具备的。这种电池没有记忆损失, 与 Ni-Cd 电池相比, 它的自放电率小于 50%。当意外暴露时锂电池造成较少危害。由于电池的机械结构精细, 它需要一个小型化的, 保持其安全操作的保护电路。内置的保护电路限制充电过程中的每一个单电池的电压峰值, 并防止电池下降到低离子电压。监视电池电压防止极端温度是必要的。在这个特定的应用中, 电池组的充电和放电电流水平被限制到 $1C$ 和 $2C$ 之间。电池供应商建议储存温度为 15℃ 或 59℃, 因为这些电池的在较低温度下储存可以减缓锂离子电池的老化过程, 提供更长的储存寿命。锂离子电池制造商建议 40% 的充电存储水平。据维修专家称, 不定期的充电是必要的。锂离子电池能够提供非常高的电流水平, 丝毫不影响电池的可靠性和机械完整性。

8.8.2 锂离子电池的局限性

锂离子电池要求微电子保护电路, 在不损害电池的可靠性和电气性能的情况下保持电压和电流在安全限度内。即使这种电池未实际使用也已经观察到老化, 但充电 40% 存放在阴凉处可降低这个特殊的效应。这些电池的大量运输受到严格的监管控制。这些电池的制造成本昂贵。锂离子电池的成本比镍镉电池增加了大约 40%。

8.8.3 锂离子充电电池组的电池平衡要求

如果电池组的可靠性和安全性是主要的设计要求[8], 则锂基充电电池组的单电池平衡是必要的。锂离子电池的设计师透露, 温度每上升 10℃, 锂离子充电电池的自放电率加倍。电池平衡对锂离子充电电池组的安全性和寿命至关重要。有一些不同的电池平衡技术可用。但是由电池组设计师来确定需要多少电池平衡。笔者进行的研究表明, 电池平衡需要与电池和电池的使用方式相匹配[8]。

进一步的研究表明, 热失配对需要的平衡量有很大的影响。热失配是由于电池组可能经历表面的环境温度差, 导致工作设备附近的电池比位于电池组外侧的单电池热得多。当单电池被加热时自放电量急剧上升, 如表 8.6 中给出的数据所列。

表 8.6 作为锂离子电池温度的函数的每月自放电

电池温度/℃	每月的自放电/%
0	000
10	0.05
20	1.00
30	2.00
40	4.00
43	5.00
50	8.15
60	15.18

从表中的值可看出, 电池表面温度每升高 10℃, 自放电率增加 1 倍。所需的平衡量严格依赖于电池组所使用的电池数和所包含的平衡因素[8]。所包含的平衡因素包括当电池正在使用时的热失配, 电池组进行充电和放电时的阻抗不匹配, 取决于电池制造所使用的质量控制和质量保证规范的电池质量, 依赖每天或每周循环数的循环率, 依赖于在用坏之前需要几百个循环的应用所需的循环寿命和指示电池组中所用的电池数目的包装容量。当电池组中使用几个电池时需要较小的平衡。相反, 电池组中包含许多电池时, 需要更多的平衡。

如果便宜的电池用于电池组, 如果需要包含多个周期的操作, 如果一个应用希望从电池组获得尽可能多的循环, 如果应用想压榨电池组的每一个毫安 · 小时, 可能会需要额外的平衡。单电池平衡是一个复杂和昂贵的过程。电池组更多的平衡要求包含更多的努力和成本。

使用被动或主动电池平衡技术可以实现电池平衡。被动电池平衡方法相对便宜和简单。主动平衡技术非常复杂, 但如果在放电循环过程中使用, 它提供了额外的优势。

热失配是影响所需的平衡量的最关键因素。电池组可能经历温度的差异, 这将导致接近设备的电池运行比位于电池组以外的那些电池热得多, 如图 8.10 所示。正因为如此, 在这种不平衡的情况下甚至很短的使用量都会影响各个电池的充电状态, 如图 8.11 所示。作为图 8.11 的一个组成部分的表中显示了电池 1 是最冷的, 而电池 8 是最热的, 因为它最接近设备。图 8.11 的检验和全面的考查表明, 必须考虑一些其他来源的不平衡, 它们会影响整个电池平衡要求。图 8.10 的检验表明, 在电池组中的最热点是电池 8 的下表面。

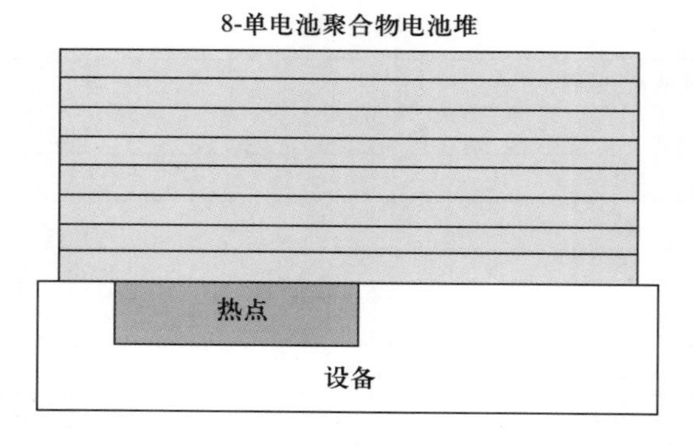

图 8.10 电池组电池因为它们的位置经历不同的温度

所需的平衡类型严格依赖于所需的电流量。此外, 确实需要多少电池平衡电流来照顾初始电池组的不平衡? 应该从 1 mA · h 的需求来注意它。如果使用某些参数的假设值来回顾下面的充电 1 h 的 10 A · h 电池组容量的数学例子, 电池平衡的概念可以很清楚:

参数假设如下。

- 电池组容量 (C): 10 A · h。
- 平衡电池组需要的天数: D。
- 充电时间 (t): 1 h。
- 电池平衡时间: 30 天每天一个循环。

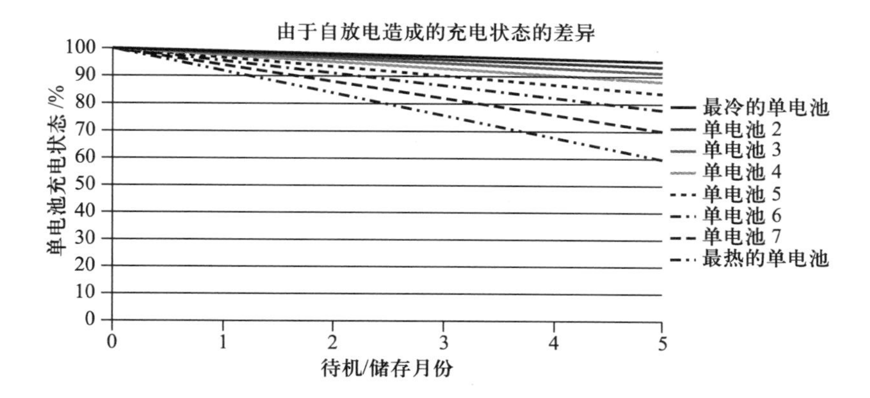

图 8.11 作为待机或储存时间函数的单个电池的充电状态

- 每天充电循环 (n): 1 个循环。
- 初始不平衡百分比 (p): 7%。
- 每月自放电不平衡 (i): $< 5\%$。
- 电池组的运行期限: 5 个月带 20% 的初始热不平衡。
- 每月的自放电的变化: [20%/5]=4%。

平衡电流 (I_{B}) 的公式可以写成

$$I_{\mathrm{B}} = [C(p+i)]/[(ntD)] \tag{8.4}$$

在这个方程中插入各种参数的假定值, 得

$$I_{\mathrm{B}} = [10(0.07+0.04)]/[1\times 1\times 30] = [1.1]/[30]$$
$$I_{\mathrm{B}} = [1.1\times 1000]/[30] = (36.66)\ (\mathrm{mA}) \tag{8.5}$$

这种平衡电流 36.66 mA 是 10 A · h 电池组容量平衡的 0.3666 或约 0.4%, 第一个月后将下降, 因为最初的 7% 的不平衡因素, 希望将被平衡。

在方程 (8.4) 中插入这些参数和每月的天数, 平衡将下降到新的值, 如表 8.7 所列。

从总结在表 8.7 的计算值可明显看出, 5 个月或 150 天后总的不平衡大约是 0.82%。使用一种被动或主动的电池平衡技术, 这种不平衡可以进一步减小。

如果电池组每月充电 2 次, 这转化为每 15 天一次循环或 0.067。这意味着使用公式 (8.4) 的平衡电流可写为

$$[10(0.07+0.04)]/[0.067\times 1\times 30] = [1.1]/[2.01] = [547]\ (\mathrm{mA}) \tag{8.6}$$

表 8.7 每月不平衡下降量

从开始的月份	天数	每月后的不平衡下降/%
1	30	0.36
2	60	0.18
3	90	0.12
4	120	0.09
5	150	0.07

这种平衡电流大约是 (547/10000) (100%), 是 10 A · h 电池容量的 5.47% 左右。这是一个非常高的平衡电流水平, 可以通过使用主动平衡技术处理。

8.8.4 主动平衡技术

当平衡电流太高时, 主动电池平衡技术似乎最有效 [8]。采用主动电池平衡, 如果该技术被用在电池的放电阶段, 会得到一个额外的好处。假设另外一个 10 A · h 的电池组, 有 8 个单电池, 其中一个单电池有 8 A · h 的容量。随着放电循环过程中主动平衡, 平衡器可以将电荷从电池组中的最高电池转移到最低的电池。根据八电池组的概念, 这会从剩余的电池拿走约 (10 − 8)/8 A · h 或 (2000/8) 或 250 mA · h, 将其传送到最低的电池。这意味着电池组出现 (10 − 0.25) 或 9.75A · h 容量。这也意味着该 9.75A · h 容量的电池组仍然能够工作, 从而延长了电池组数百个充放电循环的工作寿命。为了实现电池组更长的寿命, 主动平衡技术必须足够有效以跟上电池组的电力负荷。

这些样品的计算没有考虑到所有相关的平衡因素。在缺乏其他未知因素的情况下, 最好是超出指定平衡电流水平的 10% ~ 20%。如果设计太多的平衡电流, 保护电路的成本可能略有上升, 但电池组的安全性和可靠性不会受到影响, 平衡电路将不会经常工作。

为了实现精确的平衡电流水平, 必须进行实际测试, 这更复杂和耗时。一旦一个等级被选择, 电池组被组装, 该系统不应遭受最坏的条件, 应该对它进行监测以确保平衡系统跟上。可能需要其他辅助的保护电路, 保证在平衡技术跟不上时, 必须确保电池组温和的中断。总之, 实际测试专家建议, 电池平衡的水平必须选择最小的平衡电流水平如 800 mA · h 的电池组大约为 10 mA, 即 1.25% 的电流水平。

8.9 结论

本章专门描述了低功率电池及其在各个领域的应用。总结了低功率设备应用的锂离子电池的性能特点和主要优点, 重点在寿命、可靠性、安全性和成本效益。简要讨论了最适合用于低功率电池的阳极、阴极和电解质的材料。确定了低功率充电电池的固体电解质的优点, 重点是可靠性和安全性。评估了最适合低功率电气和电子设备的充电电池, 价格和性能对这些应用最重要。描述了低功率充电电池的设计和开发中使用的包装技术和材料, 强调了可靠性和成本。提供了经常用于明确定义充电电池的性能参数的术语词汇表。简要讨论了最适合低功率电子器件的薄膜低功率电池的制造要求。突显了低功率应用的一级和二级 (可充电) 电池的性能和局限性。总结了微型化版本的 $LiMn_2O_4$、$Li\text{-}I_2$、Li-CFx、$Li\text{-}FeS_2$、$LiSO_2$ 和 $Li\text{-}SOCl_2$ 电池的关键性能参数, 强调了重量和体积能量密度水平、保质期、工作温度和可靠性。总结了小尺寸充电电池, 如密封铅酸蓄电池、密封锂离子电池、密封镍金属氢氧化物电池、锂聚合物电解质电池等的性能特点, 强调了可靠性、安全性、价格性能比。总结了薄膜充电微型电池的性能, 强调可靠性和寿命。确定了锂基充电微型电池中使用的金属氧化物薄膜电子器件的优点。对使用 MEMS 技术的微型电池的重要性能参数进行了讨论, 强调了重量、大小和形状因子的显著降低。总结了采用纳米技术的纳米电池的电气性能和优点, 重点强调 $10 \sim 20$ mA 的微安电流能力。确定了最理想的制造纳米电池的纳米材料的优点, 如碳纳米管和碳纳米管阵列。讨论了健康相关应用的低功率充电电池。概括了最适合心律检测应用的充电电池的性能要求, 强调便携性、可靠性和无电脉冲。确定了用于检测和治疗心脏疾病和其他疾病的植入式微型电池的性能, 特别强调工作寿命超过 10 年、高可靠性和安全性。总结了消费型应用的充电微型电池的性能, 如便携式电话、电动牙刷、电子玩具、低成本无线电钻和其他电子设备。

为方便读者, 在需要的地方推导了化学反应表达式, 以研究有害的电池副产品 (如果有的话)。描述了能够提供超低电流水平在微安范围 ($10 \sim 25$ mA), 最适合植入式心脏起搏器的锂离子充电电池, 重点是寿命、可靠性、安全性和最小的尺寸和重量。

总结了植入式微型电池, 包括锂离子电池、Li-AgVO 和 $Li\text{-}I_2$ 电池的性能特点, 强调可靠性、安全性和长寿命。描述了充电电池和它们用于 3

个不同的诊断系统, 即 MGS、IGS 的系统和自动调节响应治疗药物传递系统的关键的性能参数, 强调重量、大小、形状因子、安全性和可靠性。

简要介绍了结合薄膜技术的微型充电电池及其用于内窥镜胶囊的性能, 重点是对内视镜手术和患者的舒适非常重要的微电子技术和微型红外摄像机的部署。确定了心房除颤器、心脏除颤器以及 TAH 使用的充电电池的性能要求, 强调安全性、可靠性、重量、尺寸与外形因素。

为满足特定的功耗要求, 可能需要一种包括 4 ~ 12 个锂电池的电池组。在这样的电池组的应用中, 单电池平衡对于保持电池组的电气性能、热性能、可靠性和机械完整性至关重要。随着电池组中的电池数量的增加, 单电池平衡变得更加复杂和昂贵。笔者所进行的研究表明, 使用被动或主动电池平衡技术可以实现平衡。如果电池合并在包中, 被动电池平衡技术可能刚刚好。笔者用一对例子来证明涉及锂离子电池的电池平衡的应用, 因为这些电池在高电流水平下对温度更敏感。非常详细地讨论了作为温度的函数的锂离子电池的自放电率, 重点是每月使用后的不平衡电流漏失。提供了作为安培 · 小时电池组容量、电池组平衡需要的天数、充电持续时间、电池平衡的持续时间、每天充电循环、每月的自放电失衡和每月自放电变化函数的平衡电流的计算值。简要讨论了主动电池平衡技术的优点。

参考文献

[1] Pier Paolopro Sim, Rita Mancini et al., Solid State Ionics, London: Elsevier (2001), pp. 185–192.

[2] Robert Powers, “Batteries for low power electronics,” Proceedings of the IEEE, 83, no. 4 (April I995), PP. 687–693.

[3] Eric Lind, “Primary lithium batteries,” Electronics Products (2010), pp. 14-19.

[4] A. R. Jha and R. Goel, Monolithic Microwave Integrated Circuit (MMIC) Technology and Design, Norwood, MA: Artech House (1989).

[5] A. R. Jha, “MEMS and nanotechnology-based sensors and devices for commercial, medical, and aerospace applications,” in Performance Parameters of a 3-D Thin-Film Micro-Battery, CRC Press: Boca Raton, FL (2008), p. 349.

[6] A. R. Jha, “MEMS and nanotechnology-based sensors and devices for commercial, medical, and aerospace applications,” in Performance Parameters of a 3-D Thin-Film Micro-Battery, CRC Press: Boca Raron, FL (2008), p. 353.

[7] S. M. Ventareswara, N. S. Rao et al., "Indian pacing and electrophysiology" (October 2004), pp. 201–212.

[8] Steve Carkner, "Lithium-cell balancing: When is enough, enough?" Electronic Products (March 2011), pp. 46–50.